大气气溶胶及其气候效应

张 华 王志立 赵树云 等 编著

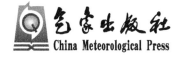

气象出版社
China Meteorological Press

内容简介

本书介绍了基于国家气候中心自主研发的大气辐射传输模式、气溶胶/大气化学-辐射-气候双向耦合模式并结合气象卫星等观测资料获得的气溶胶的分布、辐射强迫和气候效应方面的研究结果,旨在对气溶胶的变化特点及其对气候的影响提供比较全面和系统的认识。全书重点对以下问题做了深入的阐述:全球和中国区域不同种类气溶胶浓度和光学性质的分布特征;气溶胶的直接和间接辐射强迫以及有效辐射强迫的分布特征;气溶胶-云-辐射相互作用对东亚季风系统和全球气候的影响;未来气溶胶减排对全球气候的影响。

本书对从事气溶胶光学、辐射强迫及其气候效应研究的人员和学者有重要的参考价值。

图书在版编目(CIP)数据

大气气溶胶及其气候效应 / 张华等编著. --北京:
气象出版社,2017.11(2018.9重印)
ISBN 978-7-5029-6676-8

Ⅰ.①大…　Ⅱ.①张…　Ⅲ.①大气-气溶胶-气候效
应-研究　Ⅳ.①P46

中国版本图书馆 CIP 数据核字(2017)第 281010 号

Daqi Qirongjiao jiqi Qihou Xiaoying

大气气溶胶及其气候效应

张　华　王志立　赵树云　等　编著

出版发行:气象出版社

地　址:北京市海淀区中关村南大街 46 号		邮政编码:100081	

电　话:010-68407112(总编室)　010-68408042(发行部)

网　址:http://www.qxcbs.com	**E-mail**:　qxcbs@cma.gov.cn
责任编辑:杨泽彬	终　审:张　斌
责任校对:王丽梅	责任技编:赵相宁

封面设计:博雅思企划

印　刷:北京中石油彩色印刷有限责任公司

开　本:787 mm×1092 mm　1/16	印　张:13.125
字　数:330 千字	彩　插:3
版　次:2017 年 11 月第 1 版	印　次:2018 年 9 月第 2 次印刷
定　价:80.00 元	

本书如存在文字不清、漏印以及缺页、倒页、脱页等,请与本社发行部联系调换。

前　　言

　　本书是国家气候中心张华研究员及其指导的研究生团队,近年来在气溶胶光学特性、辐射强迫及其气候效应领域最新研究成果的集成。内容包括了气溶胶的浓度、光学性质、辐射强迫和气候效应等。书中同时介绍了自主研发的国家气候中心气溶胶/大气化学-辐射-气候双向耦合模式。该模式是目前中国唯一自主研发的包含了气溶胶-云-辐射相互作用过程的双向耦合模式,并参与了多个关于气溶胶的国际研究比较计划,它估算的气溶胶辐射强迫值被 IPCC第五次评估报告(IPCC AR5)引用,使得在 IPCC 评估报告历史上第一次有了中国模式的估计值。

　　气溶胶是大气的重要组成成分。与温室气体一样,以人类活动排放源为主的气溶胶也是影响地球气候系统辐射能量收支平衡的外部强加扰动,称为辐射强迫因子。气溶胶可通过多种方式影响地球气候,近年来气溶胶的辐射强迫及其气候效应成为国内外的研究热点。气溶胶吸收和散射能量的作用取决于气溶胶的浓度和光学性质。气溶胶的光学性质包括光学厚度、单次散射比和非对称因子。因此,本书第 2 章首先介绍了全球和中国区域气溶胶浓度和光学性质的分布及季节变化特征。

　　辐射强迫是衡量气溶胶和温室气体气候效应最为广泛使用的指标。辐射强迫可以为比较不同因子引起的气候响应,尤其是全球平均地表气温的变化,提供一个简单而量化的标准,因而在科学界得到了广泛的应用。本书第 3 章介绍了辐射强迫的概念,并详细阐述了全球和中国区域气溶胶直接辐射强迫、间接辐射强迫、有效辐射强迫及冰雪表面黑碳气溶胶辐射强迫的分布及季节变化,以及不同因子对气溶胶辐射强迫的影响。

　　气溶胶可通过多种方式影响地球气候系统:它们能够直接吸收和散射红外和太阳辐射,扰动地-气系统的能量收支;作为云凝结核或冰核,它们可以改变云的微物理性质,间接影响气候系统;处于云层处的吸收性气溶胶能吸收太阳辐射,直接加热大气层,可以使得云滴蒸发、云量减少;吸收性气溶胶沉降到冰雪表面还能减小冰雪表面的反照率,增加地表对太阳辐射的吸收。本书第 4 章、第 5 章和第 6 章分别介绍了气溶胶-辐射相互作用、气溶胶-云相互作用和气溶胶的综合效应对全球气候、亚洲季风、热带云、地表干旱等的影响,以及未来气溶胶减排对气候的影响。

　　本书第 7 章详细介绍了张华带领团队自主研发的气溶胶/大气化学-辐射-气候双向耦合模式 BCC_AGCM2.0_CUACE/Aero,包括模式耦合的基本思路、模式模拟性能的评估,以及参与气溶胶国际研究比较计划和 IPCC AR5 中对气溶胶辐射强迫评估的情况。

　　全书由张华、王志立、赵树云等编著。

　　第 1 章由张华主笔。

　　第 2 章的 2.1 节由崔振雷、张华主笔;2.2 节由王志立、张华主笔。

　　第 3 章的 3.1 节由赵树云、张华主笔;3.2 节由张华、王志立、马井会、沈钟平、周晨主笔;

3.3节由张华、王志立、荆现文、卢鹏主笔;3.4节由赵树云、张华主笔;3.5节由王志立、张华主笔。

第4章由王志立、张华主笔。

第5章的5.1节由彭杰、张华主笔;5.2、5.3节由王志立、张华主笔。

第6章的6.1节由赵树云、张华主笔;6.2节由赵树云、周晨、张华主笔;6.3节由王秋艳、王志立主笔;6.4节由王志立、张华主笔。

第7章由张华、王志立、王在志、刘茜霞、荆现文主笔。

周喜讯为本书做了大量细致和繁琐的整理、修改及其他辅助工作。在此谨向为本书做出贡献的所有成员表示诚挚的感谢。

在完成本书研究工作中,国家气候中心王在志研究员和刘茜霞高工,中国气象科学研究院张小曳研究员、龚山陵研究员、王亚强研究员、周春红副研究员和车慧正研究员,中国科学院大气物理研究所石广玉院士、王跃思研究员、辛金元博士和张美根研究员,美国华盛顿大学大气科学系付强教授,日本东京大学中岛映至教授,加拿大气候模拟与分析中心李江南博士和美国马里兰大学李占清教授都曾给予非常重要的帮助。在此谨向他们表示诚挚的感谢。

本书中很多新的研究成果分别是在国家重点基础发展研究计划项目课题"气溶胶气候效应及未来的情景预估(合同号:2006CB403707)""全球气溶胶的气候效应及对亚洲季风的影响(2011CB403405)"、科技部公益性行业专项项目"新一代云-辐射-气溶胶物理过程模块的研制与应用(GYHY201406023)"、国家自然科学基金项目"新的水云和冰云辐射参数化方案的研究及其在气候模式中的应用(合同号:41375080)""短寿命气候污染物和人为气溶胶的有效辐射强迫和它们的减排对全球变暖的影响研究(合同号:41575002)""双参数层云微物理方案在气候模式中的应用及气溶胶间接效应的初步研究(合同号:41205116)""东亚季风系统对过去和未来人为气溶胶排放变化响应的模拟研究(合同号:41575139)""中国大气污染物对云和辐射的影响及其气候效应研究(合同号:91644211)"等的资助下完成的。

本书的研究和出版得到了国家重点基础研究计划项目课题"全球气溶胶的气候效应及对亚洲季风的影响(合同号:2011CB403405)"的资助,在此一并致谢。

由于时间仓促,科学认识水平有限,书中难免有误,敬请读者指正。

张　华

2017 年 8 月

目　录

前言

第1章　绪论 ··· （1）

1.1　主要的气溶胶种类及来源 ······································ （1）

1.2　气溶胶影响气候的方式 ·· （3）

1.3　气溶胶的气候效应 ··· （5）

参考文献 ·· （7）

第2章　气溶胶的浓度和光学性质 ·· （12）

2.1　中国地区气溶胶浓度和光学厚度的分布特征及分析 ·········· （12）

2.2　气溶胶浓度和光学性质的全球分布及分析 ····················· （24）

参考文献 ·· （38）

第3章　气溶胶的辐射强迫 ··· （41）

3.1　气溶胶辐射强迫的概念 ·· （41）

3.2　气溶胶的直接辐射强迫 ·· （42）

3.3　气溶胶的间接辐射强迫 ·· （66）

3.4　人为气溶胶的有效辐射强迫 ····································· （72）

3.5　冰雪表面黑碳的辐射强迫 ······································· （77）

参考文献 ·· （78）

第4章　气溶胶-辐射相互作用对气候的影响 ························· （82）

4.1　碳类气溶胶对亚洲气候的影响 ·································· （82）

4.2　人为气溶胶对东亚夏季风的影响 ······························ （88）

4.3　冰雪表面黑碳的气候反馈 ······································· （90）

参考文献 ·· （93）

第5章　气溶胶-云相互作用对气候的影响 ····························· （94）

5.1　热带地区气溶胶的激活效应 ····································· （94）

5.2　气溶胶间接效应对气候的影响 ·································· （107）

5.3　黑碳-云滴混合效应对气候的影响 ····························· （111）

参考文献 ·· （115）

第6章　气溶胶的综合气候效应 ··· （119）

6.1　人为气溶胶对全球气候的影响 ·································· （119）

6.2　气溶胶对地表干旱程度的影响 ·································· （126）

本页

　6.3　人为气溶胶对东亚夏季风的影响 ……………………………………………………（140）

　6.4　未来减排气溶胶对气候的影响 ………………………………………………………（147）

　参考文献 …………………………………………………………………………………………（161）

第7章　BCC_AGCM2.0_CUACE/Aero 双向耦合模式系统发展 ……………（164）

　7.1　大气环流模式 BCC_AGCM2.0 ……………………………………………………（164）

　7.2　气溶胶/大气化学模式 CUACE/Aero ………………………………………………（166）

　7.3　模式耦合基本思路 ………………………………………………………………………（172）

　7.4　对耦合模式模拟性能的评估 …………………………………………………………（172）

　7.5　参与国际气溶胶模式与观测比较计划（AeroCom）和 IPCC AR5 对气溶胶及其
　　　辐射强迫的评估 ………………………………………………………………………（195）

　参考文献 …………………………………………………………………………………………（197）

第 1 章　绪论

气溶胶通常是指悬浮在大气中粒径大约在 1 nm[①]～100 μm[②] 的固体和液体粒子。气溶胶在自然界中存在着广泛的源,如土壤和岩石的风化、火山喷发、植物花粉、海沫破裂干涸等。气溶胶是形成云、雾滴,继而形成降水的必要条件。然而自工业革命以来,人类通过各种活动(工业、农业、交通运输、建筑等)向大气中排放了大量的气溶胶。根据政府间气候变化专门委员会第五次评估报告(IPCC,2013),人类活动已经成为硫酸盐、黑碳、硝酸盐、铵盐以及很大一部分有机气溶胶的主要来源。大气中气溶胶含量的增加,除了造成严重的环境问题外,所带来的气候效应也逐渐引起了广泛的关注。

1.1　主要的气溶胶种类及来源

1.1.1　硫酸盐气溶胶

近几十年来,由于化石燃料使用量的增加引起了大气中 SO_2 浓度的上升,从而使全球硫酸盐气溶胶的大气含量明显增加。Haywood 等(2000)对 SO_2 的排放源进行了统计,指出全球 SO_2 的排放量约为 66.8～92.4 Tg[③] · a^{-1}(S),其中大约 72% 来自化石燃料燃烧,19% 来自海洋浮游植物的排放,9% 来自火山排放。Streets 等(2003)指出,1980 年以来亚洲 SO_2 的排放增加明显,至 2000 年排放强度达到了 17 Tg · a^{-1}(S)。近几十年,亚洲 SO_2 排放增加的主要原因是发展中国家经济的快速发展对含硫矿物燃料(煤)的使用量剧增。目前,东亚是全球硫化物排放较多的地区之一。含硫气体的增加造成了大量硫酸盐气溶胶的生成,除了使环境恶化外,还可能对区域气候造成一定的影响。

自 20 世纪 90 年代以来,许多学者对我国和东亚地区的硫酸盐气溶胶及其前体物的浓度分布做了研究,包括对 SO_2 排放的估计(白乃彬,1996),对个别城市 SO_2 和硫酸盐气溶胶浓度的观测研究(盛立芳 等,2002;刘宇 等,2002),建立数值模式和开展理论研究工作(毛节泰,1992;程新金 等,2002),以及对 SO_2 和硫酸盐气溶胶的输送机理、浓度分布和季节变化特征进行的数值模拟研究(王喜红,2000;王喜红 等,2001)。

1.1.2　含碳气溶胶

含碳气溶胶包括黑碳和有机碳。黑碳气溶胶来源于含碳物质的不完全燃烧。Bond 等(2004)对

[①]　1 nm＝$1×10^{-9}$ m

[②]　1 μm＝$1×10^{-6}$ m

[③]　1 Tg＝$1×10^{9}$ kg

全球黑碳气溶胶的排放进行了详细的分析,指出黑碳的排放强度大约为 8.0 Tg·a^{-1}(C),其中化石燃料和生物质燃烧贡献 4.6 Tg·a^{-1}(C),露天焚烧贡献 3.3 Tg·a^{-1}(C)。Ito 等(2005)的研究表明,2000 年全球来自化石燃料燃烧的黑碳气溶胶排放强度为 2.8 Tg·a^{-1}(C),该值相对于 20 世纪 50 年代的黑碳气溶胶排放强度增加了约 3 倍。20 世纪 50 年代以前,北美和西欧为最大的黑碳气溶胶排放源地,而目前位于热带和东亚地区的发展中国家已经成为黑碳的最大源区(Bond et al.,2007),这主要归咎于近几十年发展中国家的经济膨胀。

有机碳气溶胶由含碳物质充分燃烧产生,既包含一次气溶胶颗粒,又有来自半挥发或挥发性有机气体的冷凝物形成的二次气溶胶颗粒。全球化石燃料燃烧排放的有机碳气溶胶约为 2.2 Tg·a^{-1},而生物质燃烧排放的有机碳气溶胶约为 7.5 Tg·a^{-1},有机碳气溶胶总的排放在 1870 至 2000 年间增加了约 3 倍(Ito et al.,2005)。

目前中国的能源结构依然是以煤为主,而且燃烧方式比较落后。另外,生物质燃烧量也相当可观,这些因素决定了含碳气溶胶是中国大气气溶胶的重要组成部分,并且可能对中国的区域气候产生重要的影响。

1.1.3　硝酸盐气溶胶

大气中硝酸盐气溶胶的含量与太阳辐射、温度、湿度、NO_x、NH_3、O_3 等前体物的浓度密切相关(Wang et al.,2006)。Putaud 等(2004)对细模态硝酸盐气溶胶的地面观测表明,一般在工业高度发达的地区硝酸盐浓度较高,而在乡村地区硝酸盐的浓度较低。从全球来看,硝酸盐气溶胶的前体物 NO_x 主要来自自然过程排放,但随着近年来全球经济的发展,化石燃料的使用量增加迅速,使得含氮污染物的排放量也在逐年升高(Ohare et al.,2007)。在中国,城市硝酸盐气溶胶及其前体物的浓度与机动车排放关系非常密切。近年来中国各大城市的机动车保有量在不断上升,这可能导致了我国城市硝酸盐气溶胶的大气含量整体略高于美国(Zhang et al.,2009)。

1.1.4　沙尘气溶胶

沙尘气溶胶也称矿物沙尘,主要源于干旱、半干旱地区风对地表的侵蚀(钱云 等,1999)。全球主要有 4 个沙尘暴多发区:中亚、北美、中非和澳大利亚。IPCC 第四次评估报告(AR4)估计直径在 10 μm 以下的沙尘气溶胶排放强度在 1000~3000 Tg·a^{-1},其中的 7%~20%是直径在 1 μm 以下的沙尘粒子。气溶胶观测与模式比较计划(AeroCom)给出的 2000 年多模式对沙尘气溶胶柱含量模拟的中值为 31.3 mg·m^{-2}。Zhang 等(1997)估算出亚洲沙尘气溶胶的排放强度大约为 800 Tg·a^{-1},其中大约 30%的沙尘会重新沉降在沙漠地区,20%的沙尘粒子可以进行区域间传输,而剩下的大约 50%的沙尘粒子可以传输到太平洋甚至更远的地方。

1.1.5　海盐气溶胶

海盐气溶胶主要由海浪飞沫破裂干涸产生,是海洋大气中主要的气溶胶种类。海盐气溶胶具有很好的吸湿性,是影响云和降水形成的重要因素。海盐气溶胶被认为是一种自然源气溶胶,但是人为活动造成的气候变化也会影响海盐气溶胶的排放。Textor 等(2005)统计了 AeroCom 不同模式模拟的海盐气溶胶排放强度,平均值为 16300 Tg·a^{-1},但不同模式结果之间的标准差为该平均值的 2 倍。观测和模拟结果表明,在 30°~60°N 和 30°~60°S 的洋面上,存在着两个海盐气溶胶柱含量的大值带(Takemura et al.,2002;Liao et al.,2004)。

1.2 气溶胶影响气候的方式

1.2.1 气溶胶-辐射相互作用

气溶胶可以散射和/或吸收长、短波辐射,从而直接影响地-气系统的辐射平衡,进而对气候产生影响。气溶胶-辐射相互作用对气候产生的影响与气溶胶本身的光学性质有着密切的关系。气溶胶-辐射相互作用通常也称为气溶胶的直接效应。

硫酸盐气溶胶对太阳辐射具有强烈的散射作用,从而在大气顶造成负的辐射强迫。观测表明,自 20 世纪 50 年代以来,中国东部大部分地区日照时数和到达地面的太阳辐射呈明显减少的趋势,一般认为包含硫酸盐在内的人为气溶胶的逐年增加是造成这种减少趋势的主要原因之一(周秀骥 等,1998;罗云峰,1998)。Kiehl 等(2000)利用美国国家大气研究中心(NCAR)的全球气候模式 CCM3 模拟的硫酸盐气溶胶的全球年平均直接辐射强迫为 -0.56 W・m^{-2}。孙家仁等(2008)利用 NCAR 的大气环流模式 CAM3.0 单向耦合一个气溶胶同化系统,模拟出中国硫酸盐气溶胶造成的全球年平均直接辐射强迫为 -0.25 W・m^{-2}。吴蓬萍等(2009)利用一个耦合了硫循环过程的动力模式模拟了硫酸盐气溶胶直接效应对水循环过程的影响,发现硫酸盐造成的降水变化最大区域在 $15°\sim60°$N,而对 $15°\sim60°$S 的降水影响相对较小。Fischer-Bruns 等(2009)研究了硫酸盐气溶胶直接效应对未来北大西洋气候的影响,发现硫酸盐在大气顶产生负的辐射强迫将减弱未来气候的变暖,会对北大西洋涛动产生一定影响。

黑碳气溶胶具有特殊的光学性质,可以吸收从短波到红外很宽波段的太阳辐射。黑碳对太阳短波辐射的吸收,使得到达地面的太阳辐射减少,在地面造成负的辐射强迫(张华 等,2008;王志立 等,2009)。与此同时,黑碳气溶胶吸收太阳辐射后可以加热其所在的局部大气,使得大气向下的红外辐射增加,从而在对流层顶造成正的辐射强迫。黑碳气溶胶可以增加对流层大气的稳定度,抑制对流的发生,减少地表蒸发,进而影响水循环。张华等(2008)利用一个辐射传输模式,并结合全球气溶胶数据集(GADS),得出晴空条件下黑碳气溶胶在对流层顶的全球冬、夏季(对北半球而言)平均的辐射强迫分别为 $+0.085$、$+0.155$ W・m^{-2},在地面则分别为 -0.37、-0.63 W・m^{-2}。Ramanathan 等(2008)认为黑碳气溶胶在大气顶的直接辐射强迫为 $+0.9$ W・m^{-2},比除 CO_2 以外的其他温室气体的辐射强迫都要大;黑碳气溶胶对整个大气层的辐射加热效应为 $+2.6$ W・m^{-2},几乎为所有温室气体对大气加热值的两倍。另外,大量观测表明黑碳气溶胶能够与硫酸盐、有机碳等可溶性气溶胶发生内混合,从而极大地改变自身的光学特性,增强其正辐射强迫。

有机碳气溶胶是一种以散射性为主的气溶胶,但由于有机碳吸湿后复折射指数会发生很大变化,使得相关研究存在很大的不确定性。IPCC AR5 给出了 1750—2010 年间来自化石和生物燃料燃烧产生的有机碳的直接辐射强迫为 $-0.09(-0.16\sim-0.03)$ W・m^{-2}。

硝酸盐气溶胶的全球平均直接辐射强迫为负值。目前,国内外对硝酸盐气溶胶辐射强迫的研究较少,IPCC AR5 给出硝酸盐气溶胶的直接辐射强迫为 $-0.11(-0.3\sim-0.03)$ W・m^{-2}。Adams 等(2001)利用模式模拟了 IPCC SRES A2 排放情景下 2005 年和 2100 年硝酸盐和硫酸盐气溶胶的直接辐射强迫,结果表明 2005 年硝酸盐和硫酸盐气溶胶引起的人为辐射强迫分别为-0.19、-0.95 W·m^{-2},到 2100 年则分别为-1.28、-0.85 W·m^{-2}。Liao 等(2005)同样在 SRES A2 排放情景下模拟了硝酸盐气溶胶 2000 年和 2100 年的直接辐射强迫,分别为-0.22、-1.01 W·m^{-2}。这表明未来硝酸盐气溶胶的直接辐射强迫将逐渐增大,并超过硫酸盐。同时也意味着对硝酸盐气溶胶辐射强迫的研究很可能会成为未来气候变化研究的一个热点。

沙尘气溶胶的消光效应以散射短波辐射为主,但对红外辐射也具有较强的吸收作用。沙尘气溶胶造成到达地面的太阳辐射减少和地面气温下降,同时沙尘的吸收作用也会加热大气层,从而改变大气的层结稳定度。IPCC AR5 给出人为沙尘气溶胶的全球年平均直接辐射强迫为$-0.3\sim+0.1$ W·m^{-2},同时指出沙尘气溶胶的直接辐射强迫仍具有很大的不确定性。Shi 等(2005)发现亚洲沙尘在短波和大部分红外波段的复折射指数的实部均高于世界气象组织(WMO)的结果,而虚部在短波波段却小于 WMO 的结果。

海盐气溶胶也是一种散射性气溶胶,所造成的负辐射强迫几乎遍布所有洋面上。Takemura 等(2002)模拟的海盐气溶胶年平均直接辐射强迫为-0.31 W·m^{-2},而 Grini 等(2002)的模拟结果为-1.1 W·m^{-2}。这说明目前海盐气溶胶的辐射强迫仍具有很大的不确定性。

值得注意的是,气溶胶-辐射相互作用除了依赖气溶胶本身的性质外,如粒子谱分布、形状、化学组成、混合状态等,还取决于地面反照率和云的情况等因素。因此,目前关于气溶胶-辐射相互作用仍有很大的不确定性。

1.2.2　气溶胶-云相互作用

大约 60% 的地球表面被云覆盖,云在影响地-气系统辐射收支方面有着重要的影响。云既能反射太阳短波辐射,也能吸收地表发出的红外辐射。云量及云光学性质的改变能对地-气系统的能量平衡产生极大的扰动。气溶胶颗粒物与云微物理性质之间的联系很早就被科学家们所发现(Warner et al.,1967;Eagan et al.,1974)。许多研究发现亚马孙流域森林火灾所产生的浓烟可以导致云滴数浓度增加和粒径减小(Reid et al.,1999;Andreae et al.,2004;Mircea et al.,2005)。大量的飞机和卫星观测也显示,无论是在区域还是全球尺度上气溶胶颗粒与云的微物理特性之间均存在复杂的关系。但是气溶胶颗粒与云之间的相互作用非常复杂,而且很多是非线性过程(Ramaswamy et al.,2001),因而具有极大的不确定性,是当前气候研究中的难点问题。

气溶胶对暖云反照率和生命期影响的相关研究起始于 Ferek 等(1998)对加利福尼亚沿岸因轮船轨迹扰动而产生的海洋层云的观测。Brenguier 等(2000)和 Schwartz 等(2002)对大西洋上云的观测表明,受气溶胶污染后云中云滴更小,云更薄。Nakajima 等(2001)分析 AVHRR 卫星观测资料发现,海洋上气溶胶柱含量和柱云滴数浓度之间存在正相关。这种正相关关系也被其他研究所证实(Brenguier et al.,2000;Rosenfeld et al.,2000)。黄梦宇等(2005)利用机载粒子探测系统对 1990 年秋季和 1991 年春季层状云进行了探测,发现华北地区层状云的云下气溶胶数浓度与云滴数浓度之间存在正相关关系。但是,除了造成层状云云滴数量增加和粒径减小外,也有研究强调气溶胶对云中液态水含量影响的重要性,指出在一些高污染地区云的液态水含量减少,云的反射比也相应有所减小(Jiang et al.,2002;Brenguier et al.,2003;Twohy et al.,2005)。

气溶胶对混合相云的影响首先体现在对大尺度混合相云的影响。大部分的降水来源于冰相云粒子,所以气溶胶通过影响冰云而导致的水循环变化比通过影响水云更大(Lau et al.,2003)。一般情况下,过冷却水云中的温度达不到发生同质成核的条件($T < -35℃$),为了使成核过程发生就需要气溶胶提供一个形成冰核的表面。气溶胶可以通过与过冷却云滴接触、浸润和作为沉降核对混合相云产生影响。接触冷却在一些小的过冷却现象中经常是最有效的过程,但是当温度较低时浸润冷却可能更加普遍。由于从水汽到冰的相变需要克服较大的能量,通过沉降核所起的作用一般效率最低(IPCC,2007)。冰核一般是不溶于水的颗粒物,如特定的矿物尘、烟尘和一些生物质,这与云凝结核有所不同。目前,由于大气中冰核的增加导致过冷却云形成冰粒子的概率更高,冰相降水也更多,进而导致北半球中高纬地区的云量减少和更多的太阳辐射被地-气系统所吸收(IPCC,2007)。

目前,人们对气溶胶颗粒在过冷却水云中的作用机制已经有所了解,但是对异质冰晶成核机制的探索仍处于初级阶段。有研究表明飞机尾气中含有许多气溶胶颗粒物,一方面在较低的气压和温度条件下可以直接形成飞行云,另一方面也可以影响对流层上层卷云的冰核数量。Penner 等(1999)把飞机对对流层卷云的影响作为一个潜在的气候强迫。Boucher(1999)分析了云量和飞机燃料消耗数据的关系,指出 20 世纪 80 年代空中交通燃料消耗增多,同时卷云云量也增多。Minnis 等(2004)通过对 1971—1995 年美国地表数据的分析,证实了该时期北方海洋和美国卷云量有所增加。需要指出的是,科学界对气溶胶与卷云之间相互作用的了解还远远不够,因此在气候模式中模拟气溶胶与卷云之间的相互作用还存在很大困难。

1.2.3　冰雪表面黑碳的作用

大气中的吸收性气溶胶(如黑碳、沙尘)可以随着大气环流进行远距离传输,沉降到冰雪表面,从而降低冰雪表面的反照率(Warren et al.,1980;Hansen et al.,2004;Jacobson,2004)。冰雪中黑碳气溶胶对反照率的影响主要集中在波长 0.9 μm 以下。Hansen 等(2004)通过对阿拉斯加、加拿大、格陵兰岛、极地等全球多个站点冰雪样品的分析,发现冰雪中的黑碳气溶胶能使波长小于 0.77 μm 的北极冰雪反照率减小 2.5%,北半球陆地被雪覆盖区域的反照率减小5%,除南极外的南半球冰雪覆盖区域的反照率减小 1%。Ming 等(2009)对中国西部及青藏高原多个站点的观测研究也显示,冰雪中黑碳气溶胶造成哈希勒根(43.73°N,84.46°E)和庙儿沟(43.06°N,94.32°E)站的反照率减小 6%,拉弄(30.42°N,90.57°E)的反照率减小 5%,慕士塔格(75.02°E,38.28°N)的反照率减小 4%,站点平均反照率减小约 5%。目前已有科学家利用大气环流模式模拟冰雪中黑碳气溶胶的辐射强迫($+0.007 \sim +0.24$ W·m^{-2}),并发现黑碳对冰雪反照率的影响机制在增加全球平均地表温度方面比 CO_2 的效率更高(Hansen et al.,2004;Flanner et al.,2007)。

1.3　气溶胶的气候效应

1.3.1　气溶胶对亚洲季风的影响

亚洲季风是全球最复杂、影响最广的季风系统,它带来的降雨量影响近 60% 地球总人口的生活和生产活动。最近几十年的高速工业化、城市化和农业等人类活动,使得亚洲成为气溶胶排放增长速度最快的地区之一。大量研究表明,气溶胶能改变大气和地球表面能量平衡,进而改变大气环流和地球水循环(Kristjánsson *et al.*,2005;Koch *et al.*,2007)。在亚洲季风区,气溶胶是一个重要的气候影响因子,它与亚洲季风之间的相互作用是一个研究热点。

21 世纪以来,已有很多学者开展了气溶胶对季风影响的研究。Menon 等(2002)利用大气环流模式 GISS 模拟了东亚季风区黑碳气溶胶的气候效应,表明中国夏季近 50 年来经常发生的南涝北旱现象可能与黑碳气溶胶增加有关。而 Zhang 等(2009)利用全球气候模式 CAM3/NCAR,在同时考虑了具有吸收效应的黑碳和散射效应的有机碳的情况下,发现碳类气溶胶不会引起中国出现南涝北旱的现象。Lau 等(2006)的研究指出,青藏高原南北侧的吸收性气溶胶能够强烈吸收太阳短波辐射,加热该地区的大气,可能会导致 5 月底到 6 月初孟加拉湾西南气流加强,降水增多,且有利于南亚夏季风的提前建立。Chung 等(2006)利用大气环流模式研究了南亚地区黑碳气溶胶对局地环流和夏季降水的影响,结果表明黑碳气溶胶可以加热对流层,引起北印度洋和印度次大陆垂直上升运动增强和降水增加。孙家仁等(2008)利用NCAR 的新一代模式 GCM CAM3.0 离线耦合了一个气溶胶同化系统,模拟研究了中国硫酸盐和黑碳气溶胶的直接气候效应对东亚夏季风及降水的影响,结果表明硫酸盐气溶胶导致东亚夏季风强度减弱,中国地区季风降水明显减少,但是黑碳气溶胶对东亚夏季风减弱的程度较小。许多研究还表明,在长时间尺度上,气溶胶可以阻挡到达地表的太阳辐射,引起地表冷却,导致热带水循环逐渐减慢和亚洲季风减弱(Ramanathan *et al.*,2005),但是在季节和年际尺度上,气溶胶对亚洲季风的影响机制还有待于进一步研究。

1.3.2　气溶胶对地表干旱程度的影响

目前绝大部分针对气溶胶气候效应的研究归结点是降水,而气溶胶对地表干旱程度的影响极少被提及或用其对降水的影响来代替。但是降水变化不能全面反映一个地区干旱或湿润程度的变化。

地表是连接大气与土壤的界面(Fraedrich *et al.*,2011),地表水分平衡的变化在很大程度上与土壤干湿变化是耦合的,这就为我们研究气溶胶对地表干旱程度的变化提供了方便。事实上,关于温室气体对地表干旱程度的影响研究已经开展。Emanuel 等(1985)以霍尔德里奇生命区(Holdridge,1947)的分布变化为判断标准,利用一个气候模式模拟了 CO_2 造成的增温对地表生态复杂性的影响,发现 CO_2 造成的生态系统变化主要发生在高纬度地区,因为那里的增暖最明显;寒带森林可能会被冷温带森林或苔原所取代;而在低纬,副热带湿润森林可能会被热带干旱森林所取代。Gao 等(2008)以 Köppen(1900)、Budyko(1974)和 UNEP(1992)三种气候类型划分方法为依据,利用区域气候模式 RegCM 研究了在 IPCC A2 和 B2 一高一低两种排放情景下,地中海地区地表干旱程度的变化,发现在 CO_2 浓度不断增加的过程中,地中海地区可能会经历干旱程度增加和干旱地区向北扩张。Fraedrich 等(2011)根据 Budyko(1974)的气候分类法,利用全球气候模式 ECHAM5 模拟了 A1B 排放情景下地表干旱程度的变化,并发展了一个水域尺度的诊断气候变化的新指标"湖泊面积比",发现 CO_2 浓度增加会造成全球地表干旱程度增加。Feng 等(2013)根据 UNEP(1992)推荐的气候划分方法,利用观测资料以及 CMIP5[①] 多模式集合平均结果研究了过去和未来干旱区面积的变化,发现 1948—2008 年全球干旱区在扩张,在 RCP8.5 排放路径下 21 世纪末全球干旱区面积可能比 1961—1990

---

① CMIP5:世界气候研究计划(WCPP)组织实施的第 5 阶段国际耦合模式比较计划。

年平均状态多 10%。Fu 等(2014)同样根据 UNEP(1992)推荐的干燥度指数以及 CMIP5 的试验结果发现在 CO_2 浓度加倍的情况下,全球地表干旱程度会加重,并重点探索了 CO_2 增加造成地表干旱程度加重的内在机制。Cook 等(2014)以 PDSI(Palmer 旱涝指数)和 SPEI(标准降水蒸发指数)为标准,通过分析 CMIP5 多模式的历史模拟和在 RCP8.5 排放情景下对未来的模拟结果,发现全球变暖引起地表蒸发需求增加,不仅使本已经历了降水减少的地区干旱加剧,甚至会使部分降水增加的地区反而变得干旱,从而带来一个整体更加干旱的气候。

综合以上的研究结果可以发现,温室气体,尤其是 CO_2 主导的全球气候变暖可以造成地表干旱程度的增加。与温室气体一样,气溶胶也是人类活动的产物,了解气溶胶对地表干旱程度的影响对我们更全面地理解人类活动的气候影响非常重要。同时,前人针对温室气体的研究经验也为我们研究气溶胶对地表干旱程度的影响提供了有价值的参考。本书第 6 章在讨论气溶胶综合气候效应的基础上,集中讨论人为气溶胶和自然气溶胶中的沙尘气溶胶对全球地表干旱程度的影响。

参考文献

白乃彬,1996.中国大陆 CO_2,SO_2 和 NO_x 1°×1°网格排放估计[M]//周秀骥.中国地区大气臭氧变化及其对气候环境的影响(一).北京:气象出版社:145-150.

程新金,黄美元,安峻岭,等,2002.大气污染物 SO_x 输送方程的尺度分析[J].气象学报,**60**(4):468-476.

黄梦宇,段英,赵春生,等,2005.华北地区层状云微物理特性及气溶胶对云的影响[J].南京气象学院学报,**28**(3):360-368.

刘宇,祁斌,2002.兰州市低空风时空变化特征及其与空气污染的关系[J].高原气象,**21**(3):322-326.

罗云峰,1998.中国地区气溶胶光学厚度特征及其辐射强迫和气候效应的数值模拟[D].北京:北京大学.

毛节泰,1992.广东、广西地区酸沉降统计模式的研究[J].环境科学学报,**12**(1):28-36.

钱云,符淙斌,王淑瑜,1999.沙尘气溶胶与气候变化[J].地球科学进展,**14**(4):391-394.

盛立芳,高会旺,张英娟,等,2002.夏季渤海 NO_x,O_3,SO_2 和 CO 浓度观测特征[J].环境科学,**23**(6):31-35.

孙家仁,刘煜,2008.中国区域气溶胶对东亚夏季风的可能影响(Ⅰ):硫酸盐气溶胶的影响[J].气候变化研究进展,**4**(2):111-116.

王宏,石广玉,王标,等,2007.中国沙漠沙尘气溶胶对沙漠源区及北太平洋地区大气辐射加热的影响[J].大气科学,**31**(3):515-526.

王喜红,2000.东亚地区人为硫酸盐气溶胶气候效应的数值研究[D].北京:中国科学院大气物理研究所.

王喜红,石广玉,2001.东亚地区人为硫酸盐的直接辐射强迫[J].高原气象,**20**(3):258-263.

王志立,郭品文,张华,2009.黑碳气溶胶直接辐射强迫及其对中国夏季降水影响的模拟研究[J].气候与环境研究,**14**(2):161-171.

吴蓬萍,刘煜,2009.硫酸盐气溶胶对全球水循环因子的影响[J].气候变化研究进展,**5**(1):44-49.

张华,马井会,郑有飞,2008.黑碳气溶胶辐射强迫全球分布的模拟研究[J].大气科学,**32**(5):1147-1158.

周秀骥,李维亮,罗云峰,1998.中国地区大气气溶胶辐射强迫及区域气候效应的数值模拟[J].大气科学,**22**(4):418-427.

Adams P J,Seinfeld J H,Koch D,*et al.*,2001. General circulation model assessment of direct radiative forcing by the sulfate-nitrate-ammonium-water inorganic aerosol system[J]. *Journal of Geophysical Research*: Atmospheres,**106**(D1):1097-1111.

Andreae M O, Rosenfeld D, Artaxo P, et al., 2004. Smoking rain clouds over the Amazon[J]. *Science*, **303** (5662):1337-1342.

Bond T C, Bhardwaj E, Dong R, et al., 2007. Historical emissions of black and organic carbon aerosol from energy-related combustion, 1850—2000 [J]. *Global Biogeochemical Cycles*, **21** (2), doi: 10. 1029/2006GB002840.

Bond T C, Streets D G, Yarber K F, et al., 2004. A technology-based global inventory of black and organic carbon emissions from combustion[J]. *Journal of Geophysical Research*: Atmospheres, **109** (D14), doi: 10. 1029/2003JD003697.

Boucher O, 1999. Air traffic may increase cirrus cloudiness[J]. *Nature*, **397** (6714):30-31.

Brenguier J L, Pawlowska H, Schüller L, 2003. Cloud microphysical and radiative properties for parameterization and satellite monitoring of the indirect effect of aerosol on climate[J]. *Journal of Geophysical Research*: Atmospheres, **108** (D15), doi: 10. 1029/2002JD002682.

Brenguier J L, Pawlowska H, Schüller L, et al., 2000. Radiative properties of boundary layer clouds: Droplet effective radius versus number concentration[J]. *Journal of the atmospheric sciences*, **57** (6):803-821.

Budyko M I, 1974. Climate and Life. Academic Press, 508pp.

Chung C E, Ramanathan V, 2006. Weakening of North Indian SST gradients and the monsoon rainfall in India and the Sahel[J]. *Journal of Climate*, **19** (10):2036-2045.

Cook B I, Smerdon J E, Seager R, et al., 2014. Global warming and 21st century drying[J]. *Climate Dynamics*, **43** (9-10):2607-2627.

Eagan R C, Hobbs P V, Radke L F, 1974. Measurements of cloud condensation nuclei and cloud droplet size distributions in the vicinity of forest fires[J]. *Journal of Applied Meteorology*, **13** (5):553-557.

Emanuel W R, Shugart H H, Stevenson M P, 1985. Climatic change and the broad-scale distribution of terrestrial ecosystem complexes[J]. *Climatic change*, **7** (1):29-43.

Feng S, Fu Q, 2013. Expansion of global dryland under a warming climate[J]. *Atmos. Chem. Phys*, **13** (10):081-10.

Ferek R J, Hegg D A, Hobbs P V, et al., 1998. Measurements of ship-induced tracks in clouds off the Washington coast[J]. *Journal of Geophysical Research*: Atmospheres, **103** (D18):23199-23206.

Fischer-Bruns I, Banse D F, Feichter J, 2009. Future impact of anthropogenic sulfate aerosol on North Atlantic climate[J]. *Climate dynamics*, **32** (4):511-524.

Flanner M G, Zender C S, Randerson J T, et al., 2007. Present-day climate forcing and response from black carbon in snow[J]. *Journal of Geophysical Research*: Atmospheres, **112** (D11), doi: 10. 1029/2006JD008003.

Fraedrich K, Sielmann F, 2011. An equation of state for land surface climates[J]. *International Journal of Bifurcation and Chaos*, **21** (12):3577-3587.

Fu Q, Feng S, 2014. Responses of terrestrial aridity to global warming[J]. *Journal of Geophysical Research*: Atmospheres, **119** (13):7863-7875.

Gao X, Giorgi F, 2008. Increased aridity in the Mediterranean region under greenhouse gas forcing estimated from high resolution simulations with a regional climate model[J]. *Global and Planetary Change*, **62** (3): 195-209.

Grini A, Myhre G, Sundet J K, et al., 2002. Modeling the annual cycle of sea salt in the global 3D model Oslo CTM2: Concentrations, fluxes, and radiative impact[J]. *Journal of Climate*, **15** (13):1717-1730.

Hansen J, Nazarenko L, 2004. Soot climate forcing via snow and ice albedo[J]. *Proceedings of the National Academy of Sciences of the United States of America*, **101** (2):423-428.

Haywood J, Boucher O, 2000. Estimates of the direct and indirect radiative forcing due to tropospheric aerosols:

A review[J]. *Reviews of geophysics*, **38**(4):513-543.

Holdridge L R, 1947. Determination of world plant formations from simple climatic data[J]. *Science*, **105**: 367-368.

IPCC, 2007. Climate Change 2007: The Physical Science Basis. Contribution of Working Group Ⅰ to the Fourth Assessment Report of the Intergovernmental Panel on Climate Change [Solomon S, Qin D, Manning M, *et al*., (eds.)]. Cambridge University Press, Cambridge, United Kingdom and New York, NY, USA, 996.

IPCC, 2013. Climate Change 2013: The Physical Science Basis. Contribution of Working Group Ⅰ to the Fifth Assessment Report of the Intergovernmental Panel on Climate Change [Stocker T F, Qin D, Plattner G K, *et al*., (eds)]. Cambridge University Press, Cambridge, United Kingdom and New York, NY, USA, 1535.

Ito A, Penner J E, 2005. Historical emissions of carbonaceous aerosols from biomass and fossil fuel burning for the period 1870-2000[J]. *Global Biogeochemical Cycles*, **19**(2), doi:10. 1029/2004GB002374.

Jacobson M Z, 2004. Climate response of fossil fuel and biofuel soot, accounting for soot's feedback to snow and sea ice albedo and emissivity[J]. *Journal of Geophysical Research*: Atmospheres, **109**(D21), doi:10. 1029/ 2004JD004945.

Jiang H, Feingold G, Cotton W R, 2002. Simulations of aerosol-cloud-dynamical feedbacks resulting from entrainment of aerosol into the marine boundary layer during the Atlantic Stratocumulus Transition Experiment[J]. *Journal of Geophysical Research*: Atmospheres, **107**(D24), doi:10. 1029/2001JD001502.

Kiehl J T, Schneider T L, Rasch P J, *et al*., 2000. Radiative forcing due to sulfate aerosols from simulations with the National Center for Atmospheric Research Community Climate Model, Version 3[J]. *Journal of Geophysical Research*, **105**(D1):1441-1457.

Koch D, Bond T C, Streets D, *et al*., 2007. Global impacts of aerosols from particular source regions and sectors [J]. *Journal of Geophysical Research*: Atmospheres, **112**(D2), doi:10. 1029/2005JD007024.

Köppen W, 1900. Versuch einer Klassifikation der Klimate, vorzugsweise nach ihren Beziehungen zur Pflanzenwelt[J]. *Geographische Zeitschrift*, **6**:593-611, 657-679.

Kristjánsson J E, Iversen T, Kirkevag A, *et al*., 2005. Response of the climate system to aerosol direct and indirect forcing: Role of cloud feedbacks[J]. *Journal of Geophysical Research*: Atmospheres, **110**(D24), doi: 10. 1029/2005JD006299.

Lau K M, Kim K M, 2006. Observational relationships between aerosol and Asian monsoon rainfall, and circulation[J]. *Geophysical Research Letters*, **33**(21), doi:10. 1029/2006GL027546.

Lau K M, Wu H T, 2003. Warm rain processes over tropical oceans and climate implications[J]. *Geophysical Research Letters*, **30**(24), doi:10. 1029/2003GL018567.

Liao H, Seinfeld J H, 2005. Global impacts of gas-phase chemistry-aerosol interactions on direct radiative forcing by anthropogenic aerosols and ozone[J]. *Journal of Geophysical Research*: Atmospheres, **110**(D18), doi:10. 1029/2005JD005907.

Liao H, Seinfeld J H, Adams P J, *et al*., 2004. Global radiative forcing of coupled tropospheric ozone and aerosols in a unified general circulation model[J]. *Journal of Geophysical Research*: Atmospheres, **109**(D16), doi:10. 1029/2003JD004456.

Menon S, Genio A D D, Koch D, *et al*., 2002. GCM simulations of the aerosol indirect effect: Sensitivity to cloud parameterization and aerosol burden[J]. Journal of the atmospheric *Sciences*, **59**(3):692-713.

Ming J, Xiao C, Cachier H, *et al*., 2009. Black Carbon(BC)in the snow of glaciers in west China and its potential effects on albedo[J]. *Atmospheric Research*, **92**(1):114-123.

Minnis P, Ayers J K, Palikonda R, *et al*., 2004. Contrails, cirrus trends, and climate[J]. *Journal of Climate*, **17** (8):1671-1685.

Mircea M, Facchini M C, Decesari S, et al. ,2005. Importance of the organic aerosol fraction for modeling aerosol hygroscopic growth and activation: a case study in the Amazon Basin[J]. *Atmospheric Chemistry and Physics*,**5**(11):3111-3126.

Nakajima T, Higurashi A, Kawamoto K, et al. ,2001. A possible correlation between satellite-derived cloud and aerosol microphysical parameters[J]. *Geophysical Research Letters*,**28**(7):1171-1174.

Ohara T, Akimoto H, Kurokawa J I, et al. , 2007. An Asian emission inventory of anthropogenic emission sources for the period 1980-2020[J]. *Atmospheric Chemistry and Physics*,**7**(16):4419-4444.

Penner J E, Lister D H, Griggs D J, et al. ,1999. Aviation and the Global Atmosphere[M]. New York: Cambridge Univ. Press,373.

Putaud J P, Raes F, Van Dingenen R, et al. ,2004. A European aerosol phenomenology—2: chemical characteristics of particulate matter at kerbside, urban, rural and background sites in Europe[J]. *Atmospheric environment* ,**38**(16):2579-2595.

Ramanathan V, Carmichael G,2008. Global and regional climate changes due to black carbon[J]. *Nature geoscience* ,**1**(4):221-227.

Ramanathan V, Chung C, Kim D, et al. ,2005. Atmospheric brown clouds: Impacts on South Asian climate and hydrological cycle[J]. *Proceedings of the National Academy of Sciences of the United States of America* ,**102**(15):5326-5333.

Ramaswamy V, Coauthers,2001. Radiative forcing of climate change. *In: Climate Change* 2001: *The Scientific Basis. Contribution of Working Group I to the Third Assessment Report of the Intergovernmental Panel on Climate Change* (Houghton et al. , Eds.), Cambridge University Press,349-416.

Reid J S, Eck T F, Christopher S A, et al. ,1999. Use of the Ångstrom exponent to estimate the variability of optical and physical properties of aging smoke particles in Brazil[J]. *Journal of Geophysical Research* : Atmospheres,**104**(D22):27473-27489.

Rosenfeld D, Woodley W L, 2000. Deep convective clouds with sustainedsupercooled liquid water down to $-37.5℃$ [J]. *Nature*,**405**(6785):440-442.

Schwartz S E, Benkovitz C M,2002. Influence of anthropogenic aerosol on cloud optical depth and albedo shown by satellite measurements and chemical transport modeling[J]. *Proceedings of the National Academy of Sciences* ,**99**(4):1784-1789.

Shi G, Wang H, Wang B, et al. ,2005. Sensitivity experiments on the effects of optical properties of dust aerosols on their radiative forcing under clear sky condition[J]. *J Meteorological Society of Japan* ,**83**: 333-346.

Streets D G, Bond T C, Carmichael G R, et al. ,2003. An inventory of gaseous and primary aerosol emissions in Asia in the year 2000 [J]. *Journal of Geophysical Research* : Atmospheres, **108** (D21), doi: 10. 1029/2002JD003093.

Takemura T, Nakajima T, Dubovik O, et al. , 2002. Single-scattering albedo and radiative forcing of various aerosol species with a global three-dimensional model[J]. *Journal of Climate* ,**15**(4):333-352.

Textor C, Schulz M, Guibert S, et al. ,2005. Results from simulations of an ensemble of global aerosol models using the same emission data within AeroCom[C]. *AGU Fall Meeting Abstracts*.

Twohy C H, Petters M D, Snider J R, et al. ,2005. Evaluation of the aerosol indirect effect in marine stratocumulus clouds: Droplet number, size, liquid water path, and radiative impact[J]. *Journal of Geophysical Research* : Atmospheres,**110**(D8), doi:10. 1029/2004JD005116.

UNEP,1992. World Atlas of Desertification. Edward Amoid: London.

Wang T, Li S, Jiang F, et al. ,2006. Investigations of main factors affecting tropospheric nitrate aerosol using a coupling model[J]. *China Particuology*,**4**(06):336-341.

Warner J,Twomey S,1967. The production of cloud nuclei by cane fires and the effect on cloud droplet concentration[J]. *Journal of the atmospheric sciences*,**24**(6):704-706.

Warren S G,Wiscombe W J,1980. A model for the spectral albedo of snow. II:Snow containing atmospheric aerosols[J]. *Journal of the Atmospheric Sciences*,**37**(12):2734-2745.

Zhang D F,Zakey A S,Gao X J,*et al.*,2009. Simulation of dust aerosol and its regional feedbacks over East Asia using a regional climate model[J]. *Atmospheric Chemistry and Physics*,**9**(4):1095-1110.

Zhang H,Wang Z,Guo P,*et al.*,2009. A modeling study of the effects of direct radiative forcing due to carbonaceous aerosol on the climate in East Asia[J]. *Advances in atmospheric sciences*,**26**:57-66.

Zhang X Y,Arimoto R,An Z S,1997. Dust emission from Chinese desert sources linked to variations in atmospheric circulation[J]. *Journal of Geophysical Research*. D. Atmospheres,**102**:28-041.

第 2 章　气溶胶的浓度和光学性质

大气气溶胶是影响地-气系统能量收支的重要物质之一。它的浓度变化一方面影响着对流层化学和云微物理过程,另一方面影响地-气系统的辐射收支,并最终影响气候变化,而这种影响又有很大的不确定性,这使气溶胶成为大气科学研究中的热点。气溶胶如何直接吸收和散射能量取决于气溶胶的光学性质。气溶胶的光学性质包括消光系数、单次散射比、非对称因子和光学厚度。气溶胶光学厚度(Aerosol Optical Depth,以下简称 AOD)作为大气气溶胶最基本的光学特性之一,是表征大气气柱气溶胶状况的一个重要物理量,是评价大气环境污染、研究气溶胶辐射气候效应的关键因子。本章首先利用 NCEP/NCAR 再分析资料气象场驱动大气化学传输模式 MATCH(Model of Atmospheric Transport and Chemistry),并在模式中引入了 Streets(2007)的排放源数据,模拟了中国地区气溶胶的浓度与光学厚度的分布及季节变化;然后利用 BCC_AGCM2.0_CUACE/Aero 气溶胶/大气化学-气候双向耦合模式模拟了气溶胶浓度和光学性质的全球分布,关于该耦合模式的描述请参考第 7 章的内容。

2.1　中国地区气溶胶浓度和光学厚度的分布特征及分析

2.1.1　MATCH 模式介绍

全球大气化学传输模式 MATCH 是由 NCAR(The National Center for Atmospheric Research,美国国家大气研究中心)开发的离线化学传输模式,可由气候模式的输出资料或 ECMWF(European Centre for Medium-Range Weather Forecasts,欧洲中期天气预报中心)、NCEP(National Centers for Environmental Prediction,美国国家环境预报中心)再分析资料驱动,可以对多种大气化学物质的分布状况、输送趋势进行数值模拟。本章使用的是 MATCH4_2AER1_2 版本,为 2003 年 2 月的修改版。MATCH 模式的主体是一个时间积分模块,在运算过程中,首先将输入的气象场和地面数据插值到模式时间步长上,然后计算各种示踪物的传输,最后处理各种组分在传输过程中的物理和化学过程的参数化。这些参数化是按如下过程进行的:垂直扩散、干沉降、对流、云微物理过程、化学过程和湿沉降。模式分辨率为全球经向128 个、纬向 64 个高斯网格点,垂直方向共分 26 层。

2.1.2　中国地区大气气溶胶浓度分布特征

利用 2006 年 NCEP/NCAR 的再分析气象场和 Streets(2007)的东亚地区排放源驱动气溶胶模块,得到中国地区硫酸盐、黑碳、沙尘气溶胶浓度分布随季节变化的规律。

2.1.2.1　硫酸盐气溶胶

硫酸盐是大气气溶胶粒子的主要成分之一,包括硫酸、氨基硫酸盐和中间化合物。硫酸盐气溶胶是由大气中的气体前体物 SO_2、H_2S、DMS、CS_2 和 COS(氧硫化碳)经过复杂的化学反应而产生的。大多数 SO_2 或以气相形式直接转变为硫酸盐,或在云滴中转变为硫酸盐。

　　图 2.1 显示了 MATCH 模拟的近地层 1 月份和 7 月份月平均的硫酸盐浓度分布。由图可以看出:硫酸盐的高值区分布在中国的东部和南部等地区,尤其是四川盆地以及黄河中下游地区,这些地区近地层硫酸盐浓度大部分都超过 $10~\mu g \cdot m^{-3}$,最大值达 $20~\mu g \cdot m^{-3}$;低值区分布在青藏高原和西北地区,这些地区地面平均浓度小于 $3~\mu g \cdot m^{-3}$。从季节变化来看,在中国淮河以北的华北大部分地区,硫酸盐气溶胶浓度 7 月份高于 1 月份;南方地区,如四川盆地和长江以南等地区,硫酸盐气溶胶在 1 月份高于 7 月份。

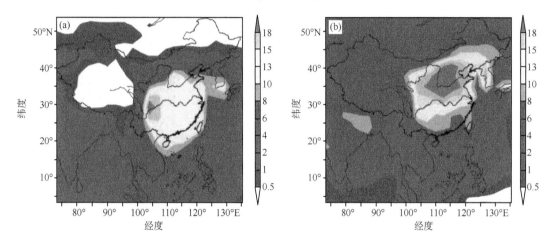

图 2.1　MATCH 模式模拟的 2006 年 1 月(a)和 7 月(b)近地层硫酸盐浓度(单位:$\mu g \cdot m^{-3}$)

　　由图 2.1 可以发现,硫酸盐气溶胶主要分布在中国的四川盆地、华北及长江流域等工业较发达地区。1 月份,虽然北方地区燃煤较多,SO_2 的排放出现极大值(图略),但由于冬季气温低,SO_2 转化为硫酸盐的效率大大降低,所以硫酸盐在 1 月份的浓度并不高。北方地区受冷高压控制,中低层盛行西北风,不利于气溶胶的堆积,而南方受此影响较弱,因此 1 月份硫酸盐气溶胶高值区集中在南方地区。黄河中下游等北方地区,7 月份硫酸盐气溶胶浓度明显高于 1 月份,这是由于 7 月正值夏季,气温较高,SO_2 的氧化转化效率大大提高,另外由于这些地区的 SO_2 排放较多,虽然当地夏季降水多,但由于排放源较强,由降水增加的湿沉降量并不足以抵消硫酸盐气溶胶的净生成,因此硫酸盐气溶胶浓度值在夏季要高于冬季。王喜红等(2000)曾对这一现象给出过详细解释。而广东、广西以及四川盆地由于降水等原因使当地硫酸盐气溶胶浓度在 7 月份稍低于 1 月份。

　　根据中国气象局酸雨监测网观测资料分析,硫酸盐高值区主要出现在从四川盆地及其附近到华北平原中西部、黄土高原东部、辽南这一广大地区,其余地区硫酸盐气溶胶含量比较低(秦大河 等,2005)。模拟结果与观测结果具有很好的一致性。

2.1.2.2　黑碳气溶胶

　　碳元素是化石燃料和生物质中的主要元素,含碳气溶胶是大气气溶胶的重要组成部分。黑碳气溶胶一词来源于其较宽的光学吸收波段和较强的光学吸收特性,它是含碳物质不完全燃烧产生的一种无定型碳质,基本上涉及含碳物质燃烧的过程都会造成黑碳气溶胶的排放。黑碳气溶胶来源可分为自然源和人为源两种,火山爆发、森林大火等自然现象可以造成部分黑碳气溶胶排放,但由于此类自然现象的发生具有一定的区域性和偶然性,其对大气中黑碳气溶胶浓度的长期变化贡献不大(Parungo *et al*.,1994),相反人为源排放却是广泛和持续的。尤其自工业革命以来,世界人口数量快速增加,大量使用煤、石油等化石燃料,导致能源消耗量持续增长,生物焚烧也大大增加,进而造成黑碳气溶胶排放量持续增加。另外,汽车的普及使得汽车尾气成为城市大气中黑碳气溶胶的重要来源。

　　图 2.2 是模式模拟的 2006 年 1 月、7 月中国地区黑碳气溶胶浓度分布。由图可以发现:黑碳气溶胶的高值区主要分布在黄河、长江中下游区域以及四川盆地等地区,最大值超过 8 μg·m^{-3}。低值区分布在西北及青藏高原地区,低于 0.2 μg·m^{-3}。黑碳气溶胶有较明显的季节变化,1 月份浓度高于 7 月份。

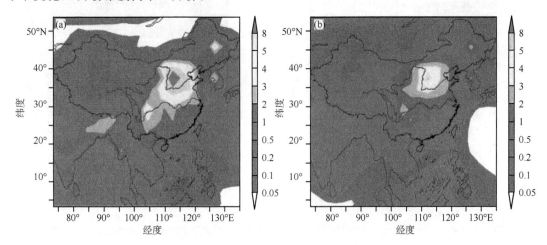

图 2.2　MATCH 模式模拟的 2006 年 1 月(a)和 7 月(b)近地层黑碳浓度(单位:μg·m^{-3})

　　中国的黑碳气溶胶主要分布在四川盆地及黄河中下游等人口稠密地区。根据曹国良等(2006)的研究,中国最大的黑碳排放源来自居民生活中使用的大量未经处理的原煤、蜂窝煤和生物质燃料。因此,黑碳气溶胶的高值区分布在四川盆地、华北及华东等人口密度较高的区域。1 月份,北方进入采暖期,煤及生物质等燃料使用增多导致黑碳排放较多,尤其是山西、河北及北京地区。7 月份,由于降水等因素,黑碳气溶胶的浓度有所降低。

　　朱厚玲(2003)利用三维污染物输送扩散模式模拟了中国地区黑碳气溶胶的时空分布,结果表明,黑碳气溶胶高值区位于华北、华东和四川盆地,浓度最高值在 8 μg·m^{-3} 以上,这与我们的模拟结果比较一致。许黎等(2006)给出的北京 1992—2001 年的黑碳气溶胶质量浓度的观测值为 15～20 μg·m^{-3},自 1998 年以来,北京地区的黑碳气溶胶浓度持续降低,2001 年观测结果为 15 μg·m^3。娄淑娟等(2005)在 2003—2004 年的观测结果表明,北京地区黑碳气溶胶浓度在夏季和冬季分别为 8.8、11.4 μg·m^{-3}。而我们模拟的 2006 年夏季和冬季北京的近地层黑碳气溶胶浓度分别为 4、7 μg·m^{-3},说明北京地区由于能源结构变化导致黑碳气溶胶浓度逐步减少。

2.1.2.3　沙尘气溶胶

　　图 2.3 给出了 MATCH 模拟中国地区 2006 年近地面沙尘气溶胶的浓度分布。由图中 1、4、7、10 四个月的月平均数据可以看到:2006 年内蒙古西部地区是沙尘气溶胶的高值区,浓度最大值超过了 500 μg·m^{-3},其他地区沙尘浓度均较低;中国各地区的沙尘气溶胶浓度值在 4

月份最高,其他月份较低,季节变化明显。

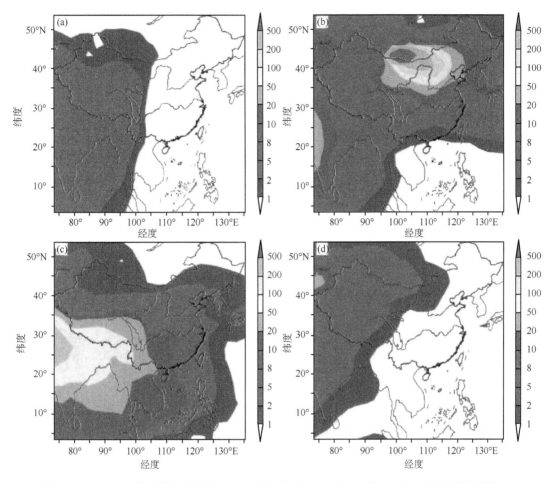

图 2.3　MATCH 模式模拟中国地区 2006 年 1 月(a)、4 月(b)、7 月(c)和 10 月(d)近地层沙尘
气溶胶浓度(单位:$\mu g \cdot m^{-3}$)

　　沙尘气溶胶高值区对应着内蒙古中部沙漠,该地区位于东亚干旱地区。春季比较干燥,是
中国北方沙尘暴的多发季节,沙尘气溶胶的浓度整体偏高且有明显的向东输送的现象。1 月
份由于部分地区有雪覆盖,7 月份和 10 月份由于湿沉降增多,沙尘浓度相对较低。这与高庆
先等(2004)的观测结果十分吻合。模拟结果显示,2006 年 7 月份中国南方地区沙尘气溶胶浓
度较 1 月和 10 月大,这主要与沙尘粒子从印度西北部的沙漠地区长距离输送有关。印度西北
部属热带沙漠气候,当地夏季气温高,降水少,天气干燥,沙尘的排放强度大。受西南季风影
响,来自该地区的沙尘粒子可以长距离输送至中国。

　　吴占华等(2007)分析了多年的观测资料,得出中国北方沙尘天气在春季较多,其他季节比较
少的结论,模拟结果与之相吻合。牛生杰等(2001)的观测表明,1996—1998 年贺兰山地区春季地
面沙尘气溶胶的背景质量浓度为 123.5 $\mu g \cdot m^{-3}$,沙尘暴天气下质量浓度为 3955.3 $\mu g \cdot m^{-3}$。
牛生杰等(2005)利用 1999 年的飞机观测资料分析得到沙漠上空的气溶胶质量浓度为 10～
80 $\mu g \cdot m^{-3}$。刘立超等(2005)对 2001—2004 年敦煌地区的观测表明,当地沙尘气溶胶月平
均质量浓度为 200～1200 $\mu g \cdot m^{-3}$。MATCH 模式模拟的近地层气溶胶浓度介于地面和飞机

观测值之间，说明模拟结果比较合理。

2.1.3　中国地区大气气溶胶光学厚度分布特征

利用 2006 年 NCEP/NCAR 的气象场来驱动气溶胶大气化学模式 MATCH，初步建立了离线的大气化学传输模式系统，来检验 MATCH 对中国地区气溶胶的模拟能力。本章将模拟结果与 2006 年 MODIS（MODerate resolution Imaging Spectro-radiometer，中分辨率成像光谱仪）资料、CSHNET（the Chinese Sun Hazemeter NETwork，中国地区太阳分光观测网）资料和 AERONET（AErosol RObotic NETwork，全球自动观测网）资料分别进行了对比和检验。

2.1.3.1　与 MOD08_M3 产品 AOD 的中国地区分布比较

李成才等（2003）、毛节泰等（2002）对 MODIS 资料在中国地区的可用性已做过验证，认为 MODIS 产品在中国东部地区具备一定的精度，在植被密集的华南地区误差较小（小于 20%），其他地区误差较大。本章将模拟结果与 MODIS 资料 MOD08_M3 产品在中国地区 1、4、7、10 四个月在波长 550 nm 处的月平均光学厚度进行了对比，如图 2.4 所示。

图 2.4（a—d）为 MATCH 模拟的 2006 年中国地区 1、4、7、10 月份的 AOD 分布，图 2.4（e—h）为 MOD08_M3 资料的结果。由图 2.4 可以看出：1 月份，在中国的中部地区及东南沿海地区，模式结果比 MODIS 数据偏高；在四川盆地中部，MODIS 卫星数据有一个超过 1.0 的 AOD 高值中心，模式结果也有一个高值区，但是范围偏大，这可能是由于模式的分辨率较低（约 2.8°×2.8°），而卫星数据分辨率较高，造成了高值中心位置的偏移；另外，卫星资料在渤海湾有 0.8 左右的 AOD 高值区，而模式对此地区的 AOD 模拟明显偏小，这在四个月份中都有体现，除了分辨率低的因素，排放源数据的精细程度及排放强度也直接影响到模拟效果，说明模式中此处的源排放方案还有待改进。4 月份，卫星资料在四川盆地南部存在高值区，模式模拟到了这种现象，但位置略向北偏移，在四个月份中都存在这种现象。一方面可能是模式分辨率较低造成的，另一方面是再分析资料气象场本身存在的误差引起的。图 2.4f、g、h 显示广东南部沿海地区一直为 AOD 高值区，而模拟结果对此现象却没有表现出来，说明模式对此地区的模拟值偏小。这与改革开放以来当地快速发展的经济有直接关系，很可能是模式中该地区的源排放强度被低估了。另外，由于模式只考虑了五种气溶胶组分，并没有考虑硝酸盐以及其他种类的气溶胶，造成其他种类气溶胶的 AOD 被忽略。7 月份新疆中部沙漠地区的模拟值偏低，这是模式对沙尘气溶胶的模拟不够完善造成的。10 月份，模式结果在四川盆地模拟值偏高，在东部从渤海湾到南海的沿海大部分地区都偏低。这主要是由于 2006 年 10 月份四川盆地气温偏高（王凌 等，2007），再分析气象场高估了高温发生的范围，使得模拟硫酸盐高值区范围比卫星观测的结果偏大。2006 年中国的华北、黄淮、江淮、江南和华南等部分地区出现了不同程度的秋旱，华北大部、黄淮、华南西部较常年同期降水偏少达 50%（王凌 等，2007），直接导致了降水对气溶胶的湿清除作用减弱。模式对这些地区的降水偏少没有很好地模拟出来，导致模拟的 AOD 偏高。

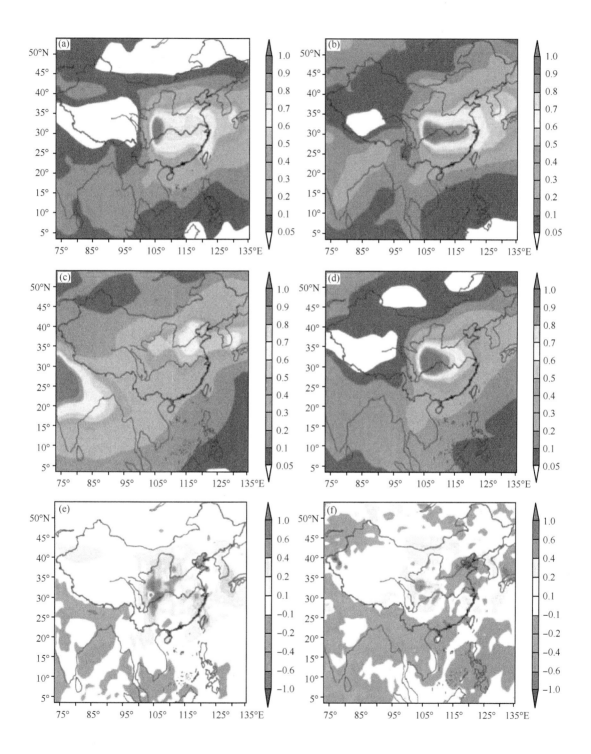

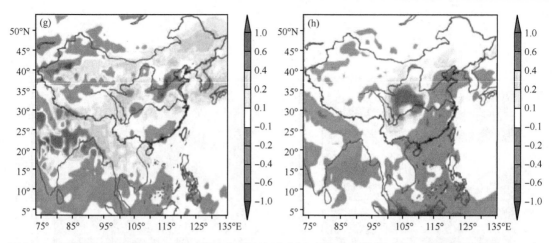

图 2.4　MATCH 模式与 MOD08_M3 产品在中国地区 AOD 的比较。其中,a、b、c、d 分别代表模式 2006 年
1、4、7、10 月结果(波长 λ＝630 nm);e、f、g、h 分别代表 1、4、7、10 月 MODIS 数据(波长 λ＝550 nm)(见彩图)

2.1.3.2　与中国太阳分光观测网 AOD 资料的台站对比

　　中国地区太阳分光观测网(CSHNET)于 2004 年 8 月份正式成立并运行。观测网目前有 19 个中国生态系统研究网络(CERN)生态观测站、4 个城市观测点、2 个标定中心,这些站点的地理位置如图 2.5 所示(辛金元 等,2006)。观测网统一采用新一代便携式 LED 太阳分光光度计,也可称为太阳灰度计(sun hazemeter),为国际科学界普遍认可的光学仪器(李成才 等,2003)。本章使用的观测资料是 CSHNET 的 23 个观测站 2006 年 1—12 月份在波长 630 nm 处的月平均气溶胶光学厚度数据。CSHNET 观测网采用人工观测记录去除有云数据,本章中通过 650 nm 和 500 nm 波段的光学厚度线性插值求得 630 nm 波段的气溶胶光学厚度。

图 2.5　中国分光观测网地理分布图(辛金元 等,2006)

　　MATCH 可以模拟硫酸盐、沙尘、黑碳、有机碳和海盐等五种气溶胶的光学厚度。从图 2.6 可以发现,2006 年中国 23 个观测站(台北无资料)气溶胶光学厚度的模式模拟值与太阳光度计观测值及卫星资料的差别。

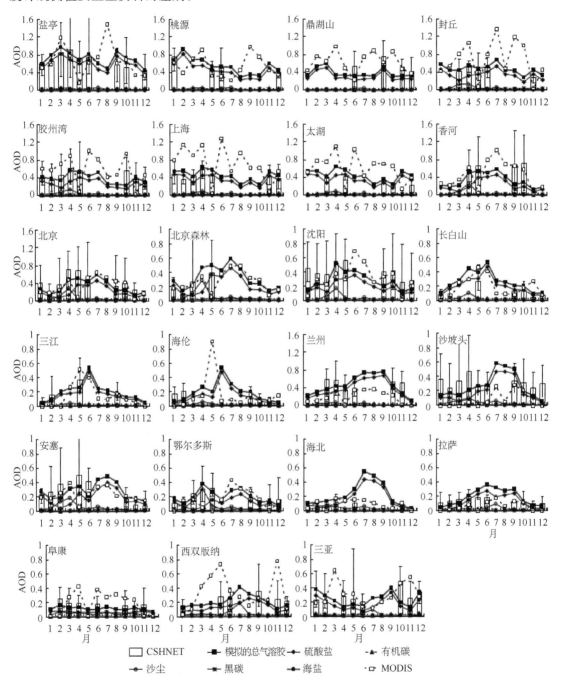

图 2.6　AOD 的 MATCH 模拟结果与 2006 年观测的比较

　　盐亭站位于四川盆地,由于当地 SO_2 排放较大,并且地形条件复杂,所处地势有利于污染物的堆积,使得当地的硫酸盐气溶胶常年较多,产生的 AOD 也较大,而且季节变化不明显。

该站的模拟结果和观测结果相吻合。桃源测站位于湖南北部,当地也有较高的 SO_2 排放,模拟结果随时间的变化规律与观测结果类似,但数值上较观测值小。吴涧等(2005)、王喜红等(2000)的模拟结果验证了这一点。鼎湖山位于广东省肇庆市鼎湖山自然保护区内,改革开放以来当地经济迅速发展,与此同时 SO_2 的排放也迅速增加,使得当地的 AOD 较大,月平均最大值为 0.76,而模式结果明显偏小,这主要是由于对当地的排放源估计偏小造成的。封丘站位于河南省北部,黄河北岸;胶州湾位于山东半岛,靠近黄海,两个测站附近人口众多,而且工业较发达,大气污染较严重,两测站的 AOD 值均较大,为 0.45 左右。受春季沙尘气溶胶的影响,4、5 月份 AOD 值较大,夏季由于 SO_2 转化为硫酸盐的速率较大,使得夏季硫酸盐气溶胶产生的 AOD 值较高,所以两个测站 AOD 随季节变化的规律是春夏季较高,秋冬季较低,模式结果很好地表现了这一点。上海和太湖两个站距离较近,两站的观测结果也相近,观测结果显示当地 AOD 冬春季节较大,夏秋季节较小。这与当地的亚热带海洋性季风气候有很大关系:夏秋季降水多,台风等天气引起的降水过程频繁,这对硫酸盐等气溶胶有明显的湿清除作用,因此当地在夏秋季产生的 AOD 较小。冬春季降水少,湿清除作用不如其他季节明显,气溶胶产生的 AOD 值较高。

北京测站位于市区,是典型的城市站。由于人口、车辆密集,气溶胶前体物的排放源较多,排放强度也较大,因此 AOD 值也较高。从对比结果看,模式能很好地模拟此站点 AOD 随月份变化的趋势,两种资料均显示北京测站的 AOD 在秋冬季较低,春夏季较高。这是由于春季华北地区干旱少雨,蒙古国南部的沙漠地区容易起沙尘,一定的条件下大量的沙尘气溶胶就会向东部地区长距离输送,甚至可以扩散到东部沿海,这种现象在 4 月份最明显。这使得北京的沙尘气溶胶产生的 AOD 值在春季较高。北京夏季气温较高,SO_2 氧化转化为硫酸盐的效率大大提高,虽然夏季降水多,但由于排放源较强,由降水增加的湿沉降量并不足以抵消硫酸盐气溶胶的净生成,因此硫酸盐气溶胶浓度值在夏季要高于冬季,使得夏季总体的 AOD 也较高。北京森林站的 AOD 值较北京站低,AOD 的季节变化与北京测站类似,均为春夏季高,秋冬季较低。香河站的 AOD 值较高,第一个原因是当地工业较多,污染较严重,另一个原因是受北京的影响比较大。香河测站位于北京东部,北京森林测站位于北京西部的东灵山,两测站距北京测站均不到 100 km。从三个测站的观测结果和模拟结果的比较来看,北京站的观测结果高于北京森林站,大部分结果也高于香河测站。但香河测站在 9、10 月份的 AOD 观测值要高于北京站,MODIS 卫星资料也证实了这一点。虽然北京和香河两个测站相距很近,但周围气溶胶排放源的差异却很大,使得两地的 AOD 差异也较大。由于模式的空间分辨率不够高,三个站点的模式结果差别不大,香河站 9、10 月份的高值也没有表现出来。

沈阳站位于辽宁省,也是典型的城市站,当地重工业发达,AOD 值较大,观测值平均为 0.4。模拟结果低于观测值 0.15 左右,可能是由于排放源的强度不够,或者有未知类型的气溶胶排放源没有考虑造成的。长白山站位于长白山自然保护区内,当地污染较少,AOD 值常年较小,模拟结果显示 6 月是 AOD 最高的月份,其他月份 AOD 值较低,与观测结果一致。三江和海伦测站分别位于黑龙江省的东部和中部,观测和模拟结果均显示当地 AOD 较小,6 月份由于气温和降水的综合作用,当地 AOD 达最大值(王跃思 等,2006)。

兰州测站位于甘肃省省会,兰州属于西北高原典型盆地地貌,特殊的地形条件以及大量燃煤工业使得当地的污染较严重(褚润 等,2006),观测结果显示当地 2006 年平均 AOD 为 0.49,在 3、4、10 月和 11 月份较高。模拟结果认为当地 AOD 在夏季较高,这是因为当地夏季温度高、降水少,硫氧化物转化为硫酸盐的速率快,因此产生较高的 AOD。沙坡头测站位于腾格里沙漠南缘,干燥、风大、沙多的气候特点使得当地 AOD 值常年较高。而模拟结果中沙尘气溶胶对 AOD 的贡献很小,这与观测事实不符,可能是模式中当地的排放源分辨率不够高使得模拟结果偏小。安塞测站位于黄土高原中部,由图 2.6 可以发现 AOD 观测结果在 2—5 月较高,由模式模拟结果可以得知当地除了硫酸盐气溶胶,沙尘气溶胶也贡献了较大的 AOD,且在 4—5 月达到最大。安塞测站 AOD 的模拟结果呈现双峰特征,峰值分别在 4—5 月和 8 月,这在 MODIS 资料中也有体现。黄土高原 4 月份气候干旱,沙尘气溶胶较多,产生了 AOD 极值;8 月份由于气温高,有利于硫酸盐生成,也出现了 AOD 极值,使得安塞站的 AOD 呈现双峰特征。鄂尔多斯站位于内蒙古中部地区,属温带大陆性气候,当地靠近沙尘源区,因此沙尘气溶胶产生的 AOD 较大。由观测资料可以发现当地 4—5 月 AOD 出现极值。模拟结果显示 4 月份沙尘气溶胶产生的 AOD 占总量的 80%,8 月份硫酸盐气溶胶产生的 AOD 较高,使该站 AOD 出现第二个极大值。

　　海北站和拉萨站位于青藏高原,阜康位于新疆中部地区,三个测站都处于西部偏远地区,由于当地污染源较少,空气洁净,气溶胶光学特性稳定,三个测站的 AOD 观测值均较小。拉萨和阜康属于城市站,AOD 值稍大,年平均值分别为 0.14 和 0.18,海北仅为 0.07,远低于东部经济发达地区。模式模拟拉萨站的 AOD 主要由硫酸盐气溶胶产生,其次是沙尘气溶胶,产生的总 AOD 在 6、7 月最高,其他月份较低。模式结果对海北测站的模拟值偏高,尤其是 6—9 月。模式认为当地在夏季有较大的硫酸盐气溶胶产生,但观测结果并没有这种现象。

　　西双版纳站和三亚站分别位于云南和海南的南部地区。西双版纳地处热带雨林,属热带季风气候,当地地形复杂,气候湿润,热带雨林排放出大量的碳质气溶胶和气溶胶前体物,使得当地 AOD 持续较高,无明显季节变化。模拟值在 5 月份和 11 月份低于观测值,可能是由于对当地的碳质气溶胶模拟偏小造成的。三亚属热带海洋性气候,三面环海,空气清洁,大气污染较轻。观测结果显示当地 10 月份 AOD 值达最大,这是由于 10 月份是干季,降水少,湿清除相对较少,大气气溶胶产生了较大的 AOD。模拟结果低于观测结果,结合当地的排放源类型,可以认为是对海盐气溶胶估计偏低造成的,是模式需要改进的地方。

　　23 个台站的观测结果和模式结果比较的散点图如图 2.7 所示。由图可以发现,与观测结果相对比,绝大多数模拟结果在不确定性因子为 2 的范围内,两种数据的相关系数为 0.79,经显著性检验,相关系数超过 $\alpha=0.01$ 的显著性水平。模式在长白山、鄂尔多斯等地区的模拟效果较好,这是由于这些测站位于偏远地区,污染源较少,气溶胶光学特性稳定,因此 AOD 值普遍较小。模式在兰州、沈阳等地模拟效果较差,这主要是由于城市的污染源复杂、局地性强,且测站地形、下垫面及其周边环境等也会影响到结果。由于模式输出结果代表的是网格的平均浓度状况,而测站的观测数据代表的则是观测点单点的浓度状况,观测值会受到观测点的地理位置及其环境因素的影响。因此,如果观测站点所在的地区地势起伏较大,下垫面类型较为复杂,则该站点的区域代表能力就会十分有限。另外,观测结果本身也存在一定的系统误差(辛金元 等,2006),会直接影响到观测值的准确性。因此,模拟结果的好坏,除了排放源问题,可能是各种因素综合作用的结果。

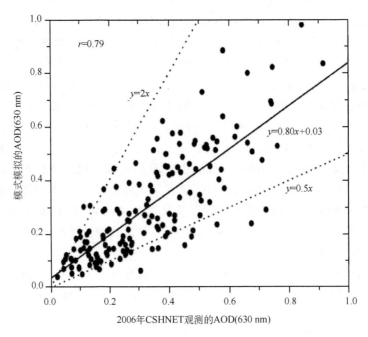

图 2.7　2006 年中国地区模式模拟结果与太阳分光观测网观测 AOD 散点图

（实线是拟合曲线，虚线是不确定性因子为 2 时允许的范围区间）

2.1.3.3　与 AERONET 站点 AOD 观测值比较

AERONET 是 NASA（National Aeronautics and Space Administration，美国国家航空航天局）等机构建立的全球气溶胶光学特性监测网络，目的是利用地基太阳光度计获取全球具有代表性区域的探测气溶胶光学特性参数的基准资料，用于验证和评估数值模式及卫星反演的气溶胶光学特性参数的精度。整个网络统一采用法国 CIMEL 公司 20 世纪 90 年代发明生产的多波段太阳直射辐射计，实现了仪器、校验和处理过程的标准化。因此，AERONET 资料有很高的精度，广泛应用于各种方法获得的气溶胶光学特性的验证（Holben *et al.*，2001）。本章利用 AERONET 网站提供的中国地区 level2.0 资料，分别对各台站进行了月平均处理。

图 2.8 是 AERONET 站点资料和模拟结果的比较。由图可以发现，2006 年中国部分 AERONET 站点缺乏长期有效的数据，很多月份因数据不足使得结果不能代表测站的月平均 AOD 水平。本章利用现有的 AERONET 资料，与模拟结果进行了比较。在北京、香河以及兰州大学测站，由于这些测站的气溶胶排放强度大、种类复杂，部分模拟结果低于 AERONET 观测值。排放源的精细程度对模式有很大的影响，优化气溶胶的源排放方案是今后提高数值模拟能力的主要任务之一。兰州大学站 8、10 月模拟 AOD 比观测结果偏高，经分析，原因是模式对当地降水模拟偏小，使得气溶胶的湿清除也较小。模式对台湾地区的两个测站模拟效果较好，但由于气象场原因，模式高估了当地 1、2 月的硫酸盐气溶胶的生成，导致 1、2 月 AOD 模拟结果异常偏高。

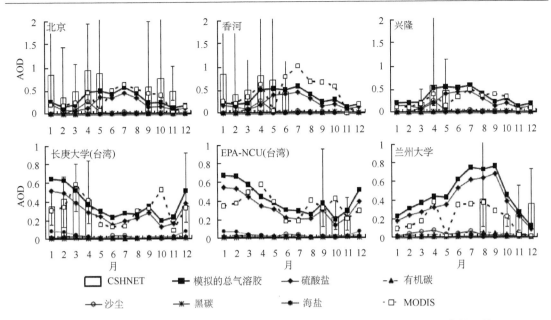

图 2.8　2006 年中国地区气溶胶光学厚度 MATCH 模拟结果和 AERONET 资料比较

2.1.3.4　与 MOD08_M3 产品 AOD 资料的站点比较

本节将模拟结果与 MODIS 资料 MOD08_M3 产品在中国 23 个测站及 6 个 AERONET 测站的月平均光学厚度分别进行了对比。

图 2.6 和图 2.8 分别给出了各个测站 1—12 月 MOD08_M3 产品的月平均 AOD 值。由比较结果可以发现 MATCH 模拟结果与 MODIS 产品有较大的差别。在西北荒漠地区和青藏高原地区的测站(沙坡头、鄂尔多斯、阜康、拉萨和海北站),当地降水少,地表植被稀疏或积雪覆盖时间较长,能满足 NASA 地表反照率要求的 MODIS 资料非常少,因此这些测站的 MODIS 产品数据适用性较差,部分数据不具有区域代表性。另一个原因是 MODIS 产品代表波长为 550 nm 的 AOD,而模式计算的是 630 nm 处的 AOD,由不同的波长所计算的 AOD 会有一定的差异。图 2.9 是 MODIS 资料与模拟 AOD 结果的散点图,二者的相关系数为 0.51,经检验,超过 α=0.01 的显著性水平。由图中可以发现 MODIS 数据中 AOD 资料在东北、西北及青藏高原地区有很多值为零,这是由于这些地区的积雪或沙漠造成较高的地表反照率,使这些地区不满足 AOD 的反演要求,所得数据较少或缺测,可信度较差。华南、西南及华北等地植被覆盖率较高,地表反照率低,因此得到的卫星数据误差小。关于中国地区的 MODIS 气溶胶产品的误差分析,王莉莉等(2007)进行了详细的讨论。

综合以上的比较结果,可以发现 MATCH 模式需要改进的方面还很多,其中最重要的是排放源问题。排放源的精细程度直接影响到模式的模拟结果,提高排放源的空间以及时间分辨率是今后气溶胶模式发展的重要方向之一;另外还需要细化排放源的种类,增加硝酸盐以及其他组分的气溶胶种类。影响模式模拟结果的另一个原因是模式的物理过程不够完善,许多参数化方案需要调整。例如,在 MATCH 中没有降水量的资料,因此湿清除等物理过程需要借助其他相关变量进行计算,增加了模式结果的不确定性。总体上,MATCH 可以较好地再现中国地区的 AOD 分布及其季节变化特征,表明模式在模拟气溶胶及 AOD 方面具有较好的能力。

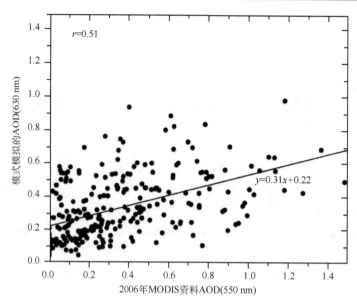

图 2.9　2006 年中国地区模式模拟结果与 MOD08_M3 产品 AOD 散点图

2.2　气溶胶浓度和光学性质的全球分布及分析

2.2.1　气溶胶柱含量和浓度的全球分布

本节利用 BCC_AGCM2.0_CUACE/Aero 双向耦合模式,结合 AEROCOM(Aerosol Comparisons between Observations and Models,气溶胶观测与模式比较项目)给出的 2000 年气溶胶排放源数据,模拟了典型种类气溶胶浓度的全球分布。

2.2.1.1　气溶胶的柱含量

图 2.10 给出了模拟的各种气溶胶全球年平均柱含量的分布,并与相应的 AEROCOM 多模式集合的中间值(AEROCOM_MEDIAN)(Textor *et al.*,2006;Schulz *et al.*,2006;Kinne *et al.*,2005)进行了比较。

图 2.10a 为硫酸盐气溶胶全球年平均柱含量的分布。硫酸盐柱含量最大值出现在东亚,特别是中国华南、华中和华北地区,最大值达到 10 mg · m^{-2};其次是北美东部、印度和欧洲。这主要是因为这些地区大量 SO$_2$ 的工业排放造成。在 30°~60°N 和 60°S 附近的海洋上空,也存在大范围的硫酸盐气溶胶的分布,这是由于陆地上硫酸盐的远距离传输和海洋中 DMS 的氧化产生。模拟的硫酸盐气溶胶全球年平均柱含量为 1.74 mg · m^{-2}。

图 2.10b 为黑碳气溶胶全球年平均柱含量的分布。黑碳气溶胶最大柱含量出现在东亚和非洲中部,尤其是中国东部和华北等地区的大城市和重工业区,柱含量最大值超过了 1.4 mg · m^{-2},这是由于这些地区近些年工业的高速发展,且人口过于密集,对含碳物质大量使用造成,而大量汽车尾气排放也是个重要的影响因子。其次,在印度—孟加拉国一带和南美中部,局部地区柱含量最大值也达到了 0.8 mg · m^{-2}。在北美东南部、西欧和澳大利亚,黑碳气溶胶也有少量的分布。模拟的黑碳气溶胶全球年平均柱含量为 0.14 mg · m^{-2}。

　　图 2.10c 为有机碳气溶胶全球年平均柱含量的分布。有机碳气溶胶年平均柱含量的分布与黑碳气溶胶柱含量的分布范围基本相似,这是因为它们往往具有相同的排放源,且都是相伴随排放到大气中的。有机碳气溶胶最大柱含量出现在南美洲中部和非洲中部,其中在非洲最大值超过了 18 mg·m^{-2},这可能是由于这些地方常年天气干燥,生物质易充分燃烧造成的。其次是东南亚、澳大利亚和北美东南部,也有一定范围的有机碳的分布。由于模式中没有考虑二次有机气溶胶,使得在欧洲模拟的有机碳气溶胶的柱含量偏小。模拟的有机碳气溶胶全球年平均柱含量为 1.31 mg·m^{-2}。

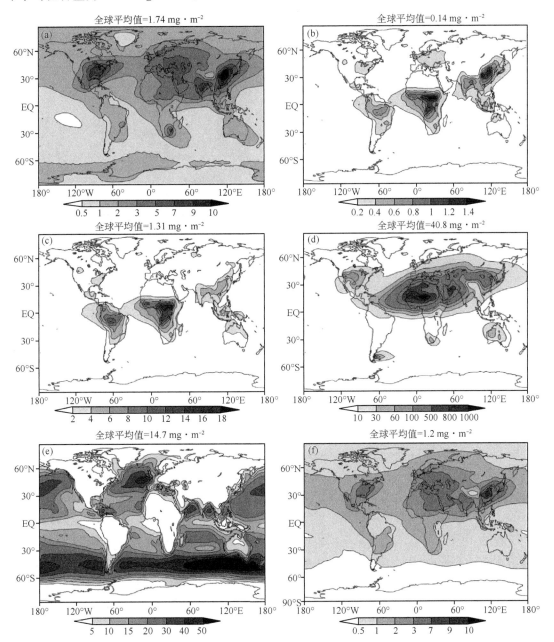

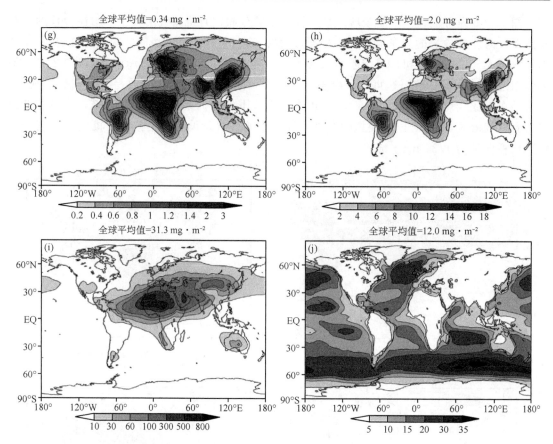

图 2.10　模拟的硫酸盐(a)、黑碳(b)、有机碳(c)、沙尘(d)和海盐(e)气溶胶全球年平均柱含量的分布(单位:mg·m^{-2})。(f)—(j)为相应气溶胶的 AEROCOM_MEDIAN 全球分布

图 2.10d 为沙尘气溶胶全球年平均柱含量的分布。近年来,由于人类活动加重了一些地区的荒漠化,使得沙尘气溶胶源地有所增多。沙尘气溶胶主要分布在非洲北部的撒哈拉沙漠和西亚地区,因为这些地区常年天气干燥,植被稀少,容易起沙,特别是撒哈拉沙漠,其柱含量最大值达到 1000 mg·m^{-2}。其次,在中国的内蒙古和新疆的大部分地区,沙尘气溶胶的柱含量也在 100 mg·m^{-2} 以上。模拟的沙尘气溶胶全球年平均柱含量为 40.8 mg·m^{-2}。

图 2.10e 为海盐气溶胶全球年平均柱含量的分布。海盐气溶胶的分布几乎覆盖了整个洋面。在 30°~60°N 和 30°~60°S 的洋面上,海盐气溶胶的柱含量最大,基本在 20 mg·m^{-2} 以上,随纬度的降低其柱含量减少。这是因为海盐气溶胶是由于海水飞溅扬入大气后被蒸发而产生的盐粒,其在大气中的浓度明显依赖于表面风速的大小。在南北半球 30°~60°,常年存在一个高风带,而赤道附近为横跨全球的无风带,因此中高纬海盐气溶胶的柱含量比较大。模拟的海盐气溶胶全球年平均柱含量为 14.7 mg·m^{-2}。

图 2.10f—j 给出了 AEROCOM 多模式集合的各种气溶胶柱含量中间值 AEROCOM_MEDIAN 的结果。从图中可以看出,BCC_AGCM2.0_CUACE/Aero 模拟的硫酸盐、海盐和沙尘气溶胶柱含量的分布和量级都与 AEROCOM_MEDIAN 非常一致,但是模拟的撒哈拉沙漠和西亚地区的沙尘气溶胶,30°~60°S 洋面上的海盐气溶胶,相比 AEROCOM_MEDIAN 有些偏大。模拟的黑碳和有机碳气溶胶的柱含量明显低于 AEROCOM_MEDIAN 的值,特别是在西欧、北美和东亚。

2.2.1.2　气溶胶的近地面浓度

图 2.11 给出了模拟的各种气溶胶北半球冬季和夏季表面浓度的全球分布。对于三种主要由人为因素造成的气溶胶(硫酸盐、黑碳和有机碳)而言,它们夏季表面浓度的分布范围明显要大于冬季,这是由于夏季大气的环流状况比冬季更不稳定,更有利于气溶胶的传输。夏季硫酸盐气溶胶表面浓度的范围和强度明显高于冬季,特别是在西欧和北美,夏季表面浓度约为冬季表面浓度的两倍。相对于冬季,夏季中国东部地区硫酸盐气溶胶表面浓度大值区的位置要更靠北一些(图 2.11a)。夏季,黑碳气溶胶表面浓度的分布范围也比冬季大,但是浓度的大小和冬季接近。夏季黑碳气溶胶的大值区位置和冬季有些差异,如非洲冬季表面浓度的大值区位于赤道以北,但是夏季的大值区位于赤道以南(图 2.11b)。夏季,有机碳气溶胶在东亚、西欧和北美表面浓度的分布范围和数值都要大于冬季,非洲表面浓度大值区的位置也发生了明显的南移(图 2.11c)。冬季海盐气溶胶表面浓度的大值区主要位于 $30°\sim60°N$,夏季大值区主要位于 $30°\sim60°S$(图 2.11d),这主要是由表面风速的季节变化造成的。沙尘天气主要发生在北半球春季,因此图 2.12 给出了沙尘气溶胶春季和夏季表面浓度的分布。沙尘气溶胶春季表面浓度的分布范围要明显大于夏季,这是因为春季沙尘源区的植被覆盖更加稀少,更有利于起沙。从图 2.12 中还可以看到,非洲的沙尘气溶胶向大西洋有着明显的输送,很多观测资料的分析也得到了这样的结论。

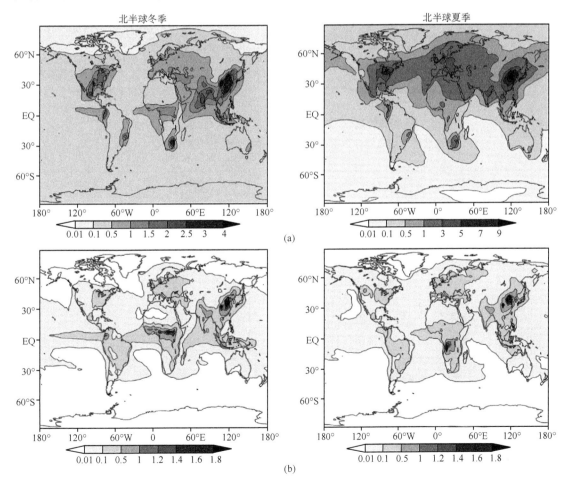

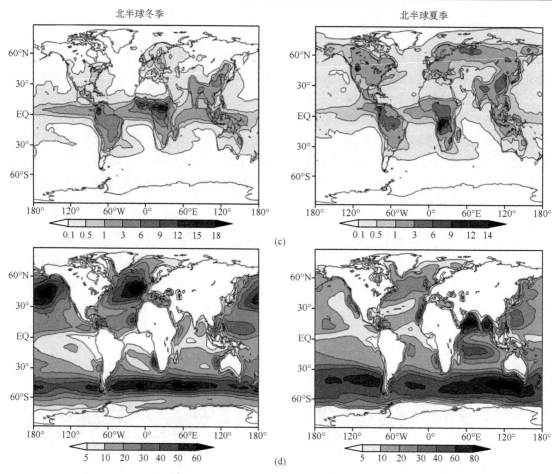

图 2.11　模拟的硫酸盐(a)、黑碳(b)、有机碳(c)和海盐(d)气溶胶
近地层浓度的北半球冬季(左)和夏季(右)全球分布(单位:μg·m⁻³)

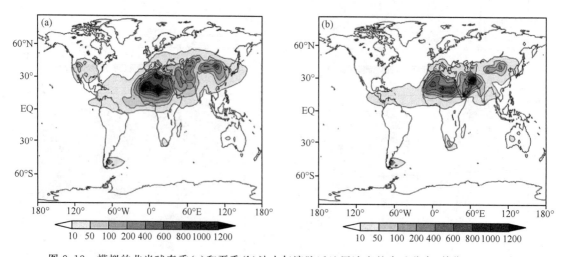

图 2.12　模拟的北半球春季(a)和夏季(b)沙尘气溶胶近地层浓度的全球分布(单位:μg·m⁻³)

　　图 2.13 为模拟的北半球冬季和夏季总的气溶胶表面浓度的分布和风场的合成图。从图 2.13a 冬季气溶胶表面浓度和风场的分布可以看出,中国地区受亚洲冬季风的控制,在 30°N

以北地区气溶胶被西北季风吹向东南方,并向西北太平洋输送,最远可输送到北太平洋中部,气流在那里与来自北美的东风气流相遇转向高纬流去;在 30°N 以南地区气溶胶由于受到东北冬季风的影响向西南方向输送,可能越过我国西南地区,对东南亚一些国家造成影响。冬季欧洲和北美大部分地区在偏西南和偏南风的控制之下,使得气溶胶向北极的输送明显,非洲北部的气溶胶在东北风驱动下向赤道地区输送强烈;其次,西北亚地区由于受南风气流的影响,造成沙尘气溶胶向北半球高纬度地区输送也相当明显。从图 2.13b 夏季气溶胶表面浓度和风场的分布可以看出,中国地区在亚洲夏季风控制下,风向由海洋吹向陆地,不利于陆地上气溶胶向海洋上空的输送;印度地区的气溶胶在南亚夏季风的驱动下,向中国西南地区的输送较为明显;欧洲和北美等北半球中纬度地区夏季主要受西风气流的控制,气溶胶以纬向输送为主,向极输送明显减弱;非洲北部的气溶胶在东南风驱动下向赤道地区的输送依然强烈。南美洲冬季受东北气流控制,夏季受东南气流控制,该地区气溶胶向太平洋的输送比较明显。

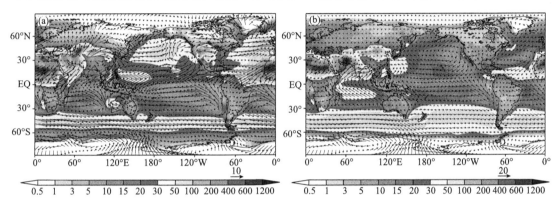

图 2.13　模拟的北半球冬季(a)和夏季(b)总的气溶胶表面浓度分布(单位:$\mu g \cdot m^{-3}$)和
风场(单位:$m \cdot s^{-1}$)的合成图

图 2.14 给出了模拟的各种气溶胶年平均浓度纬向平均值的垂直分布。从图中可以看出,大气中的气溶胶主要集中在对流层的中低层,大值区主要位于近地面层气溶胶的源区附近,且随着高度的增加,气溶胶的浓度明显降低。沙尘气溶胶的排放量和大气中的含量相对比较高,其在垂直方向上传输的高度最高,北半球中高纬度 200 hPa 的高度上沙尘气溶胶的浓度达到了 100 ng $\cdot$ m^{-3},比其他几种气溶胶浓度的总和还要大。而黑碳气溶胶的排放比较小,在大气中的含量也最少,其很大一部分在对流层中低层就被清除了,向高空的输送也比较少。海盐气溶胶由于颗粒一般比较大,且在海洋上空湿清除比较强,其垂直输送也比较弱。碳类气溶胶浓度的垂直分布与 Reddy 等(2005)的模拟结果基本一致,但在对流层上层比他们的结果偏小。

图 2.15 给出了每种气溶胶每个粒径档浓度所占该气溶胶总浓度的百分比。从图中可以看出,碳类气溶胶的粒径比较小,在大气中的浓度主要集中在粒子半径 0.02～0.16 μm,峰值出现在 0.04～0.08 μm,大约占其总浓度的 43%。硫酸盐气溶胶的浓度主要集中在粒径 0.02～0.32 μm,占硫酸盐总质量的 85% 左右。沙尘和海盐气溶胶粒子的粒径一般都比较大,大粒子颗粒所占的质量比重也比较大。沙尘气溶胶质量主要集中在粒径 0.16～2.56 μm,占到了总质量的 90% 以上。海盐气溶胶质量主要集中在粒径 0.64～5.12 μm,峰值位于粒径 1.28～2.56 μm,约为总质量的 42%。

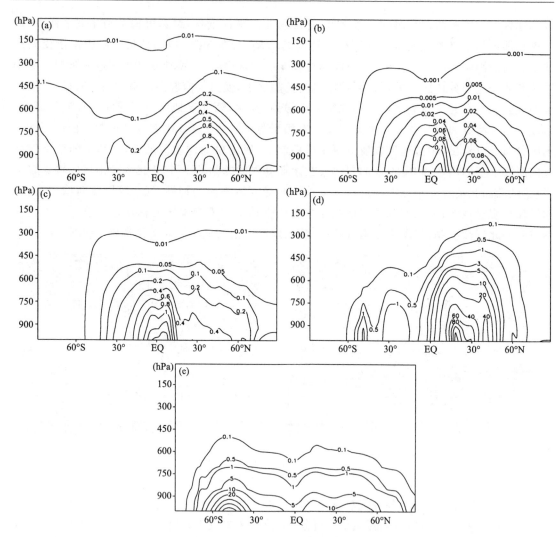

图 2.14　模拟的纬向平均的硫酸盐(a)、黑碳(b)、有机碳(c)、沙尘(d)和海盐(e)
气溶胶年平均浓度的垂直分布(单位:$\mu g \cdot m^{-3}$)

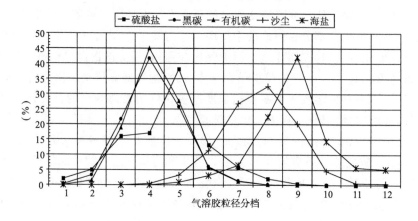

图 2.15　每种气溶胶每个粒径档质量所占该气溶胶总质量的百分比

(12 个粒径档的粒径范围分别为 0.005~0.01,0.01~0.02,0.02~0.04,0.04~0.08,0.08~0.16,
0.16~0.32,0.32~0.64,0.64~1.28,1.28~2.56,2.56~5.12,5.12~10.24 和 10.24~20.48 μm)

2.2.2 气溶胶光学性质的全球分布

气溶胶吸收和散射能量的作用取决于气溶胶的光学性质。气溶胶的光学性质包括消光系数、单次散射比、非对称因子和光学厚度。气溶胶的这些光学特性又决定于气溶胶粒子的尺度、形状、组成、数浓度、质量浓度和表面积等相关参数。其中,气溶胶消光系数是吸收系数和散射系数之和;非对称因子是粒子前向散射与后向散射的比值;单次散射比是散射系数与消光系数的比值。气溶胶光学厚度定义为介质的消光系数在垂直方向上的积分,代表气溶胶对光的衰减作用。大气气溶胶光学厚度是表征气溶胶光学特征的一个重要物理量,它对评价大气环境污染,研究气溶胶的辐射气候效应等都具有十分重要的意义。

本节根据 CUACE/Aero 中气溶胶的粒径分档和气候模式的波段划分,结合 Mie 散射理论计算了各种气溶胶粒子每个粒径档和每个波段的消光系数、单次散射比和非对称因子,将其加入到气溶胶-气候耦合模式的辐射方案中,在线计算了气溶胶的光学性质,讨论了气溶胶光学性质的全球分布。

2.2.2.1 计算方法介绍

模式中所有气溶胶颗粒被假定为球形粒子,首先根据 Mie 散射理论计算了每种气溶胶颗粒在每一粒径档和每个波段的光学性质,包括消光系数、单次散射比和非对称因子。各种干气溶胶的复折射指数采用 D'Almeida(1991)给出的值,Mie 散射方法来自 Wiscombe(1980)。表 2.1 给出了各种干气溶胶粒子的复折射指数和密度。

表 2.1 各种干气溶胶颗粒的物理性质

成分	复折射指数($\lambda=0.55~\mu m$)	密度($kg \cdot m^{-3}$)
硫酸盐	$1.43-1.0\times10^{-8}~i$	1769.0
黑碳	$1.75-0.44~i$	1500.0
有机碳	$1.53-0.0059~i$	1300.0
沙尘	$1.53-0.008~i$	2650.0
海盐	$1.5-9.7\times10^{-9}i$	2170.0

气溶胶的消光系数 $\beta_{ext}(\lambda,z)$ 的计算公式如下:

$$\beta_{ext}(\lambda,z) = \int_{r_1}^{r_2} Q_{ext}(2\pi r/\lambda,m)\pi r^2 n(r,z)\mathrm{d}r \qquad (2.1)$$

式中,λ 是波长,z 是大气高度,r 是粒子半径,m 是气溶胶粒子的复折射指数,$Q_{ext}(2\pi r/\lambda,m)$ 是单个气溶胶粒子的消光效率,$n(r,z)$ 是气溶胶粒子的数浓度。单次散射比 $\omega(\lambda)$ 定义为:

$$\omega(\lambda,z) = \frac{\beta_{sca}(\lambda,z)}{\beta_{ext}(\lambda,z)} = 1 - \frac{\beta_{abs}(\lambda,z)}{\beta_{ext}(\lambda,z)} \qquad (2.2)$$

$$\beta_{abs}(\lambda,z) = \int_{r_1}^{r_2} Q_{abs}(2\pi r/\lambda,m)\pi r^2 n(r,z)\mathrm{d}r \qquad (2.3)$$

式中,$Q_{abs}(2\pi r/\lambda,m)$ 是单个气溶胶粒子的吸收效率,$\beta_{abs}(\lambda,z)$ 是气溶胶的吸收系数。非对称因子的计算公式为:

$$g(\lambda) = \frac{1}{2}\int\cos\theta P(\lambda,\theta,z)\mathrm{d}\cos\theta \qquad (2.4)$$

式中,$P(\lambda,\theta,z)$ 是归一化相函数。

　　硫酸盐、有机碳和海盐粒子具有吸湿性的特点。在粒子与周围空气相互作用的过程中,气溶胶粒子将会与水混合,粒子的粒径及其分布、形状以及化学构成均将发生变化,从而其折射指数也随之改变,并引起粒子辐射特性的变化。图 2.16 给出了根据 Köhler 方程计算得到的三种吸湿性气溶胶粒子半径随相对湿度的增长。首先,我们将相对湿度划分为 10 档:0、0.45、0.5、0.6、0.7、0.8、0.9、0.95、0.98、0.99;然后,根据 Köhler 方程分别计算了每个粒径档硫酸盐、有机碳和海盐气溶胶在不同相对湿度下粒子的湿增长半径。在不同的相对湿度条件下,湿粒子体积加权平均的密度和复折射指数(包括实部和虚部)可按照以下公式计算得到:

$$\rho = \rho_{dry} \frac{r_{dry}^3}{r_m^3} + \rho_{water} \frac{r_m^3 - r_{dry}^3}{r_m^3} \tag{2.5}$$

$$m = m_{water} + (m_{dry} - m_{water}) \frac{r_{dry}^3}{r_m^3} \tag{2.6}$$

式中,ρ 是湿粒子的密度,r_{dry} 是干粒子的半径,r_m 是某相对湿度下的半径,m 是湿粒子的复折射指数,m_{dry} 是干粒子的复折射指数,m_{water} 是水的复折射指数。接着,根据已得到的粒子的密度及复折射指数的变化,利用 Mie 散射算法(Wiscombe,1980)计算了气候模式中辐射方案给定的 19 个波段、10 种相对湿度条件下各种吸湿性气溶胶粒子的消光系数(β_{ext})、单次散射比(ω)和非对称因子(g)。在气候模式运行过程中,可以通过线性插值获取模式每个时步相对湿度下气溶胶的光学性质。最后,在 λ 波段每种气溶胶成分的光学厚度(τ)可由以下公式计算得到(Liou,2004):

$$\tau(i,\lambda) = \sum_k \sum_j \frac{\beta_{ext}(i,j,\lambda)}{v(i,j)} \cdot \frac{M(i,j,k)}{\rho_i} \cdot \frac{\Delta P_k}{g} \tag{2.7}$$

式中,i 代表气溶胶的种类,j 代表气溶胶的档,k 代表了模式层,λ 代表波段,v 是气溶胶干粒子的体积,M 是气溶胶的质量浓度,ρ 是干气溶胶粒子的密度,P 是模式层的压力,g 是重力加速度。在计算气溶胶的光学厚度时,所有气溶胶被假定为外部混合,因此在 λ 波段,气溶胶总的光学厚度为:

$$\tau(\lambda) = \sum_i \tau(i,\lambda) \tag{2.8}$$

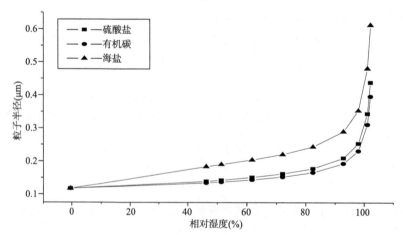

图 2.16　根据 Köhler 理论计算的吸湿性气溶胶粒子半径随相对湿度的增长

2.2.2.2 气溶胶粒子的消光系数、单次散射比和非对称因子

图 2.17 给出了根据 Mie 散射理论计算的黑碳和沙尘气溶胶粒子在模式每个粒径档的消光截面、单次散射比和非对称因子。从图中可看出,黑碳和沙尘粒子的消光随着粒子半径的增大明显增强。当半径小于 2 μm 时,黑碳气溶胶的单次散射比和非对称因子随着粒子半径的增大迅速增大;当半径大于 2 μm 时,其单次散射比和非对称因子变化微小。沙尘气溶胶的单次散射比在半径小于 0.5 μm 时,随着粒子半径的增大而增大,但是半径大于 0.5 μm 时其单次散射比随半径增大而减小,说明沙尘气溶胶的粒径越大,吸收性越强。沙尘气溶胶的非对称因子基本上是随着半径的增长而增大,半径小于 2 μm 时,变化比较显著。

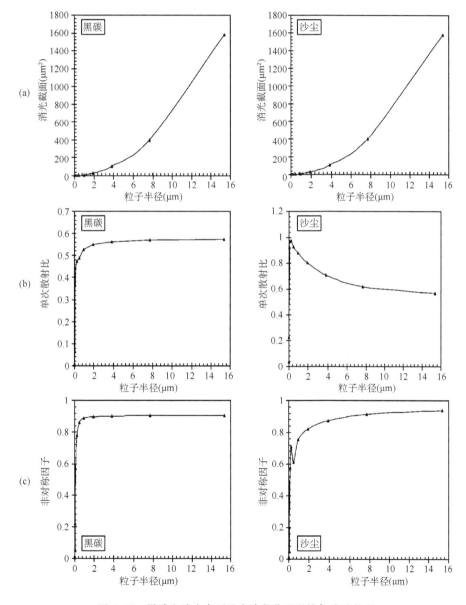

图 2.17 黑碳和沙尘在可见光波段非吸湿性气溶胶粒子
在模式每个粒径档的消光截面(a)、单次散射比(b)和非对称因子(c)

图 2.18 给出了可见光波段吸湿性气溶胶(硫酸盐、有机碳和海盐)粒子的质量消光系数、单次散射比和非对称因子随相对湿度的变化。以气溶胶干粒子半径等于 0.06 μm 为例,三种气溶胶中海盐气溶胶的质量消光系数对相对湿度的变化最敏感。在相对湿度小于 80% 时,三种气溶胶的质量消光系数变化都不大。此后,随着相对湿度的增加,三种气溶胶的质量消光系数急速增大(图 2.18a)。硫酸盐和海盐气溶胶粒子的单次散射比对相对湿度的变化不敏感,

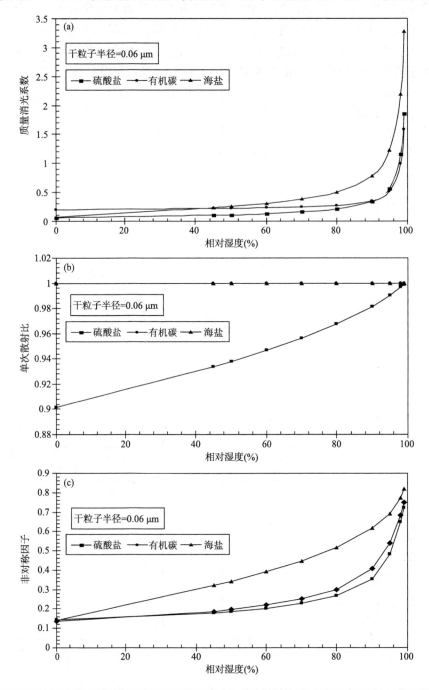

图 2.18　可见光波段吸湿性气溶胶粒子的质量消光系数(a)、单次散射比(b)和非对称因子(c)随相对湿度的变化

但是有机碳气溶胶粒子的单次散射比随着相对湿度的增加明显增大(图 2.18b)。从图 2.18b
还可以看出,当相对湿度小于 70％时,有机碳气溶胶以吸收性为主;但当相对湿度大于 70％
时,有机碳气溶胶为强散射性的气溶胶。三种亲水性气溶胶的非对称因子都随相对湿度的增
大而增大,其中海盐气溶胶的非对称因子对相对湿度的变化最为敏感,且当相对湿度达到
99％时,它们的非对称因子约为干粒子时的 7 倍(图 2.18c)。

2.2.2.3　模拟的气溶胶的光学参数

利用上述计算获得的气溶胶粒子的光学参数,结合 BCC_AGCM2.0_CUACE/Aero 模
式,在线模拟了气溶胶的光学厚度、单次散射比和非对称因子的全球分布。图 2.19 分别给出
了模拟的 550 nm 总的气溶胶、硫酸盐气溶胶、碳类气溶胶、沙尘气溶胶和海盐气溶胶光学厚
度的全球年平均分布。总的气溶胶最大的光学厚度出现在非洲北部的撒哈拉沙漠,其值基本

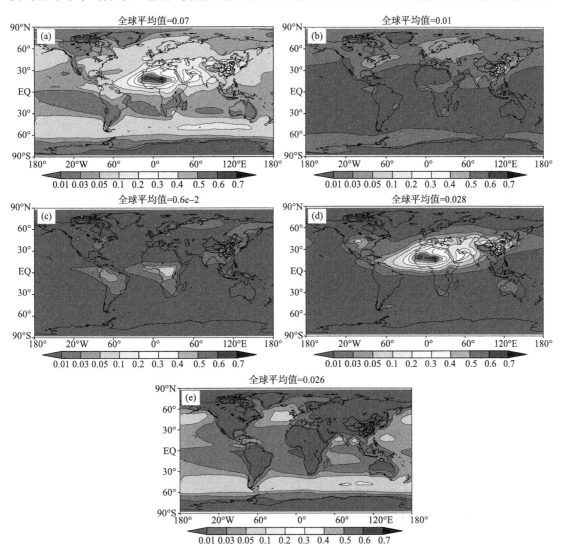

图 2.19　模拟的 550 nm 总的气溶胶(a)、硫酸盐(b)、碳类气溶胶(c)、沙尘(d)和海盐(e)
气溶胶光学厚度的年平均分布

在 0.4~0.7;其次,在西亚阿拉伯附近光学厚度也在 0.2~0.4,这主要由于这些地区大量的沙尘气溶胶排放引起。在中国东部,气溶胶光学厚度基本在 0.1 以上,特别是中国华北地区,最大值达到 0.3。在北美、西欧等发达国家,光学厚度基本在 0.1 左右。在 30°~60°N 和 30°~60°S 的海洋上空,由于海盐气溶胶和硫酸盐气溶胶的贡献,光学厚度在 0.05~0.1。从光学厚度的全球平均值来看,沙尘的贡献最大(0.028),其次是海盐(0.026)、硫酸盐(0.01)、有机碳(0.005)和黑碳(0.0006)。各种气溶胶光学厚度的分布与其柱含量的分布基本一致。硫酸盐气溶胶的最大光学厚度位于中国东部地区,最大值在 0.05~0.1,其次是北美和西欧等发达国家。碳类气溶胶最大光学厚度位于非洲中部,最大值约为 0.2,在南美洲和东南亚地区也有大范围的分布,光学厚度值大多在 0.03~0.1。沙尘气溶胶最大光学厚度分布在非洲北部的撒哈拉沙漠,最大值高达 0.7,在中国北部沙尘气溶胶光学厚度大多在 0.1 以上。由于沙尘气溶胶的远距离传输,使得海洋上空也存在大范围沙尘气溶胶光学厚度的分布。海盐气溶胶光学厚度几乎遍布整个洋面,最大值仍在 30°~60°N 和 30°~60°S 之间,其值大多在 0.1 左右。

　　图 2.20 给出了模拟的 550 nm 总的气溶胶光学厚度的季节变化。从图中可以看出,气溶胶光学厚度的全球分布具有明显的季节变化。北半球春季是沙尘暴多发的季节,由于沙尘气溶胶的影响,非洲中北部和中国北方气溶胶的光学厚度明显比较大,在非洲北部大部分地区达到 0.7,在中国光学厚度最大值位于内蒙古和华北地区,最大值约为 0.4,且由于沙尘气溶胶的传输,导致非洲西海岸的大西洋和中国东部洋面上气溶胶的光学厚度比较大。北半球夏季,由于大气环流不稳定性较强,有利于气溶胶的传输,因此夏季气溶胶光学厚度的分布范围最广。由于沙尘气溶胶的减少,夏季非洲和中国气溶胶的光学厚度明显减小,但是阿拉伯地区气溶胶光学厚度大值区有所南移,且强度明显增大,这可能与海盐气溶胶浓度的增大有关。北半球秋

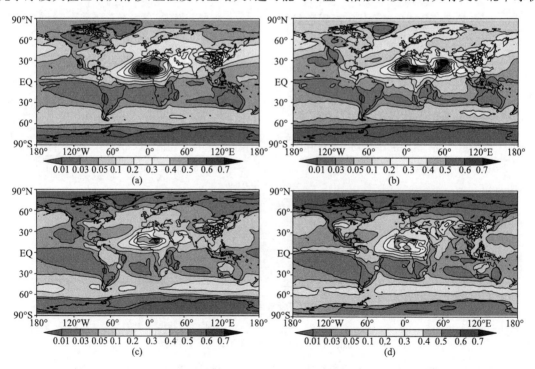

图 2.20　模拟的北半球春季(a)、夏季(b)、秋季(c)和冬季(d)550 nm 总的气溶胶光学厚度的全球分布

季和冬季,气溶胶光学厚度的强度和范围都有所减小,非洲沙尘源区气溶胶的光学厚度基本在
0.4 左右,东亚和阿拉伯地区光学厚度大值中心维持在 0.1 左右。

图 2.21 为模拟的 550 nm 总的气溶胶单次散射比和非对称因子的全球年平均分布。在以
碳类气溶胶为主的东亚、南亚、南美和以沙尘气溶胶为主的非洲、西亚,其单次散射比大多在
0.92 左右,非对称因子大约在 0.58~0.66;而北美硫酸盐气溶胶的含量较高,单次散射比大约
为 0.96,非对称因子大多在 0.68 左右;在欧洲模式模拟的硫酸盐气溶胶含量最高,其单次散
射比在 0.97 左右,非对称因子约为 0.7;海洋上以海盐气溶胶为主,单次散射比接近 1.0,非对
称因子在 0.74~0.8。

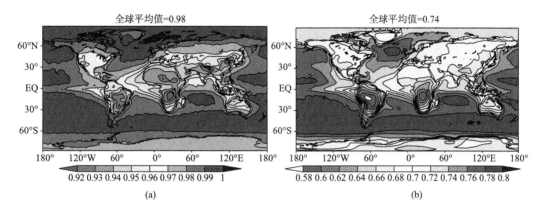

图 2.21　模拟的 550 nm 总的气溶胶单次散射比(a)和非对称因子(b)的年平均分布

表 2.2 给出了气溶胶光学厚度、单次散射比和非对称因子的全球季节平均值和年平均值。
从表中可以看出,春季沙尘气溶胶含量较高,夏季气溶胶光学厚度的覆盖范围比较广,使得气
溶胶光学厚度的全球平均值在这两个季节是最高的,冬季次之,秋季最小。而气溶胶单次散射
比和非对称因子的全球平均值的季节变化不明显,单次散射比在各季节均接近 0.98,这说明
总的气溶胶的辐射性质以散射为主。

表 2.2　气溶胶光学参数的全球季节平均值

	春季	夏季	秋季	冬季	年平均
AOD	0.082	0.082	0.059	0.062	0.07
SSA	0.979	0.978	0.979	0.979	0.98
ASM	0.747	0.743	0.746	0.748	0.74

注:AOD 代表气溶胶的光学厚度,SSA 代表气溶胶的单次散射比,ASM 代表气溶胶的非对称因子,各季节为北半球的季节。

表 2.3 给出了不同区域平均的气溶胶光学参数的年平均值。气溶胶光学厚度区域平均值
最大的是南亚和非洲,其值分别为 0.166 和 0.163,其次是东亚,西欧最小。区域平均的单次
散射比最小的是东南亚和非洲,因为这些地区吸收性的黑碳气溶胶浓度较高;单次散射比最高
的是北美和西欧,由于这两个区域以强散射性的硫酸盐气溶胶为主。从半球平均来看,北半球
气溶胶的光学厚度约为南半球的两倍,但是因为南半球多为海洋,以散射性的海盐气溶胶为
主,而吸收性的黑碳气溶胶和沙尘气溶胶主要集中在北半球,因此南半球气溶胶的单次散射比
比北半球高约 10%。

表 2.3　不同区域平均的气溶胶光学参数的年平均值

	东亚	西欧	北美	南美	非洲	南亚	南半球	北半球
AOD	0.113	0.08	0.048	0.047	0.163	0.166	0.045	0.097
SSA	0.956	0.974	0.974	0.964	0.949	0.946	0.986	0.97
ASM	0.705	0.73	0.717	0.694	0.695	0.699	0.762	0.729

注：AOD 代表气溶胶的光学厚度，SSA 代表气溶胶的单次散射比，ASM 代表气溶胶的非对称因子。东亚(90°～140°E，20°～50°N)，西欧(0°～50°E，45°～65°N)，北美(60°～130°W，30°～70°N)，南美(30°～80°W，45°S～10°N)，非洲(30°W～50°E，30°S～30°N)，南亚(60°～90°E，15°～30°N)。

参考文献

曹国良,张小曳,王亚强,等,2006.中国大陆黑碳气溶胶排放清单[J].气候变化研究进展,**2**(6):259-264.

褚润,张国珍,谢红刚,2006.兰州市大气污染成因分析[J].兰州交通大学学报.**25**(4):59-62.

崔振雷,2008.中国地区和全球大气气溶胶浓度及光学厚度的数值模拟研究[D].北京:中国气象科学研究院.

崔振雷,张华,银燕,2009.MATCH 对中国地区 2006 年气溶胶光学厚度分布特征的模拟研究[J].遥感技术与应用,**24**(2):197-203.

高庆先,李占青,普布次人,等,2004.中国北方沙尘气溶胶时空分布特征及其对地面辐射的影响[J].资源科学,**26**(5):2-10.

李成才,毛节泰,刘启汉,等,2003.利用 MODIS 研究中国东部地区气溶胶光学厚度的分布和季节变化特征[J].科学通报,**48**(19):2094-2100.

刘立超,沈志宝,王涛,等,2005.敦煌地区沙尘气溶胶质量浓度的观测研究[J].高原气象,**24**(5):765-771.

娄淑娟,毛节泰,王美华,2005.北京地区不同尺度气溶胶中黑碳含量的观测研究[J].环境科学学报,**25**(1):17-22.

毛节泰,李成才,2002.MODIS 卫星遥感北京地区气溶胶光学厚度及与地面光度计遥感的对比[J].应用气象学报,**13**(U01):127-135.

牛生杰,孙继明,陈跃,等,2001.贺兰山地区春季沙尘气溶胶质量浓度的观测分析[J].高原气象,**20**(1):82-87.

牛生杰,孙照渤,2005.春末中国西北沙漠地区沙尘气溶胶物理特性的飞机观测[J].高原气象,**24**(4):604-610.

秦大河,丁一汇,苏纪兰,等,2005.中国气候与环境演变(上卷):人类活动在气候变化中的作用[M].北京:科学出版社:464-477.

王莉莉,辛金元,王跃思,等,2007.CSHNET 观测网评估 MODIS 气溶胶产品在中国区域的适用性.科学通报,**52**(4):477-486.

王凌,叶殿秀,孙家民,2007.2006 年中国气候回顾[J].气候变化研究进展,**3**(2):111-113.

王喜红,石广玉,2000.东亚地区人为硫酸盐气溶胶柱含量变化的数值研究[J].气候与环境研究 **5**(1):58-66.

王跃思,辛金元,李占清,等,2006.中国地区大气气溶胶光学厚度与 Angstrom 参数联网观测(2004-08—2004-12)[J].环境科学,**27**(9):1703-1711.

王志立,2011.典型种类气溶胶的辐射强迫及其气候效应的模拟研究[D].北京:中国气象科学研究院:172.

吴涧,刘洪年,王卫国,等,2005.硫酸盐直接辐射强迫的在线与固定转化率模拟方法的对比研究[J].热带气象学报,**21**(6):615-622.

吴占华,任国玉,2007.我国北方区域沙尘天气的时间特征分析[J].气象科技,**35**(1):96-100.

辛金元,王跃思,李占清,等,2006.中国地区太阳分光辐射观测网的建立和仪器标定[J].环境科学,**27**(9):
　　1697-1702.

许黎,王亚强,陈振林,等,2006.黑碳气溶胶研究进展Ⅰ:排放,清除和浓度[J].地球科学进展,**21**(4):
　　352-360.

银燕,崔振雷,张华,等,2009.2006 年中国地区大气气溶胶浓度分布特征的模拟研究[J].大气科学学报,**32**
　　(5):595-603.

朱厚玲,2003.我国地区黑碳气溶胶时空分布研究[D].北京:中国气象科学研究院.

Barth M C,Rasch P J,Kiehl J T,*et al.*,2000. Sulfur chemistry in the National Center for Atmospheric Re-
　　search Community Climate Model:Description,evaluation,features,and sensitivity to aqueous chemistry
　　[J]. *Journal of Geophysical Research*:Atmospheres,**105**(D1):1387-1415.

Benkovitz C M,Trevor Scholtz M,Pacyna J,*et al.*,1996. Global gridded inventories of anthropogenic emissions
　　of sulfur and nitrogen[J]. *Journal of Geophysical Research*-All series-,**101**:29239-29253.

Collins W D,Rasch P J,Eaton B E,*et al.*,2001. Simulating aerosols using a chemical transport model with as-
　　similation of satellite aerosol retrievals:Methodology for INDOEX[J]. *Journal of Geophysical Research*:
　　Atmospheres,**106**(D7):7313-7336.

D'Almeida G A,Koepke P,Shettle E P,1991. Atmospheric aerosols:Global climatology and radiative character-
　　istics[M]. A Deepak Publishing,Virginia,U.S.A.,561.

Holben B N,Tanre D,Smirnov A,*et al.*,2001. An emerging ground-based aerosol climatology:Aerosol optical
　　depth from AERONET[J]. *Journal of Geophysical Research*:Atmospheres,**106**(D11):12067-12097.

Kettle A J,Andreae M O,Amouroux D,*et al.*,1999. A global database of sea surface dimethylsulfide(DMS)
　　measurements and a procedure to predict sea surface DMS as a function of latitude,longitude,and month
　　[J]. *Global Biogeochemical Cycles*,**13**(2):399-444.

Kinne S,Schulz M,Textor C,*et al.*,2005. An AeroCom initial assessment-optical properties in aerosol compo-
　　nent modules of global models[J]. *Atmospheric Chemistry and Physics Discussions*,**5**(5):8285-8330.

Liou K N,2004. Introduction to Atmospheric Radiation version 2.614.

Liousse C,Penner J E,Chuang C,*et al.*,1996. A global three-dimensional model study of carbonaceous aerosols
　　[J]. *Journal of Geophysical Research*:Atmospheres,**101**(D14):19411-19432.

Parungo F,Nagamoto C,Zhou M Y,*et al.*,1994. Aeolian transport of aerosol black carbon from China to the o-
　　cean[J]. *Atmospheric Environment*,**28**(20):3251-3260.

Penner J E,Eddleman H,Novakov T,1993. Towards the development of a global inventory for black carbon e-
　　missions[J]. *Atmospheric Environment*. Part A. General Topics,**27**(8):1277-1295.

Rasch P J,Mahowald N M,Eaton B E,1997. Representations of transport,convection,and the hydrologic cycle
　　in chemical transport models:Implications for the modeling of short-lived and soluble species[J]. *Journal
　　of Geophysical Research*:Atmospheres,**102**(D23):28127-28138.

Reddy M S,Boucher O,Balkanski Y,*et al.*,2005. Aerosol optical depths and direct radiative perturbations by
　　species and source type[J]. *Geophysical research letters*,**32**(12):L12803.

Schulz M,Textor C,Kinne S,*et al.*,2006. Radiative forcing by aerosols as derived from the AeroCom present-
　　day and pre-industrial simulations[J]. *Atmospheric Chemistry and Physics*,**6**(12):5225-5246.

Smith S J,Pitcher H,Wigley T M L,2001. Global and regional anthropogenic sulfur dioxide emissions[J].
　　Global and planetary change,**29**(1):99-119.

Streets D G,2007. Dissecting future aerosol emissions:Warming tendencies and mitigation opportunities[J].
　　Climatic Change,**81**(3-4):313-330.

Tegen I, Fung I, 1994. Modeling of mineral dust in the atmosphere: Sources, transport, and optical thickness [J]. *Journal of Geophysical Research*: Atmospheres, **99**(D11): 22897-22914.

Textor C, Schulz M, Guibert S, *et al*., 2006. Analysis and quantification of the diversities of aerosol life cycles within AeroCom[J]. *Atmospheric Chemistry and Physics*, **6**(7): 1777-1813.

Wiscombe W J, 1980. Improved Mie scattering algorithms[J]. *Applied optics*, **19**(9): 1505-1509.

第 3 章　气溶胶的辐射强迫

　　辐射强迫是衡量不同因素对气候变化影响最为广泛使用的指标。计算辐射强迫可以为比较不同外强迫引起的某些潜在气候响应,尤其是全球平均地表温度的变化,提供一个简单而量化的指标,因而在科学界得到了广泛的应用。

　　气溶胶的辐射强迫包括气溶胶-辐射相互作用产生的辐射强迫(或直接辐射强迫)、气溶胶-云相互作用产生的辐射强迫(或间接辐射强迫)、冰雪表面黑碳气溶胶产生的辐射强迫等。大气气溶胶颗粒通过直接吸收和散射太阳和红外辐射,造成大气顶或地表净辐射通量的变化,称为气溶胶的直接辐射强迫。气溶胶颗粒作为云凝结核或冰核,改变云的微物理,间接地造成辐射通量或云辐射强迫的变化,称为气溶胶的间接辐射强迫。吸收性的气溶胶沉降到冰雪的表面,会降低冰雪表面的反照率,增强其对太阳辐射的吸收,称为气溶胶的冰雪反照率辐射强迫。本章主要介绍了气溶胶辐射强迫的概念、全球和中国区域不同种类气溶胶辐射强迫的分布及其季节变化,以及云对气溶胶辐射强迫的影响。

3.1　气溶胶辐射强迫的概念

　　辐射强迫最基本的含义是因为某种扰动的引入,引起的地球气候系统能量平衡的变化,通常用一段时间内平均的、单位面积上变化的辐射通量表示(单位为 $W \cdot m^{-2}$)。辐射强迫可以很好地用来定量衡量和比较不同外强迫因子引起的某些潜在的气候响应,尤其是全球平均地表温度变化。因此,辐射强迫的概念在科学界得到了广泛的应用。

　　目前已有若干关于辐射强迫的定义。IPCC 第四次评估报告(IPCC,2007)沿用了 IPCC 第二次和第三次评估报告中的辐射强迫概念——瞬时辐射强迫(IRF),指在保持地表和大气状态不变的情况下,因外强迫的引入造成的净(向下—向上)辐射通量密度(短波+长波)的瞬时变化。IRF 经常定义在大气层顶或气候态的对流层顶,当这两处的 IRF 不相等时,后者能更好地指示全球平均的温度响应。

　　气溶胶的 IRF 又分为直接效应和间接效应。其中直接效应是由气溶胶本身的光学性质引起的,而间接效应来源于气溶胶对云光学性质、云量和生命期的影响。气溶胶的间接效应又可以进一步分为"云反照率效应"和"云生命期效应"。云反照率效应指保持云内液态水含量不变,气溶胶对云滴数浓度和大小的改变,从而引起云的反照率发生相应的变化(Twomey,1997)。云生命期效应指气溶胶引起的液态水含量、云高和生命时间的变化(Albrecht,1989)。此外,气溶胶还有半直接效应,源于吸收性气溶胶的加热效应引起的云消散(Ackerman et al.,2000)。

　　IRF 的提出有一个隐含的前提,即外强迫引入所造成的大气顶或对流层顶净辐射通量变化可以从该强迫引起的一系列气候反馈中分离出来,而事实上它们并非清晰可分,对气溶胶来说尤其如此。因此,人们在计算气溶胶的辐射强迫时很难严格遵守 IRF 的定义,而且在 IPCC 第三次和第四评估报告中,气溶胶的云生命期效应和半直接效应均没有作为一种强迫进行讨论。这就造成气溶胶的辐射强迫存在很大的不确定性。

IPCC 第四次评估报告(IPCC,2007)提出了允许平流层调整的辐射强迫概念,即保持地表与对流层温度与状态量不变,如水汽、云量等,但允许平流层温度调整到辐射平衡状态,对流层顶净辐射通量的变化。总体上看,允许平流层调整的辐射强迫比 IRF 能更好地指示地表和对流层的温度响应。

然而,不论是 IRF 还是允许平流层调整的辐射强迫均忽略了对流层中的快速调整过程,如云对大气稳定度的响应和云的吸收效应,而这些快速调整过程可以对辐射通量强迫起到增强或者削弱的作用。因此,IPCC 第五次评估报告(IPCC,2013)将这些快速调整过程纳入到辐射强迫的范畴,提出了有效辐射强迫(ERF)的概念,即允许大气温度、水汽和云进行调整,而保持全球平均地表温度或者部分地表状况不变的情况下,大气顶净辐射通量的变化。有效辐射强迫概念的提出最根本的原因在于气候系统不同部分对强迫的响应时间差异很大,如海洋对强迫的响应时间尺度在几十年至上百年,而云的响应时间仅为一周左右。大气中和陆地上的快速调整过程先于全球平均地表温度的改变,因而将其与反馈区分开而纳入强迫的范畴很有必要。而且从实际预测长期气候变化的角度出发,ERF 要优于 IRF 和允许平流层调整的辐射强迫,尤其对气溶胶而言(IPCC,2013)。计算 ERF 的方法主要有两种:①固定海平面温度和海冰覆盖率为气候态平均值,但允许气候系统其他部分响应至气候达到平衡状态,计算大气顶净辐射通量的变化,简称"固定海温法";②分析瞬时辐射扰动与引起的瞬时全球平均地表温度变化之间的关系,并用回归法外推至模拟出发点,得到 ERF,简称"回归法"。

3.2　气溶胶的直接辐射强迫

3.2.1　计算方法

如无特殊说明,3.2 节中均为气溶胶的瞬时辐射强迫。为了计算气溶胶的直接辐射强迫,除了使用包含气溶胶吸收和散射影响的辐射方案驱动模式模拟以外,还并行地调用了不包含气溶胶影响的辐射方案,它并不影响模拟,仅用于诊断辐射通量。二者净辐射通量的差值即为气溶胶的直接辐射强迫(如公式 3.1)。

$$RF = \Delta F(\text{aerosol}) - \Delta F(\text{noareosol}) \tag{3.1}$$

式中,RF 表示辐射强迫,ΔF 表示净辐射通量,aerosol 表示包含了气溶胶,noaerosol 表示不含气溶胶。

晴空与有云条件下气溶胶的直接辐射强迫分别为:

$$RF_{\text{clear sky}} = \Delta F_{\text{clear sky}}(\text{aerosol}) - \Delta F_{\text{clear sky}}(\text{noaerosol}) \tag{3.2}$$

$$RF_{\text{all sky}} = \Delta F_{\text{all sky}}(\text{aerosol}) - \Delta F_{\text{all sky}}(\text{noaerosol}) \tag{3.3}$$

式中 clear sky 指晴空条件下,all sky 为全天,即有云条件下。

3.2.2　全球模式估算的气溶胶的直接辐射强迫

该节给出了 BCC_AGCM2.0_CUACE/Aero 模式估算的气溶胶直接辐射强迫的全球分

布及其季节变化情况。气溶胶的直接辐射强迫定义为有无气溶胶时大气顶或地表瞬时净短波辐射通量的差值。图 3.1 为全天和晴空条件下模拟的典型种类气溶胶在大气顶直接辐射强迫的年平均分布。硫酸盐气溶胶具有强的散射性,在大气顶产生明显的负辐射强迫(图 3.1a)。在全天条件下,硫酸盐气溶胶的直接辐射强迫几乎覆盖了 30°～60°N 的区域,最大强迫出现在东亚和北美,最大值接近 $-1.0 \ W \cdot m^{-2}$,这是由于大量二氧化硫(SO_2)和硫酸盐颗粒的工业排放,造成硫酸盐气溶胶的浓度较高。其次是印度和西欧,辐射强迫值在 $-0.7 \sim -0.5 \ W \cdot m^{-2}$。海洋上也存在大范围的负强迫覆盖区,这是由大陆硫酸盐气溶胶的远距离传输和海洋上二甲基硫(DMS)的氧化生成的硫酸盐气溶胶引起。在晴空条件下,硫酸盐气溶胶辐射强迫的范围和绝对值都明显要比全天条件下大,其负强迫几乎覆盖了全球,其中在东亚、西欧和北美的大部分地区,强迫基本都在 $-1.0 \ W \cdot m^{-2}$ 以上,约为全天条件下强迫值的 2～3 倍,南半球海洋上的强迫值也明显增强。模拟的全天条件下硫酸盐气溶胶全球年平均直接辐射强迫为 $-0.19 \ W \cdot m^{-2}$。

黑碳气溶胶对从可见光到红外波长范围内的太阳辐射都有强烈的吸收作用,比某些温室气体具有更宽的吸收波段,从而在大气顶造成正的辐射强迫(图 3.1b)。在全天条件下,黑碳气溶胶大气顶的正辐射强迫在东亚最大,特别是中国的东部和南部地区,最大强迫接近 $+1.0 \ W \cdot m^{-2}$,这主要因为局地化石和生物质燃料燃烧造成。在非洲中部,由于天气干燥,大量含碳物质容易燃烧,以及高的地表反照率,造成大部分地区强迫值均超过了 $+0.7 \ W \cdot m^{-2}$,且范围一直延伸至非洲的西海岸。其次,在西欧、北美东南部和南美,黑碳气溶胶的辐射强迫也多在 $+0.1 \sim +0.4 \ W \cdot m^{-2}$。由于中纬度排放的黑碳气溶胶的远距离传输,在北半球高纬度的冰雪覆盖区上空也存在大范围的正强迫区。在晴空条件下,特别是在海洋上空,黑碳气溶胶正辐射强迫的范围明显减小,在东亚和非洲的最大强迫值也有所减小。模拟的全天条件下黑碳气溶胶全球年平均直接辐射强迫为 $+0.1 \ W \cdot m^{-2}$。Bond 等(2013)总结不同研究结果得到,黑碳的直接辐射强迫在 $+0.17 \sim +1.48 \ W \cdot m^{-2}$。造成不同研究结果之间如此大差别的主要原因在于目前黑碳气溶胶的排放源、光学参数、在大气中的混合状态等还具有很大的不确定性。

有机碳气溶胶的光学性质主要表现为散射太阳辐射,因此在大气顶产生负的辐射强迫(图 3.1c)。有机碳气溶胶强迫的分布与黑碳气溶胶强迫的分布基本一致。在全天条件下,有机碳气溶胶最大辐射强迫出现在非洲中部,其值超过了 $-1.5 \ W \cdot m^{-2}$,主要是因为非洲处于赤道附近,天气炎热,生物质易燃烧;其次是南美洲、东南亚、北美洲和欧洲地区,强迫大多在 $-0.3 \ W \cdot m^{-2}$ 以上。在北极和青藏高原上空,由于高的地表反照率,使得有机碳气溶胶在这些区域造成明显的正强迫。有机碳气溶胶传输距离明显比黑碳气溶胶远,造成其强迫在海洋上空的范围明显比黑碳气溶胶大。在晴空条件下,有机碳气溶胶强迫的范围也明显大于全天条件下强迫的范围,特别是在非洲、南美洲和东亚地区,其强迫绝对值约增加了 3 倍,海洋上空的强迫范围也明显增大。模拟的全天条件下有机碳气溶胶全球年平均直接辐射强迫为 $-0.15 \ W \cdot m^{-2}$。

硝酸盐气溶胶作为一种散射性气溶胶,在某些波段,其散射性质甚至强于硫酸盐,且具有吸湿性,因此在大气顶会产生明显的负辐射强迫(图 3.1d)。在全天条件下,硝酸盐气溶胶全球年平均直接辐射强迫约为 $-0.16 \ W \cdot m^{-2}$。从空间分布上看,硝酸盐直接辐射强迫值超过 $0.1 \ W \cdot m^{-2}$ 的范围覆盖了 $0°～60°N$ 大部分的区域,最大强迫出现在东亚和欧洲,最大值超过 $-1.0 \ W \cdot m^{-2}$,这是由于当地工业化程度较高,氮氧化物(NO_x)和硝酸盐颗粒排放较高,从而产生了大量的硝酸盐气溶胶所造成的。在非洲的中部和南部也存在硝酸盐直接辐射强迫的高值区,这是由于当地生物质燃烧产生大量 NO_x 造成的。在晴空条件下,硝酸盐气溶胶辐射强迫的范围和绝对值都明显要比全天条件下大,强迫超过 $-0.1 \text{ W} \cdot \text{m}^{-2}$ 的覆盖范围扩大至 $60°S \sim 60°N$,其中在东亚、欧洲和北美东部,强迫基本都在 $-1.0 \text{ W} \cdot \text{m}^{-2}$ 以上,约为全天条件下强迫值的 $2 \sim 3$ 倍,其晴空全球年平均强迫约为 $-0.36 \text{ W} \cdot \text{m}^{-2}$。

沙尘气溶胶对太阳光主要表现为散射性质,在大气顶产生负的辐射强迫(图 3.1e)。在全天条件下,沙尘辐射强迫的大值区主要位于非洲北部、西亚以及中国的北部,特别是在非洲北部及其西海岸,最大强迫超过了 $-1.8 \text{ W} \cdot \text{m}^{-2}$,主要是因为该地区大量沙尘的载入,且该地区海洋上空大尺度层云较丰富,造成沙尘对太阳辐射的多次散射。其次,海洋上空也存在一定范围的沙尘负强迫区,说明沙尘也可远距离传输,影响其他区域的辐射能量和气候场。在晴空条件下,沙尘气溶胶的强迫范围和强迫值也明显比全天条件下大,在非洲西海岸沙尘的强迫值最大达到了 $-2.4 \text{ W} \cdot \text{m}^{-2}$。模拟的全天条件下沙尘气溶胶全球年平均辐射强迫为 $-0.9 \text{ W} \cdot \text{m}^{-2}$。目前对于沙尘排放量,特别是人为沙尘排放量的估算仍具有很大的不确定,导致其辐射强迫的不确定范围也很大。

海盐气溶胶也是一种强散射性质的气溶胶,其负的辐射强迫几乎遍布整个洋面上(图 3.1f)。在全天条件下,海盐最大的强迫位于 $30°S \sim 60°S$ 的海洋上空,最大值达到 $-2.4 \text{ W} \cdot \text{m}^{-2}$。在晴空条件下,海盐气溶胶的辐射强迫强度明显增强,最大值接近 $-5.0 \text{ W} \cdot \text{m}^{-2}$。模拟的全天条件下海盐气溶胶全球年平均辐射强迫为 $-0.83 \text{ W} \cdot \text{m}^{-2}$。

比较全天和晴空两种情况下各种气溶胶大气顶辐射强迫的分布可以看出,全天条件下各种散射性气溶胶的直接辐射强迫的范围明显要比晴空情况下小,其强迫的绝对值也要小于晴空条件下强迫的绝对值,但是全天条件下黑碳气溶胶的正辐射强迫的范围和强迫值都明显比晴空条件下大。这说明云的存在增强了气溶胶在大气顶的正辐射强迫,但是减弱了气溶胶在大气顶的负辐射强迫。

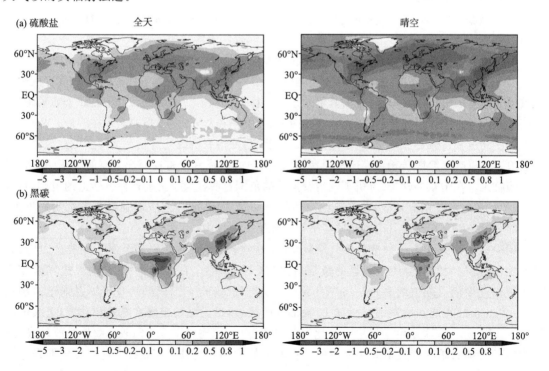

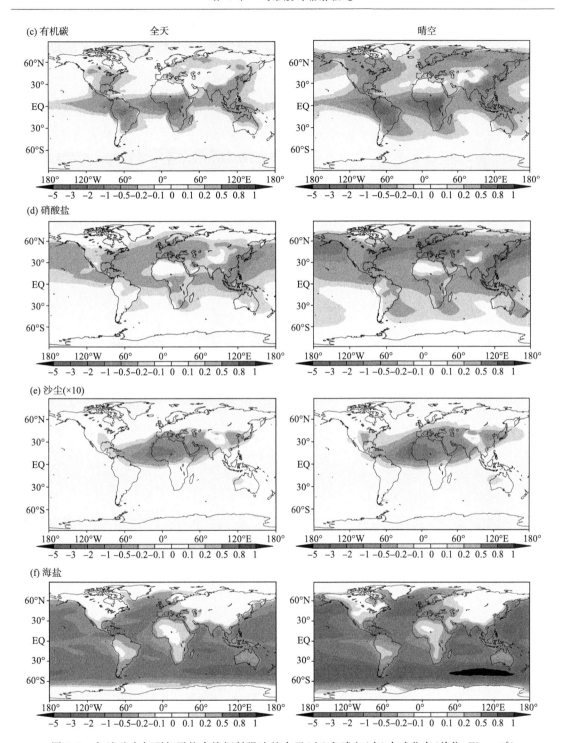

图 3.1　气溶胶大气顶年平均直接辐射强迫的全天(左)和晴空(右)全球分布(单位:W·m⁻²)
(a)硫酸盐,(b)黑碳,(c)有机碳,(d)硝酸盐,(e)沙尘,(f)海盐

图 3.2 给出了模拟的大气顶气溶胶半球平均直接辐射强迫的月变化。在北半球,硫酸盐气溶胶的直接辐射强迫具有明显的季节变化,最大辐射强迫发生在夏季,最大值超过了 -0.5 W·m⁻²,这是因为夏季 SO_2 的氧化率最高,容易转化成硫酸盐颗粒,且夏季湿度高,气

溶胶的吸湿效应会增强其辐射效应;冬季硫酸盐气溶胶造成的强迫最小(图 3.2a)。黑碳气溶胶辐射强迫的最大值出现在春季和夏季,最大强迫约为 $+0.16$ W·m^{-2},这是由于春季生物质燃烧排放的黑碳气溶胶较多,特别是东南亚各国,而夏季的高值可能和太阳直射点在北半球有关,秋季辐射强迫值最小(图 3.2b)。有机碳气溶胶辐射强迫最大值出现在夏季和冬季,而春季和秋季的强迫较小,主要是因为夏季北半球温度较高,生物质易燃烧,冬季由于取暖,燃煤产生的有机碳气溶胶浓度较高(图 3.2c)。沙尘气溶胶辐射强迫最大值发生在春季和夏季,最大强迫约为 -2.2 W·m^{-2},这是因为春季非洲北部、西亚和中国北部等干旱和半干旱地区植被覆盖较少,容易起沙,强迫最小值发生在冬季(图 3.2d)。海盐气溶胶辐射强迫的季节变化不明显,强迫值基本在 -0.6 W·m^{-2}左右(图 3.2e)。

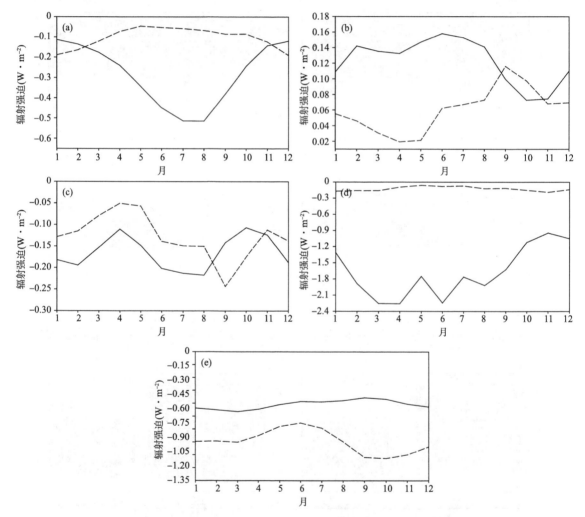

图 3.2　硫酸盐(a)、黑碳(b)、有机碳(c)、沙尘(d)和海盐(e)气溶胶
在大气顶直接辐射强迫的月变化(单位:W·m^{-2})。实线代表北半球平均,虚线代表南半球平均

在南半球,硫酸盐气溶胶直接辐射强迫的季节变化很小,冬季硫酸盐前体物 DMS 的浓度最高,硫酸盐产生的辐射强迫比其他季节略大(图 3.2a)。黑碳气溶胶最大辐射强迫发生在秋季,最大强迫约为 $+0.11$ W·m^{-2},主要是由于该季节位于南半球的南美洲和非洲生物质燃烧

排放大量的黑碳气溶胶造成,春季辐射强迫值最小(图 3.2b)。有机碳气溶胶辐射强迫最大值出现在秋季,该季节非洲、南美洲和东南亚地区强迫都比较大,春季强迫最小(图 3.2c)。沙尘气溶胶辐射强迫的季节变化不明显,强迫值基本维持在 $-0.15\ \mathrm{W \cdot m^{-2}}$ 左右(图 3.2d)。海盐气溶胶辐射强迫有较小的季节变化,最大值出现在秋季,强迫值约为 $-1.2\ \mathrm{W \cdot m^{-2}}$,主要是由于南半球海洋表面风速决定,最小强迫出现在 5 月到 7 月(图 3.2e)。

　　图 3.3 给出了不同季节总的气溶胶在大气层顶直接辐射强迫的全球分布。从图中可以看出,气溶胶的辐射强迫的分布也具有明显的季节变化。北半球春季,由于沙尘气溶胶的影响,非洲、西亚和中国北部均出现明显的负强迫,特别是在非洲西海岸,最大强迫超过了 $-25\ \mathrm{W \cdot m^{-2}}$,中国地区最大负强迫达到 $-10\ \mathrm{W \cdot m^{-2}}$。由于东亚和南亚地区黑碳气溶胶、非洲和西亚大颗粒沙尘气溶胶的传输和高的地表反照率,使得青藏高原上空出现了明显的正强迫,最大值达到了 $+5.0\ \mathrm{W \cdot m^{-2}}$。北半球夏季,非洲和中国沙漠地区沙尘气溶胶明显减少,导致这些区

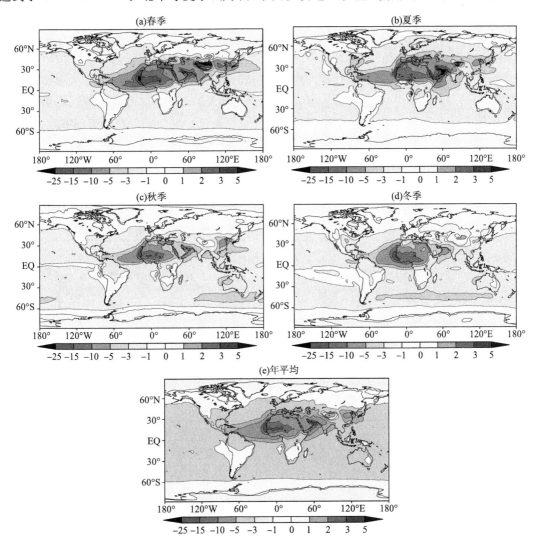

图 3.3　北半球春季(a)、夏季(b)、秋季(c)和冬季(d)以及年平均(e)总的气溶胶
大气层顶直接辐射强迫的全球分布(单位:$\mathrm{W \cdot m^{-2}}$)

域气溶胶的负强迫绝对值也减小,最大负强迫位于阿拉伯地区,中国地区最大辐射强迫位于华北地区,最大值约为$-5\text{ W}\cdot\text{m}^{-2}$。在非洲中部,由于大颗粒沙尘气溶胶对近红外太阳辐射能量的吸收作用,出现了小范围的正强迫。青藏高原由于积雪的减少,地表反照率的降低,导致正强迫的范围和强迫值也都明显减小。与夏季相比,北半球秋季气溶胶辐射强迫的范围和强迫的绝对值都有所减小,中国地区最大强迫范围略有南移。北半球冬季,在北美洲、欧洲和中国东北等地出现了明显的正强迫,这是因为冬季这些高纬度地区天气寒冷,燃煤使用量急剧增加,导致黑碳气溶胶的排放增加。而且中国东部气溶胶的负强迫值明显减少,也与冬季黑碳气溶胶的排放增加有关。从图3.3e总的气溶胶大气顶年平均直接辐射强迫的分布可以看出,最大负强迫出现在非洲北部和西亚,最大值超过$-15\text{ W}\cdot\text{m}^{-2}$,其次是中国华北地区,最大强迫也在$-5\text{ W}\cdot\text{m}^{-2}$左右,青藏高原上空仍存在明显的正强迫。

　　无论是散射性还是吸收性的气溶胶,都会减少到达地表的太阳辐射通量,在地表造成负的直接辐射强迫。图3.4为在全天和晴空情况下各种气溶胶地表直接辐射强迫的年平均分布。各种气溶胶地表辐射强迫的分布与其在大气顶辐射强迫的分布基本一致,但是地表强迫的绝对值要大于大气顶强迫的绝对值,这是由于大气中气溶胶对太阳短波辐射的多次散射和吸收造成。在全天条件下,硫酸盐气溶胶最大地表辐射强迫位于中国和美国东部,最大强迫值达到$-1.2\text{ W}\cdot\text{m}^{-2}$;其次是西欧,强迫值大多在$-0.8\sim-0.4\text{ W}\cdot\text{m}^{-2}$。黑碳气溶胶地表辐射强迫最大值位于非洲中部和中国东部,最大值超过了$-2.0\text{ W}\cdot\text{m}^{-2}$;其次在印度和南美,负强迫也很明显。有机碳气溶胶强迫大值区的分布与黑碳气溶胶基本一致,但是其强迫范围要明显大于黑碳气溶胶。硝酸盐气溶胶最大地表辐射强迫位于东亚和东南亚地区,最大值超过了$-3.0\text{ W}\cdot\text{m}^{-2}$,其次在欧洲和美国东部,也有较为明显的负强迫。沙尘气溶胶地表辐射强迫最大值位于非洲撒哈拉沙漠,由于其大量的沙尘排放和高的地表反照率,造成该地区最大负强

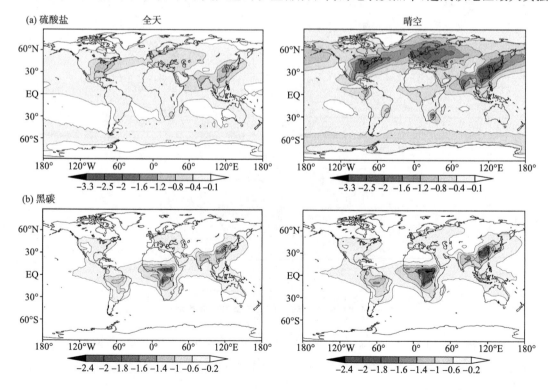

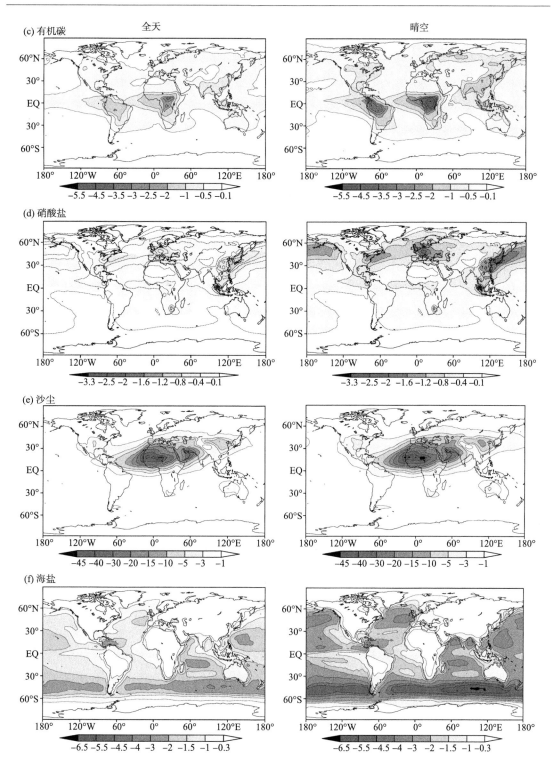

图 3.4　硫酸盐(a)、黑碳(b)、有机碳(c)、硝酸盐(d)、沙尘(e)和海盐(f)气溶胶
地表直接辐射强迫的全天(左)和晴空(右)年平均分布(单位:W・m^{-2})

迫超过了-40 W・m^{-2};其次,在阿拉伯和中国北方等地,也存在明显的负强迫区。海盐气溶

胶地表辐射强迫仍然位于洋面上空,且南半球的辐射强迫绝对值要大于北半球。与大气顶的辐射强迫相似,全天条件下各种气溶胶的地表辐射强迫的范围和强迫绝对值都要明显要比晴空条件下的小。因此,云的存在也能减小气溶胶的地表直接辐射强迫。

图 3.5 为总的气溶胶地表直接辐射强迫的季节平均分布。跟大气顶直接辐射强迫季节平均分布一样,地表辐射强迫的分布也具有一定的季节变化。北半球春季,气溶胶地表最大辐射强迫出现在非洲北部的撒哈拉沙漠,最大强迫达到 -50 W·m^{-2};其次是中国华北和阿拉伯地区,最大强迫也超过了 -10 W·m^{-2}。北半球夏季,气溶胶地表最大辐射强迫出现在阿拉伯地区,非洲和中国地区的辐射强迫明显减小,南半球海洋上的辐射强迫的范围也有所减小。北半球秋季,整个北半球的强迫强度和范围都有所减小,非洲、中国和阿拉伯地区最大强迫值均为 -10 W·m^{-2} 左右,澳大利亚北部强迫明显增强。北半球冬季,地表辐射强迫的分布与秋季基本相似,但是在中国和阿拉伯,强迫相比秋季有所减弱。总的气溶胶最大年平均地表辐射强迫出现在非洲撒哈拉沙漠上空,其次是西亚、中国华北以及北美东部(图 3.5e)。

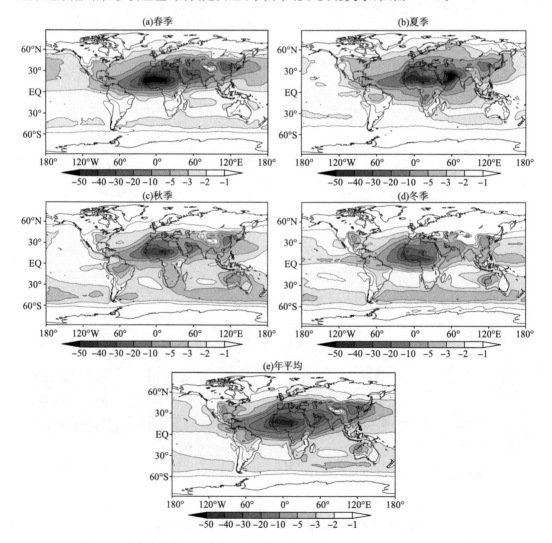

图 3.5 北半球春季(a)、夏季(b)、秋季(c)和冬季(d)以及年平均(e)总的气溶胶
地表直接辐射强迫的平均分布(单位:W·m^{-2})

　　表 3.1 给出了 BCC_AGCM2.0_CUACE/Aero 模拟的各种气溶胶在全天和晴空条件下在大气顶和地表直接辐射强迫南北半球和全球的年平均值。三种主要由人类活动造成的气溶胶(硫酸盐、黑碳和有机碳)北半球的平均辐射强迫明显高于南半球,且由于气溶胶在大气中对太阳光的多次吸收和散射,导致各种气溶胶地表辐射强迫的绝对值都要比大气顶高。全天条件下总的气溶胶和三种主要由人类活动引起的气溶胶在大气顶的直接辐射强迫的全球年平均值分别为 -2.03 W·m^{-2}和 -0.23 W·m^{-2}。

表 3.1　全天和晴空条件下气溶胶直接辐射强迫的年平均值(单位:W·m^{-2})

	全天			晴空		
	北半球	南半球	全球	北半球	南半球	全球
硫酸盐	$-0.28(-0.3)$	$-0.1(-0.11)$	$-0.19(-0.21)$	$-0.68(-0.71)$	$-0.26(-0.27)$	$-0.47(-0.49)$
黑碳	$+0.12(-0.24)$	$+0.06(-0.15)$	$+0.1(-0.19)$	$+0.09(-0.32)$	$+0.03(-0.18)$	$+0.06(-0.25)$
有机碳	$-0.16(-0.27)$	$-0.13(-0.21)$	$-0.15(-0.24)$	$-0.39(-0.52)$	$-0.27(-0.36)$	$-0.33(-0.44)$
沙尘	$-1.7(-3.8)$	$-0.13(-0.21)$	$-0.9(-1.98)$	$-2.6(-4.8)$	$-0.2(-0.29)$	$-1.42(-2.55)$
海盐	$-0.61(-0.71)$	$-1.0(-1.2)$	$-0.83(-0.94)$	$-1.1(-1.3)$	$-2.0(-2.2)$	$-1.54(-1.72)$
硫酸盐+黑碳+有机碳			$-0.23(-0.59)$			$-0.73(-1.13)$
总的气溶胶			$-2.03(-3.63)$			$-3.84(-5.61)$

注:括号中的值代表地表辐射强迫值。

3.2.3　中国地区硝酸盐气溶胶直接辐射强迫的模拟研究

　　本节利用改进的 BSTAR5C/CCSR/NCC 辐射传输模式,结合 HITRAN2004 给出的硝酸和硫酸的复折射指数和一个中尺度空气质量模式输出的硝酸盐浓度数据,计算了中国地区晴空、云天两种情况下硝酸盐气溶胶在大气层顶和地面的直接辐射强迫。

　　晴空条件下硝酸盐气溶胶的直接辐射强迫,即为包含硝酸盐的辐射方案与不考虑硝酸盐影响的情况下净辐射通量的差值。对于有云大气条件下,计算硝酸盐气溶胶的直接辐射强迫采用的方法与 Yang 等(2008)计算辐射加热率的方法类似,只是在公式中用辐射强迫代替加热率,见公式(3.4):

$$RF = \sum_{i=1}^{15} C_i RF_i + (1 - C)RF_{\text{clear}} \tag{3.4}$$

式中 C_i 为每类云的云量, $C = \sum_{i=1}^{15} C_i$ 是总云量, RF_{clear} 和 RF_i 分别表示晴空和有云(云类型为 i)大气下的辐射强迫。

　　硝酸盐气溶胶在大气顶强烈地散射太阳辐射,造成大气顶负的辐射强迫。图 3.6 给出了晴空(a—d)和有云(e—h)条件下中国区域硝酸盐气溶胶直接辐射强迫的季节分布。可以看出,云对硝酸盐的直接辐射强迫具有很强的削弱作用,使强迫的强度和范围明显减小。春季,硝酸盐的直接辐射强迫主要分布在中国中部、东部和东北部,在有云条件下的最大值为 -2.70 W·m^{-2}。在有云条件下中国南方地区的平均直接辐射强迫(-0.58 W·m^{-2})显著小于晴空条件下的强迫(-5.17 W·m^{-2}),其绝对值减小了近 9 倍,主要是由于这一地区春季云量很大(>90%)。在渤海、黄海和东海等海域,有云条件下辐射强迫值也有很大的减少。夏季,晴空(图 3.6b)和有云(图 3.6f)条件下硝酸盐辐射强迫的平均值分别为 -2.54 W·m^{-2}和 -0.61 W·m^{-2},这在四个季节中是最小的。由于夏季降水较多,对气溶胶的湿清除作用较强,导致夏季有云条件下的直接辐射强迫较小;同时夏季的高温有利于硝酸盐的分解。秋季,辐射强迫主要分布于中国中部和东南部地区,有云条件下的最大值为-2.81 W·m^{-2}(图3.6g)。秋季的云量最少,而有云条件下硝酸盐的直接辐射强迫在秋季最大。在晴空条件下硝酸盐的直接辐射强迫在冬季最大。冬季,有云条件下辐射强迫的最大值位于中国中部,为-3.83 W·m^{-2};而辐射强迫的最小值位于中国东南部,主要是由于这一地区的云量很大,通常超过90%,与之相反,印度的东部沿海地区和泰国西北部地区云量较少,辐射强迫值也相对较大。在有云条件下,春、夏、秋、冬四个季节中国平均直接辐射强迫分别比晴空条件下低82.98%、75.98%、76.05%和79.14%。

夏、秋季海洋上空的辐射强迫范围明显小于冬、春季,这可能与东亚地区不同季节海洋和陆地的天气控制系统变化、海陆风进行调整有关。夏、秋季的风场为海洋吹向陆地,造成海洋上空硝酸盐气溶胶浓度的范围和强度减小,冬、春季正好相反,海洋上空硝酸盐气溶胶浓度的范围和强度增大。由此造成硝酸盐气溶胶辐射强迫的季节变化。海洋上存在硝酸盐气溶胶辐射强迫的分布,也从侧面说明了硝酸盐气溶胶可以被远距离传输到海洋上空。

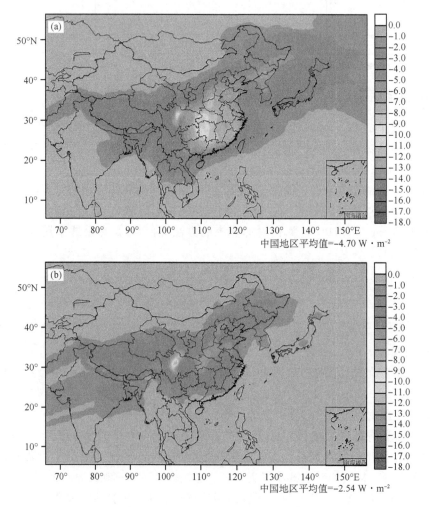

中国地区平均值=-4.70 W·m^{-2}

中国地区平均值=-2.54 W·m^{-2}

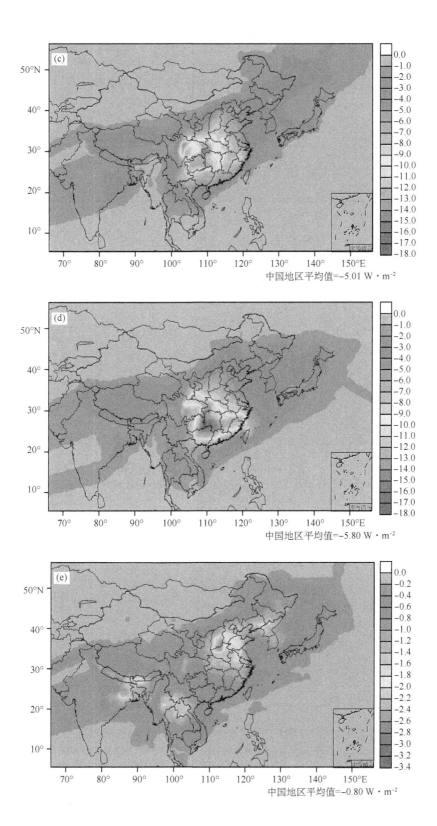

中国地区平均值=−5.01 W·m⁻²

中国地区平均值=−5.80 W·m⁻²

中国地区平均值=−0.80 W·m⁻²

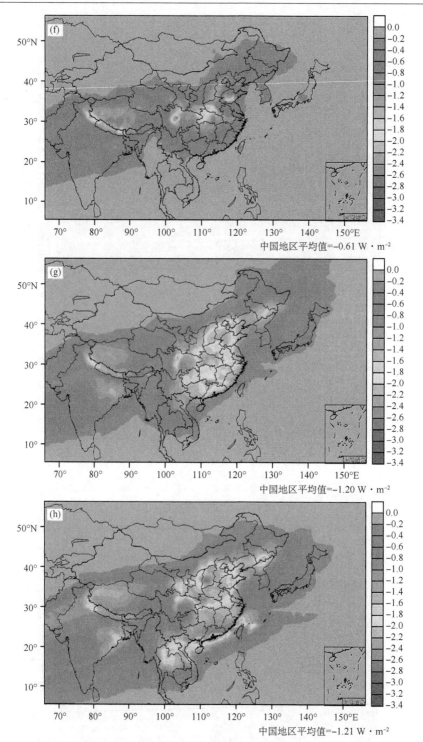

图 3.6　硝酸盐气溶胶在大气层顶直接辐射强迫的季节分布(单位:W·m⁻²)

(a)—(d)分别为晴空条件下的春季、夏季、秋季和冬季;(e)—(h)分别为有云条件下的春季、夏季、秋季和冬季

　　另外,本节还计算了云天情况下中国地区硝酸盐的年平均强迫分布(图 3.7),其平均值为 -0.95 W·m⁻²。较大的辐射强迫主要分布于中国中部,这与 Liao 等(2005)的结果一致,但

最大值为$-2.17\ \mathrm{W\cdot m^{-2}}$,小于他们给出的$-3.0\ \mathrm{W\cdot m^{-2}}$。

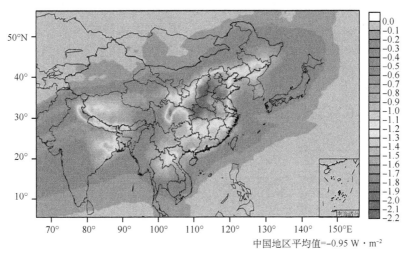

图 3.7　有云大气硝酸盐在大气层顶年平均辐射强迫的分布(单位:$\mathrm{W\cdot m^{-2}}$)

3.2.4　不同因子对气溶胶直接辐射强迫的影响

　　气溶胶化学特性(主要是化学构成)、物理特性(包括尺度谱分布、粒子有效半径等)、光学特性(质量消光效率、单次散射比和非对称因子)以及大气相对湿度、云量、云与气溶胶的相对位置、地表反照率和太阳天顶角等因子都会影响气溶胶的直接辐射强迫。本节给出了云、地表反照率、太阳天顶角以及气溶胶混合状态对气溶胶辐射强迫的影响。

　　云对气溶胶辐射效应的影响是一个非常复杂的问题,与云的高度、云厚、气溶胶层的高度、地面反照率、太阳高度角和气溶胶的光学特性等诸多因素有关。该节结合国际卫星云气候学计划(ISCCP)云资料(图 3.8 和图 3.9),利用辐射传输模式对沙尘气溶胶云天和晴空辐射强迫进行了估算。通过对比,讨论各种云对沙尘辐射强迫的影响,并分析造成这种影响的原因。

　　由于沙尘气溶胶粒径比较大、光学性质复杂,使得它对光不但有散射作用,还有吸收作用。云对沙尘气溶胶辐射强迫的影响首先依赖于云的高度。一般认为,低云能够增加地-气系统对太阳辐射的反射,有助于沙尘层吸收更多的短波辐射,因而能够增加大气顶的正强迫,减小负强迫。高云则因为阻挡了太阳光到达沙尘层,同时也阻挡了沙尘层向外太空发射长波辐射,从而使得沙尘的短波辐射强迫和长波辐射强迫同时降低,净辐射强迫的变化则要依赖于云的厚度、地面反照率和太阳高度角等因素的综合影响。从图 3.10 可以看出,不同种类的云对沙尘气溶胶辐射强迫的影响不同,就全球平均来看,中低云使对流层顶长波和短波辐射强迫明显减少,特别是低云的作用最为显著,而高云的作用则不明显。总体而言,由于云覆盖阻挡了抵达气溶胶的太阳辐射,因此沙尘气溶胶在对流层顶的辐射强迫值因云的存在而减小,且云对短波辐射强迫的减弱作用大于长波。由图 3.10a 可见,由于云的存在,不同地区之间沙尘的正、负短波强迫相互抵消,导致全球平均辐射强迫值比晴空时有所减少。冬季晴空对流层顶短波辐射强迫的全球平均值为$-0.477\ \mathrm{W\cdot m^{-2}}$;有高云存在时,为$-0.47\ \mathrm{W\cdot m^{-2}}$;有中云存在时,为$-0.317\ \mathrm{W\cdot m^{-2}}$;有低云存在时,为$-0.15\ \mathrm{W\cdot m^{-2}}$;总云存在时,为$-0.092\ \mathrm{W\cdot m^{-2}}$。夏季晴空对流层顶短波辐射强迫的全球平均值为$-0.501\ \mathrm{W\cdot m^{-2}}$;有高云存在时,为$-0.494\ \mathrm{W\cdot m^{-2}}$;有中云存在时,为$-0.32\ \mathrm{W\cdot m^{-2}}$;有低云存在时,为$-0.142\ \mathrm{W\cdot m^{-2}}$;总云存在时,为$-0.079\ \mathrm{W\cdot m^{-2}}$。由此可见,就对流层顶而言,中、低云对沙尘气溶胶辐射强迫的影响起主要作用。

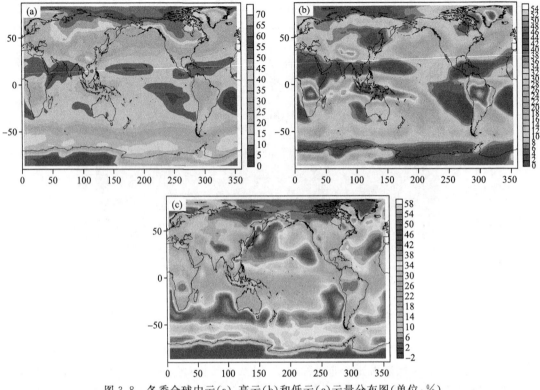

图 3.8　冬季全球中云(a)、高云(b)和低云(c)云量分布图(单位:%)

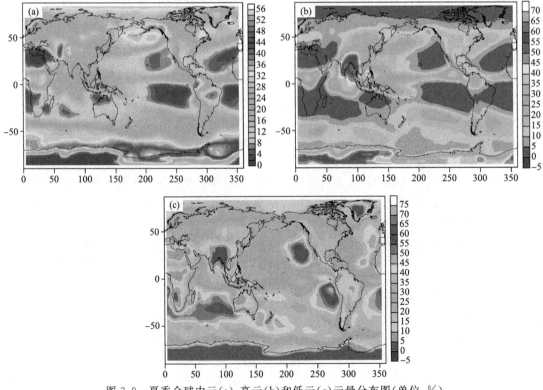

图 3.9　夏季全球中云(a)、高云(b)和低云(c)云量分布图(单位:%)

由图 3.10b 可见,云的存在使沙尘气溶胶对流层顶长波辐射强迫减小。中低云的存在使对流层顶沙尘气溶胶的长波辐射强迫明显减小,高云对对流层顶沙尘气溶胶的长波辐射强迫的影响则不大。沙尘气溶胶对流层顶长波辐射强迫冬季晴空情况下为 0.11 $W \cdot m^{-2}$,有中、低云存在情况下分别为 0.087 $W \cdot m^{-2}$、0.0664 $W \cdot m^{-2}$,而高云存在时为 0.108 $W \cdot m^{-2}$;夏季晴空情况下为 0.085 $W \cdot m^{-2}$,有中、低云存在情况下分别为 0.068 $W \cdot m^{-2}$、0.0544 $W \cdot m^{-2}$,而高云存在时为 0.0832 $W \cdot m^{-2}$。这是因为中低云会吸收地面向上发射的长波辐射通量,使云以上的沙尘气溶胶吸收的长波辐射减少,因而沙尘气溶胶引起的向下的长波辐射通量减少,造成长波辐射强迫减少;而高云的高度较高,一般位于沙尘层的上方,云水路径和覆盖面积都相对较小,因此,相对中低云而言,高云对沙尘气溶胶长波辐射强迫的影响较小。总的来说,云对大气顶沙尘长波辐射强迫也有减弱作用,但影响比短波辐射强迫小。

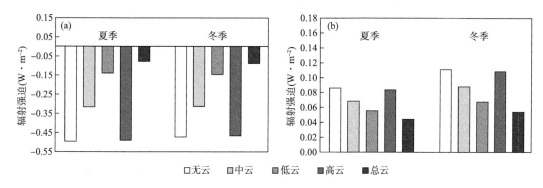

图 3.10　云对沙尘气溶胶全球平均对流层顶辐射强迫的影响
(a)短波;(b)长波

图 3.11 给出云对沙尘气溶胶全球平均地面辐射强迫的影响。对比地面云天辐射强迫可以看出,中低云层的存在使地面辐射强迫值减少,而高云的影响不明显。就短波而言,这主要是因为中低云和气溶胶都能够散射太阳辐射导致地面产生负强迫,中低云层分担了气溶胶对太阳辐射的消光作用,使气溶胶的短波辐射强迫减少。对长波而言,位于气溶胶层下方的中低云会吸收气溶胶层向下的长波辐射,使得到达地面的长波辐射减少,进而导致气溶胶的地面长波辐射强迫减少。而高云位于气溶胶层的上方,对其下方的气溶胶的地面辐射强迫基本没有影响。冬季,全球平均晴空地面辐射强迫为 -1.088 $W \cdot m^{-2}$,大约是对流层顶的 3 倍左右,其中短波强迫为 -1.362 $W \cdot m^{-2}$,长波强迫为 0.274 $W \cdot m^{-2}$,均比云天辐射强迫值大。虽然因为云量、云高和云水含量的不同对地面辐射强迫的影响程度不同,但沙尘气溶胶的云天地面辐射强迫总体来看都比晴空辐射强迫减少。与对流层顶不同的是,云对沙尘地面长波辐射强迫的影响与短波辐射强迫相当。

本节还选取 1 月份硝酸盐柱浓度为 20.47 $mg \cdot m^{-2}$ 的点(108.98°E,31.83°N)为例,研究了地表反照率和太阳天顶角对硝酸盐辐射强迫的影响。图 3.12 反映的是太阳天顶角和地表反照率对硝酸盐的晴空辐射强迫的影响。图中,横轴表示地表反照率,介于 0.0~1.0。纵轴表示太阳天顶角的余弦值,在 0.1~1.0 变化。由图可见,当太阳天顶角的余弦值约在 0.1 和 0.52 之间时,硝酸盐的辐射强迫的绝对值随地表反照率的增大而减小,且均为负强迫。当太阳天顶角的余弦值约介于 0.52 和 0.69 之间时,硝酸盐的负强迫的绝对值先随着地表反照率的增大而减小,而后出现了正强迫,且该正强迫值随地表反照率的增大而增大。当太阳天顶角的余弦值大于 0.69

时,硝酸盐的辐射强迫的绝对值随地表反照率的变化先减小(负值),后增大(正值),再减小(正值)。另外,当地表反照率小于 0.38 时,硝酸盐辐射强迫的绝对值随天顶角的减小呈现出先增大后减小的变化趋势,且均为负强迫。当地表反照率大于 0.38 时,负强迫的绝对值随天顶角的减小先增大后减小,而后出现正强迫值,且该正强迫值随地表反照率的增大而增大。

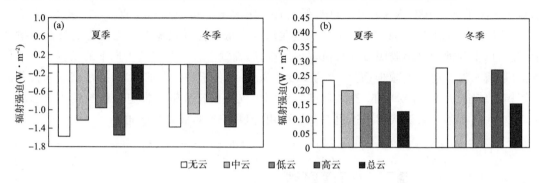

图 3.11　云对沙尘气溶胶全球平均地表辐射强迫的影响
(a)短波;(b)长波

从图 3.12 上可以很明显地看到,硝酸盐的正强迫值出现在地表反照率较大、太阳天顶角较小的右上角部分,这主要是因为:一方面,地表反照率越大,被地表反射到天空的太阳辐射越多,从而被硝酸盐气溶胶后向散射回地表的太阳辐射也越多,所以地表吸收的太阳辐射会增加。另一方面,随着太阳天顶角的减小,被硝酸盐和地表散射的那部分太阳辐射所经过的光学路径就会变长,从而引起气体的额外吸收。本节关于硝酸盐辐射强迫对地表反照率和太阳天顶角的敏感性试验结果与 Dorland 等(1997)、Haywood 等(1997)和 Liao 等(1998)中硫酸盐对地表反照率和太阳天顶角的敏感性试验结果一致。

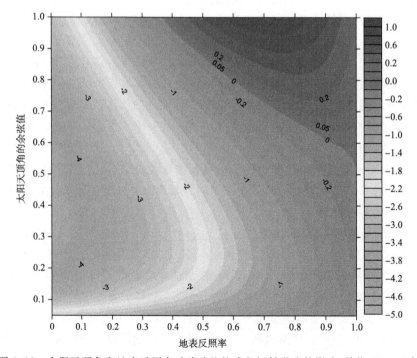

图 3.12　太阳天顶角和地表反照率对硝酸盐的晴空辐射强迫的影响(单位:$W \cdot m^{-2}$)

选取 1 月份柱浓度为 20.47 mg·m^{-2} 的点(127.77°E,31.27°N),地表反照率 0.5 为例,本节还研究了气溶胶与液态水云的相对位置对硝酸盐辐射强迫的影响。气溶胶与云的相对位置对辐射强迫具有一定的影响(Haywood et $al.$,1997;Liao et $al.$,1998)。为了便于分析气溶胶与云的相对位置对辐射强迫的影响,参考 Haywood 等(1997)的处理方法,作了如下两个假设:①云层位于距地面 1～2 km;②保持硝酸盐的柱浓度不变,将原本分布在地面上空约 4 km 内的气溶胶压缩在 1km 的层内,即在该层硝酸盐的浓度为 20.47 μg·m^{-3},分别位于 0～1 km(云下)、1～2 km(云中)、3～4 km(云上)。值得一提的是,这里讨论的云对气溶胶辐射强迫的影响,仅仅是指对其直接辐射强迫的影响,也就是说不考虑硝酸盐对云微物理特性的改变及对云形成的影响。

图 3.13 给出了气溶胶与云处于不同相对位置时,硝酸盐辐射强迫随太阳天顶角和云光学厚度(可见光处)的变化。从图 3.13a 可以看出,在晴空条件下,气溶胶层越高,其辐射强迫越强。这是因为气溶胶所处的高度越高,接触到的入射太阳辐射越大,所产生的辐射强迫自然也就越大。随着太阳天顶角的增加,其强迫值呈现出先增大后减小的趋势。当太阳天顶角小于 70°时,虽然随着太阳天顶角的增大,入射到气溶胶层的太阳辐射逐渐减小,但是太阳辐射穿过气溶胶层的距离也增大了,后向散射也随之增强,所以硝酸盐的强迫值反而有所增加。当太阳天顶角等于 70°时,硝酸盐的强迫值达到最大。当其大于 70°时,由于入射到气溶胶层的太阳辐射变得很小,所以强迫值又逐渐减小了。从图 3.13b 可以看出,当云光学厚度等于 10 时,无论气溶胶位于云上、云中、云下,其辐射强迫相对晴空条件下都有很大的减小。当气溶胶层位于云层下面时,削弱最强;位于云层上面时,削弱程度最小。这种特征同样也表现在云光学厚度等于 30 的情况下,只是表现得更加明显。随着太阳天顶角的增加,云中气溶胶和云下气溶胶的辐射强迫趋于相等,云上气溶胶的辐射强迫与它们相比越来越大。从图 3.13d 可以看出,当云光学厚度等于 50 时,与图(b)、(c)相比,除了云对强迫值的削弱更强以外,最明显的区别是:随着太阳天顶角的增加,云上气溶胶的辐射强迫呈先减小后增大的趋势。当云光学厚度为 120 时,云中和云下气溶胶的辐射强迫随太阳天顶角的变化特征与前面图(b)、(c)、(d)类似。但云上气溶胶的强迫值随太阳天顶角的增大也逐渐增加。这里可以这样理解:当气溶胶位于很厚的云层之上时,也相当于这层气溶胶在一个具有高地表反照率的表面之上。因此,它的辐射强迫随太阳天顶角的变化就和图 3.12 中高地表反照率(0.9～1.0)的情况类似。

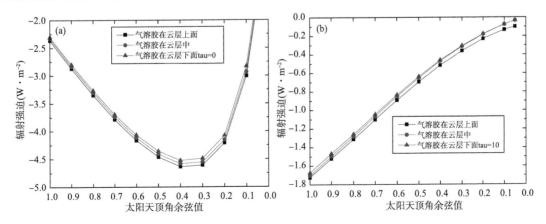

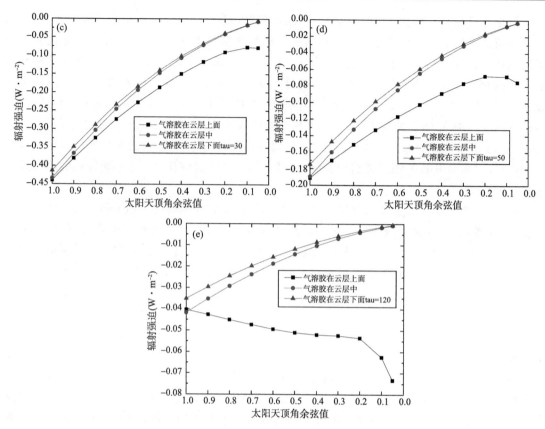

图 3.13　气溶胶与云处于不同的相对位置时，硝酸盐辐射强迫随太阳天顶角和
云光学厚度（即图中的 tau 值）的变化

　　气溶胶粒子的混合状态也会影响气溶胶的辐射强迫。在实际大气中，气溶胶粒子之间会发生内部混合情况。内部混合（以下简称内混合）的粒子相比起外混合的粒子，往往具有更复杂的几何结构（如图 3.14）。在早期的内混合气溶胶研究中，通常采用均匀混合模型来描述内混合粒子，但是近年来大量的观测资料都表明，黑碳作为核心被其他散射性气溶胶成分包裹的情况更加符合实际情况。粒子结构的变化将对气溶胶光学性质造成明显的影响。

　　为了讨论体积混合比对气溶胶光学性质的影响，本节中分析了 BCC_RAD 辐射传输模式的三个典型波段内（分别为短波 $0.303\sim0.327~\mu m$、可见光 $0.454\sim0.833~\mu m$ 和长波 $3.73\sim4.74~\mu m$）黑碳和硫酸盐气溶胶以四种不同混合方法混合时的质量消光系数（Q_e）、质量散射系数（Q_s）、质量吸收系数（Q_a）、单次散射比（ω）和非对称因子（g）。以下讨论中所涉及的体积混合比（VR）如没有特别说明则均指代亲水成分（硫酸盐）的体积分数。此处将相对湿度（RH）设置为 0，将粒子中黑碳部分的等效半径设置为 $0.12~\mu m$。由于粒子不发生潮解且黑碳部分体积不变，那么 VR 影响粒子的光学性质的途径主要有两种：第一，改变外混合粒子中各部分光学性质的权重、core-shell 粒子的尺度参数或 Maxwell 和 Bruggeman 粒子的等效复折射指数；第二，改变粒子的半径。

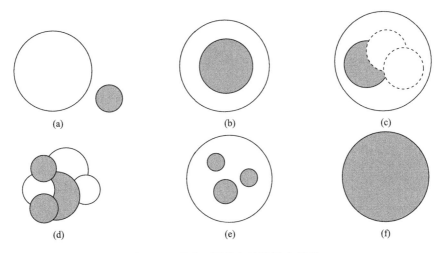

图 3.14　几种不同的气溶胶混合模型

(a)外混合模型；(b)core-shell 模型；(c)Maxwell-Garnett 模型；(d)Bruggeman 模型；(e)多核心模型；(f)均匀混合模型

图 3.15 显示了黑碳-硫酸盐粒子在短波、可见光和长波波段内的光学性质随 VR 的变化。在三个波段内，不同混合状态下的粒子光学性质具有一些共同的特征。第一，由于黑碳的吸收作用远高于硫酸盐，因此硫酸盐外壳的增长会显著增强粒子的 ω；第二，随着 VR 的增大，内混合粒子的 Q_a 呈现出近似负线性的减弱，外混合粒子的 Q_a 则以凹函数形式快速下降；第三，随着 VR 的增大，四种混合粒子的 Q_e 都明显下降，但是当 VR 较大时(在短波波段为大于 50％，在可见光波段则为大于 70％)，外混合粒子的 Q_e 出现了较为明显的回升，这主要是由于 Q_s 的快速增大所致。在短波波段，内混合和外混合方法对于 g 的影响差异很大。当 VR 分别小于 50％和 80％时，core-shell 粒子和 Maxwell/Bruggeman 粒子的 g 随着 VR 增加而升高，此后则随着 VR 增加而下降；外混合粒子的 g 随着 VR 的变化规律则与 core-shell 粒子大致相反。在可见光波段内，内混合粒子的 g 随着 VR 增大而平稳地升高，外混合粒子的 g 则先出现微弱的下降随后快速上升。在长波波段内，当 VR 小于 50％时，所有粒子的 g 都不发生明显的变化，而当 VR 大于 50％时，g 都快速升高。

每一种混合方法都对粒子的光学性质具有独特的影响，但是 Maxwell 粒子和 Bruggeman 粒子之间的差异则非常小。这可能是由于 Maxwell 和 Bruggeman 模型对于粒子的处理方法相似，两者都是计算出等效介质的复折射指数后按照均匀混合的单一粒子来计算光学性质。Maxwell/Bruggeman 模型和 core-shell 模型在短波波段内的差异最大，前者 Q_a 明显地高于后者，除此之外两者光学性质在大部分情况下都是相似的。相比于内混合模型之间的光学性质差异，外混合与内混合粒子之间的光学性质差异则要高得多。相比于内混合模型，外混合模型在三个波段内都显著地低估了粒子的 Q_a，低估幅度高达 60％。在短波和可见光波段内，外混合模型还明显地高估了粒子的 ω。当 VR 高于 60％～70％时，外混合模型对于 ω 的高估达 20％，这使得外混合粒子对这两个波段内的能量散射率高达 90％以上。然而，外混合模型在长波波段内却略微低估了粒子的 ω。VR 对 Q_s 的影响比较复杂。在短波波段内，Maxwell/Bruggeman 粒子的 Q_s 随着 VR 的增长缓慢下降，而当 VR 大于 80％时，Q_s 的减小幅度快速加剧。对于 core-shell 粒子，当 VR 小于 60％时 Q_s 下降明显，而当 VR 大于 60％时则快速上升。对于外混合粒子，当 VR 小于 40％时 Q_s 快速下降，而当 VR 大于 40％则快速上升。在可见光和长波波段内，当 VR 小于 60％～70％时，

三种内混合粒子的 Q_s 都缓慢下降或者几乎不变,在之后的区间内则随着 VR 增大而快速上升。对于外混合粒子,当 VR 小于 60% 时,Q_s 快速下降,而当 VR 大于 60% 时则快速上升。在三个波段内,Maxwell/Bruggeman 粒子的 g 都较大,而外混合粒子较小,core-shell 粒子则处于中间。

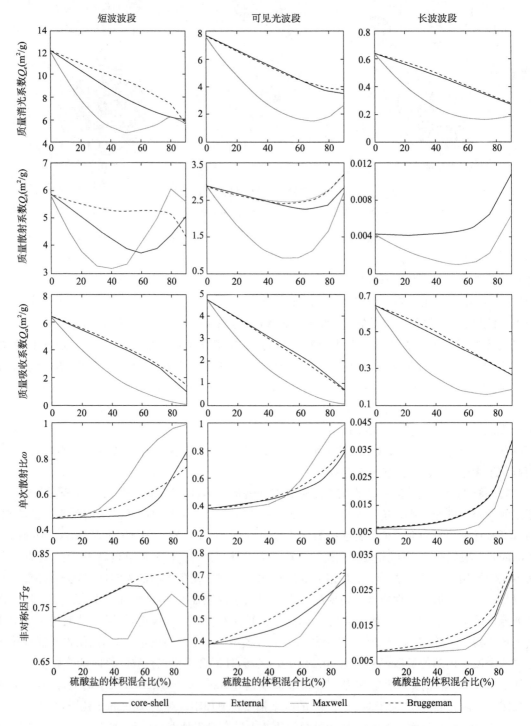

图 3.15　三个波段内,VR 对于黑碳-硫酸盐粒子光学性质的影响

(自左至右各列分别代表短波、可见光和长波;自上而下各行分别代表 Q_e、Q_s、Q_a、ω 和 g)

　　根据 core-shell 模型,本节计算了 VR 对于散射相函数分布的影响(图 3.16)。由于气溶胶粒子在长波波段的散射效率很低,因此没有给出长波波段相函数随空间角的分布。在短波波段内,绝大部分散射能量都集中在空间角 30°以内,只有当 VR 处于 70%~90%,散射能量才会散布到空间角 40°以内。在可见光波段内,当 VR 小于 40% 时,绝大部分散射能量都集中在空间角 50°以内;随着 VR 上升到 90%,散射能量的分布则快速收拢至空间角 30°以内。这主要是因为 VR 的上升能快速增大粒子半径,导致前向散射增大。

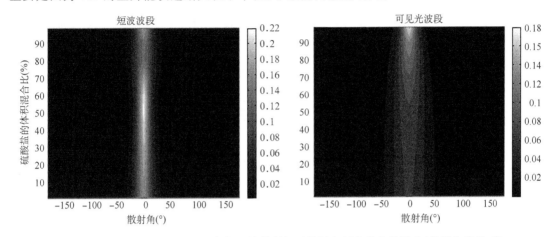

图 3.16　VR 对于 core-shell 混合粒子的散射相函数随空间角分布的影响(计算步长为 6°)

　　为了分析 RH 变化对粒子光学性质的影响,本节计算了 RH 为 0.2、0.5、0.7、0.9、0.95 和 0.99 时四种混合模型的光学性质。在以下的讨论中,VR 被设置为 50%,混合粒子中黑碳部分的等效半径被设置为 0.12 μm。通过潮解作用,RH 主要在三方面对粒子的光学性质造成显著的影响。第一,亲水性成分混入水汽后复折射指数发生变化。第二,改变粒子各部分的体积权重或者粒子的尺度参数。第三,改变粒子的体积和质量,特别是 RH 较高时。

　　图 3.17 显示了黑碳-硫酸盐粒子在短波、可见光和长波波段内的光学性质随 RH 的变化。当 RH 大于 0.9 时,硫酸盐吸收了大量的水汽,其质量和体积发生了大幅增长,而且复折射指数也更加趋近于水。因此,在 RH 大于 0.9 的区间内,粒子的光学性质往往发生很大的改变。RH 大于 0.9 时硫酸盐潮解对光学性质的影响在短波波段内最明显,因为粒径的大幅增长明显增大了 Mie 散射方程中的尺度参数。

　　在三个波段内,每种混合粒子的 Q_a 和 Q_s 随着 RH 的增长分别出现了明显的下降和上升,变化幅度也随着 RH 上升而增大。但是在 RH 大于 0.9 时,由于粒径的快速增长,混合粒子在短波波段内的 Q_s 出现了大幅下降。在短波波段内,内混合粒子 Q_e 在 RH 小于 0.9 时变化都不大;当 RH 大于 0.9 时,Maxwell/Bruggeman 和 core-shell 粒子的 Q_e 分别下降了约 55% 和 40%。对于外混合粒子而言,当 RH 小于 0.9 时 Q_e 随着 RH 平稳上升,随后也大幅下降了约 45%。在可见光波段内,由于内混合粒子的 Q_a 明显的大于外混合粒子,因此 Q_e 也比外混合粒子高约 1.5 倍。相对湿度对内混合粒子 Q_e 的影响不大,但是当 RH 大于 0.9 时,外混合粒子的 Q_e 出现了明显的增大。在长波波段内,每种混合粒子的 Q_e 都随着 RH 增长而下降,外混合粒子 Q_e 的下降较为平稳,而内混合粒子 Q_e 的下降幅度则逐渐增大。尽管潮解作用会降低硫酸盐复折射指数的实部,但同时也会明显增加硫酸盐的体积。因此,在三个波段内,ω 都随着 RH 的增长快速上升。在可见光和短波波段内,外混合粒子的 ω 上升较为平稳,

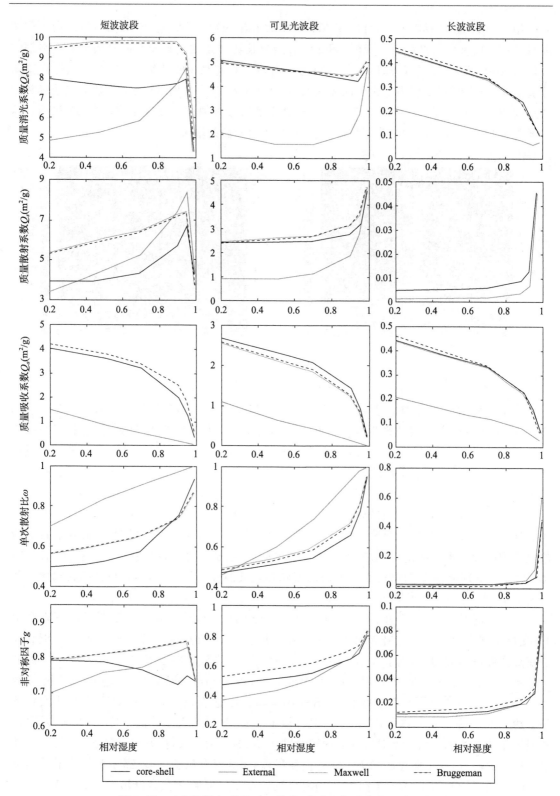

图 3.17　三个波段内, RH 对于黑碳-硫酸盐粒子光学性质的影响

（自左至右各列分别代表短波、可见光和长波；自上而下各行分别代表 Q_e、Q_s、Q_a、ω 和 g）

内混合粒子 ω 的上升幅度则随着 RH 升高逐渐增大。在长波波段内,只有当 RH 大于 0.9 时 ω 才会出现明显的增长。这是由于干燥状态下粒子的半径远小于波长,硫酸盐在 RH 较高时体积快速增长,从而增大了 Mie 散射的效率。g 受相对湿度变化的影响是所有光学性质中最小的。在短波波段内,Maxwell/Bruggeman 和外混合粒子的 g 在 RH 小于 0.95 时缓慢增长,随后快速下降;core-shell 粒子的 g 则主要呈现出缓慢下降的趋势。在长波波段内,RH 小于 0.95 时混合粒子的 g 仅出现很小的增长,而当 RH 大于 0.95 时快速上升。

　　不同混合方法间光学性质的差异也很明显。与 core-shell 模型相比,Maxwell/Bruggeman 模型高估了 Q_a 约 10%。外混合模型则低估了 Q_a 高达 70%,因此也明显地低估了 Q_e。外混合模型在可见光和长波波段内也低估了 Q_s,但是在短波波段内则略微高估了 Q_s。由于外混合模型对 Q_a 的显著低估,其在短波和可见光波段内明显地高估了 ω,使得外混合粒子在 RH 大于 0.9 时能够散射超过 90% 的辐射能量。内混合模型间光学性质的差异主要出现在短波波段内,Maxwell/Bruggeman 模型与 core-shell 模型相比,对 Q_e 和 Q_s 低估了 20%～35%。

　　根据 core-shell 模型,本节也计算了 RH 对散射相函数分布的影响(图 3.18)。在短波和可见光波段内,RH 的变化对散射相函数分布的影响均不明显。

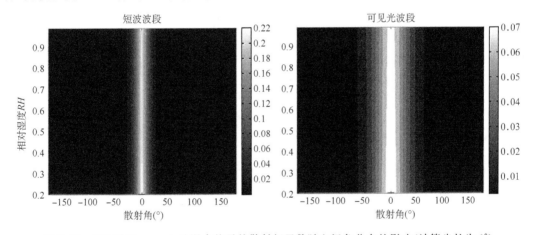

图 3.18　RH 对于 core-shell 混合粒子的散射相函数随空间角分布的影响(计算步长为 $6°$)

　　内混合也会对气溶胶的亲水性质造成影响。本节以下部分中采用了 core-shell 模型和体积权重平均的方法分别计算了内混合粒子的光学性质和亲水系数,并采用 BCC_AGCM2.0_ CUACE/Aero 模拟了部分内混合状态下黑碳、硫酸盐和有机碳气溶胶(以下简称人为气溶胶)自工业革命以来造成的直接辐射强迫。计算中,分别考虑了黑碳-硫酸盐和黑碳-有机碳两种混合气溶胶。黑碳与硫酸盐或有机碳的混合概率以及体积混合比均根据当前格点内气溶胶的体积浓度计算。参与内混合的每个黑碳粒子都成为一个独立的内混合粒子,每个内混合粒子,无论粒径大小,黑碳的体积混合比均相同。自工业革命以来,人为气溶胶在外混合和部分内混合(30% 混合概率)情况下的直接辐射强迫分别为 $-0.49\ \mathrm{W \cdot m^{-2}}$ 和 $-0.23\ \mathrm{W \cdot m^{-2}}$。相比起外混合,部分内混合情况下人为气溶胶造成的辐射强迫在全球范围内都出现了正向偏移(图 3.19)。

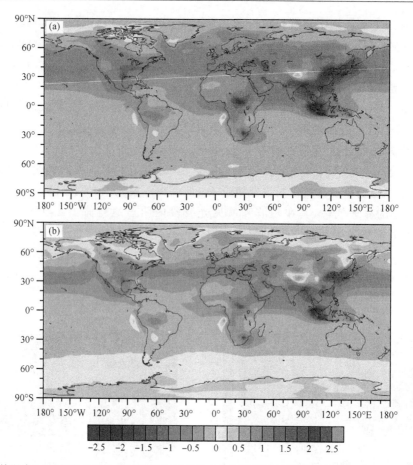

图 3.19　在外混合(a)和部分内混合(b)情况下,年平均人为气溶胶直接辐射强迫的全球分布(单位:W·m^{-2})

3.3　气溶胶的间接辐射强迫

气溶胶的间接效应,即气溶胶与云的相互作用,主要是气溶胶通过影响云滴数浓度、云滴有效半径和云降水效率,从而影响云光学和辐射性质。气溶胶的间接效应分为两类:第一类间接效应指的是气溶胶浓度的增加,能增加云滴数浓度,减小云滴有效半径,增加云的反照率;第二类间接效应指的是气溶胶的增加能减弱云降水效率,增加云的生命期。早期,利用观测得到的经验关系,在 BCC_AGCM2.0 中建立了气溶胶-云相互作用过程的参数化,计算了气溶胶的间接辐射强迫(这里的辐射强迫为有、无气溶胶时净辐射通量的差值)。气溶胶浓度与云滴数浓度之间的参数化方案采用 Menon 等(2002)给出的诊断关系式:

$$N_d = \begin{cases} 10^{2.41+0.50\log(C_s)+0.13\log(C_c)} & ,陆地 \\ 10^{2.41+0.50\log(C_s)+0.13\log(C_c)+0.05\log(C_{ss})} & ,海洋 \end{cases} \qquad (3.5)$$

式中,N_d为云滴数浓度(单位:cm^{-3});C_s、C_c 和 C_{ss}分别代表了硫酸盐、有机碳和海盐的浓度(单位:μg·m^{-3})。然后,采用了 Martin 等(1994)关于云滴有效半径与云滴数浓度之间关系的计算公式:

$$R_e = k\left(\frac{3\rho l}{4\pi\rho_w N_d}\right)^{\frac{1}{3}} \qquad (3.6)$$

式中，R_e 为云滴有效半径（单位：$\mu\mathrm{m}$）；k 为常数，等于 1.1；ρ 为空气密度（单位：$\mathrm{kg \cdot m^{-3}}$）；ρ_w 为水的密度（单位：$\mathrm{kg \cdot m^{-3}}$）；l 为云中液态水含量（单位：$\mathrm{kg \cdot kg^{-1}}$）。

气溶胶第二类间接效应表现为对云降水效率的影响，采用了 Khairoutdinov 等（2000）关于云降水效率的参数化方案：

$$P = 1350 \times l^{2.47} N_d^{-1.79} \tag{3.7}$$

式中，P 为云水到降水的自转化率（单位：$\mathrm{kg \cdot kg^{-1} \cdot s^{-1}}$）。最终，云滴有效半径和云水含量的变化，都将改变云的光学厚度，从而影响云辐射过程，这个变化可由以下公式表述（Slingo，1989）：

$$\tau = \mathrm{LWP}\left(a + \frac{b}{R_e}\right) \tag{3.8}$$

式中，τ 是云光学厚度；LWP 是云液态水路径；a 和 b 分别是系数因子，它们均是波长的函数。

图 3.20 为 BCC_AGCM2.0_CUACE/Aero 模拟的气溶胶大气顶第一类间接辐射强迫。从图 3.20a 中可以看出，在海洋上空气溶胶第一类间接辐射强迫的绝对值明显高于陆地上空，和气溶胶浓度的分布相反。从分布上看，主要有四个大的负强迫中心：北太平洋、北大西洋、美洲西海岸和非洲西海岸，最大值达到了 $-10\ \mathrm{W \cdot m^{-2}}$，这主要是因为气溶胶的长距离传输明显

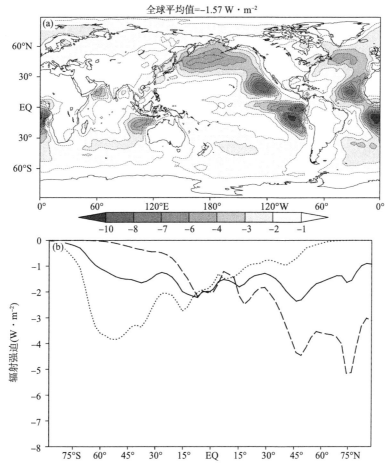

图 3.20　气溶胶大气顶第一类间接辐射强迫的全球年平均分布（a）以及年平均和
季节平均的纬向平均分布（b，单位：$\mathrm{W \cdot m^{-2}}$）

（图 b 中实线代表年平均值，虚线代表夏季平均值，点线代表冬季平均值）

增加了近气溶胶源区的云滴数浓度,且海洋上层云容易形成,易受气溶胶的影响。由于 DMS 氧化生成的硫酸盐气溶胶和海盐气溶胶的影响,在 $30°\sim60°S$ 也存在一个辐射强迫值小于 $-1\ W\cdot m^{-2}$ 的强迫带。

　　图 3.20b 给出了第一类间接辐射强迫年平均和季节平均的纬向平均分布。年平均气溶胶第一类间接辐射强迫的最大值出现在 $45°\sim50°N$。夏季,在北半球中高纬度气溶胶的间接辐射强迫比较大,最大值高达 $-5\ W\cdot m^{-2}$,主要因为该季节这些区域人为气溶胶的排放量比较高。但是,在冬季,间接辐射强的最大值出现在 $50°S$ 左右的海洋上空,最大强迫接近 $-4\ W\cdot m^{-2}$,这是由于海洋上存在大量的海盐气溶胶、DMS 氧化生成的硫酸盐气溶胶、丰富的云量和云水含量,使得气溶胶和云之间存在更明显的相互作用,这也表明自然源气溶胶的间接效应对气候的影响也是不容忽视的。

　　图 3.21 为气溶胶第二类间接效应造成的大气顶净短波辐射通量变化。气溶胶第二类间接效应造成大气顶净短波辐射通量的变化既有正值区,也有负值区,但以负的变化为主,其中北印度洋、西太平洋、南美洲和南北半球 $30°\sim60°$ 的上空存在明显的负辐射通量的变化。在东

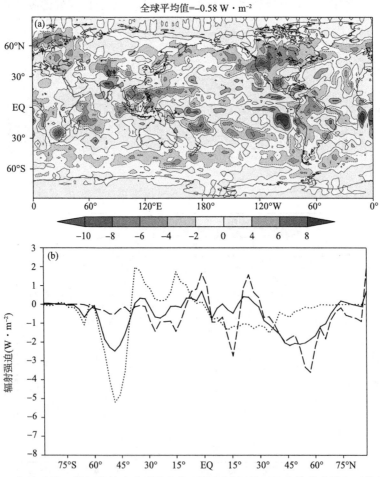

图 3.21　气溶胶第二类间接效应造成的大气顶净短波辐射通量变化的全球年平均分布(a)
以及年平均和季节平均的纬向平均分布(b,单位:$W\cdot m^{-2}$)

(图 b 中实线代表年平均值,虚线代表夏季平均值,点线代表冬季平均值)

太平洋和东大西洋存在两个正辐射通量变化的中心,这可能是因为第二类间接效应造成气候变化反馈后,这些区域总云量有所减少(图 3.21a)。

图 3.21b 给出了第二类间接效应造成的年平均和季节平均的净短波辐射通量变化的纬向平均分布。年平均的分布表明第二类间接效应对南北半球中纬度区域辐射通量的影响比较明显,最大辐射通量的减少达到$-3 \mathrm{~W \cdot m^{-2}}$。同样,第二类间接效应造成的辐射通量的变化也具有明显的季节变化。夏季,第二类间接效应造成的辐射通量变化的最大值发生在北半球热带和中纬度地区,而冬季大的辐射通量的变化出现在南半球中纬度地区,最大值超过了$-5 \mathrm{~W \cdot m^{-2}}$。

云滴数浓度和气溶胶数浓度或质量浓度之间简单的经验关系基于有限的观测资料,具有明显的局限性,且忽略了很多真实的微物理过程的影响,如次网格垂直速度、粒子谱、过饱和度、气溶胶活化等,从而给气溶胶间接效应的研究带来了很多的不确定性。近些年,一些科学家开始从物理的角度出发,建立比较完善的双参数云微物理方案,即将云水和云冰的质量浓度和数浓度均作为预报变量,并将其应用于气候模式中。与单参数的方案相比,双参数方案使得云滴有效半径的计算更精确,也能够更为真实地描述气溶胶与云的相互作用过程,这是全球气候模式提高描述气溶胶-云微物理过程精度的一个必要方面。因此,我们将一套包含了以物理为基础的气溶胶活化过程的双参数云微物理参数化方案[Morrison 等(2008)的双参数云微物理方案]应用到 BCC_AGCM2.0_CUACE/Aero 中,改进了模式对云、降水、气溶胶-云相互作用等过程的模拟精度,并在该模式的基础上定量计算了自工业化以来人为气溶胶的间接辐射强迫。

图 3.22 为包含了双参数云微物理方案的 BCC_AGCM2.0_CUACE/Aero 模拟的工业化后的 150 年(1850—2000 年)人为气溶胶的间接辐射强迫的全球分布。从图中可以看到,不同区域之间人为气溶胶的间接强迫具有很大的差异,从区域冷却超过$-15 \mathrm{~W \cdot m^{-2}}$到区域增暖超过$5 \mathrm{~W \cdot m^{-2}}$。人为气溶胶短波间接辐射强迫的空间变化与云水路径和云滴数浓度的变化基本一致。最强冷却出现在南亚、北美和欧亚大陆及其下风区域。在热带和南半球中高纬度洋面上的一些区域产生了一定程度的短波增暖。气候系统的快速调整导致了云和长波辐射的变化。在一些强的短波冷却区域产生了大的长波增暖,从而弥补了部分短波冷却。人为气溶胶净的间接强迫产生的最大冷却区域出现在东亚、北美和欧洲。

黑碳气溶胶本身不具有吸湿性,但是在大气中大部分黑碳会逐渐老化,从而变得具有吸湿性,因此能够核化进入云滴内部。此外,云中部分黑碳颗粒也会被云滴碰撞和挤压进入云滴内部。在云区,黑碳气溶胶与云滴内部混合能减小云滴的单次散射比,减少被云反射的太阳辐射能量,从而增强云滴对太阳辐射的吸收。当黑碳和云滴混合时,假定黑碳颗粒嵌入到云滴中的任意位置,混合后的云滴复折射指数可以通过 Maxwell Garnett 混合法则计算得到(Chylek et al.,1996):

$$m^2 = m_w^2 \frac{m_{BC}^2 + 2m_w^2 + 2\eta(m_{BC}^2 - m_w^2)}{m_{BC}^2 + 2m_w^2 - \eta(m_{BC}^2 - m_w^2)} \tag{3.9}$$

式中,$m = n + ik$ 是混合颗粒的复折射指数,m_w 和 m_{BC} 分别是水滴和黑碳的复折射指数,η 是云滴内黑碳的体积分数。这种方法计算的混合云滴的复折射指数与实际观测值更为接近。然后,根据 Mie 理论,结合混合云滴的复折射指数和云滴粒径谱,能够获取包含了黑碳气溶胶的云滴的光学性质,包括消光系数、吸收系数、单次散射比和非对称因子。

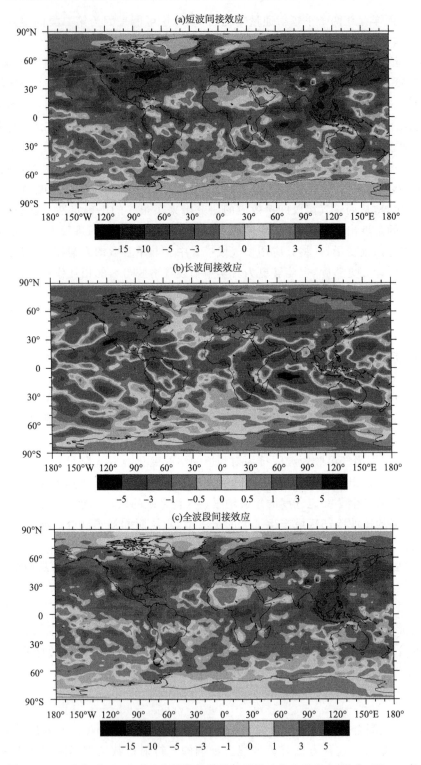

图 3.22　工业化后 150 年人为气溶胶的间接辐射强迫的全球分布（单位：W · m^{-2}）

(a)短波,(b)长波,(c)全波段

　　黑碳与云滴混合主要是影响云滴复折射指数的虚部,而对其实部几乎没有影响。图 3.23 给出了在不同 η 值下云滴复折射指数虚部随波长的变化。从图中可以看出,云滴虚部的变化主要集中在太阳光波段,特别是波长小于 1 μm 的波段。随着 η 值增大,云滴的虚部明显增大,这说明黑碳与云滴混合能明显地增强云滴对太阳光的吸收。

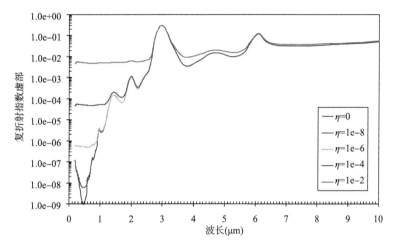

图 3.23　不同 η 值下污染云滴复折射指数虚部随波长的变化(见彩图)

　　将上述方法应用到 BCC_AGCM2.0_CUACE/Aero 模式中,该节给出了黑碳与云滴混合造成的辐射强迫(图 3.24)。模拟的黑碳和云滴混合造成大气顶全球年平均辐射强迫约为 0.086 W・m^{-2}。黑碳和云滴内部混合造成的全球平均强迫虽然较小,但是其区域强迫非常明显,甚至与黑碳气溶胶的直接辐射强迫相当。由于高的气溶胶载入和高的云量覆盖,在东亚、南亚、南美北部、非洲中部、西欧和北美东部等区域,正辐射强迫大多超过了 0.2 W・m^{-2},特别是非洲和南美,最大强迫达到 1.5 W・m^{-2}(图 3.24a)。黑碳与云滴混合对太阳辐射吸收的增强,必然导致到达地表的太阳辐射减少,从而在地表产生负的辐射强迫。地表辐射强迫的分布与大气顶基本一致,但绝对值略偏小(图 3.24b)。

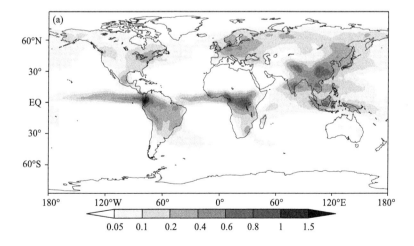

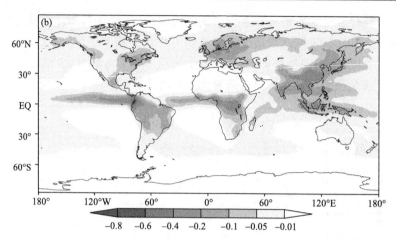

图 3.24　黑碳与云滴混合造成的年平均辐射强迫的全球分布(单位:W·m⁻²)
(a)大气顶,(b)地表

3.4　人为气溶胶的有效辐射强迫

3.1 节已经提到,气候系统不同部分对强迫的响应时间差别很大,大气和陆地的快速调整过程要快于海温的变化,而海温的变化在很大程度上决定了全球平均地表温度的变化。因此,从预测长期气候变化,尤其是全球平均地表温度变化的角度出发,有必要将这些快速调整与气候反馈区分开,而纳入强迫的范畴。因此,IPCC AR5 提出了有效辐射强迫(ERF)的概念。气溶胶的有效辐射强迫又可分为气溶胶-辐射相互作用的有效辐射强迫(ERF$_{ari}$)和气溶胶-云相互作用的有效辐射强迫(ERF$_{aci}$)。

3.1 节中也介绍了计算有效辐射强迫的两种方法:固定海温法和回归法。两种方法各自的优势和劣势在 IPCC AR5 中有比较详细的讨论。总体而言,利用固定海温法计算有效辐射强迫时,不同模式结果的稳定性更高一些,本节计算人为气溶胶的有效辐射强迫时也采用第一种方法。

所采用的气溶胶排放数据来自 IPCC AR5,包括 1850 年三种人为气溶胶[硫酸盐(SF)、黑碳(BC)和有机碳(OC)]及它们的前体物的排放率,以及 RCP4.5 排放路径下 2010 年的人为气溶胶排放率。1850—2010 年,全球 SO$_2$ 的排放强度增加了约 110.16 Tg·a⁻¹,在工业化程度较高的地区(主要分布在北半球的中纬度,如东亚、欧洲和北美),SO$_2$ 的排放增加尤为明显(图3.25a)。1850—2010 年,BC 与 OC 的排放强度分别增加了约 5.07、14.60 Tg·a⁻¹。在东亚地区,碳类气溶胶的排放增加相对明显,而在北美地区,碳类气溶胶的排放率却有所减少(图3.25c),体现了当前不同工业化地区发展程度和能源结构的差异。在 1850 年和 2010 年人为气溶胶排放条件下,利用 BCC_AGCM2.0_CUACE/Aero 计算了人为气溶胶的有效辐射强迫。

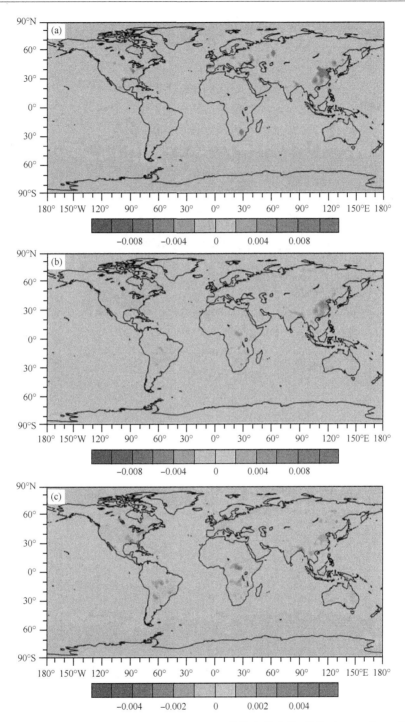

图 3.25　1850—2010 年 SF(a)、BC(b)、OC(c)排放率的变化(单位:kg·m⁻²·a⁻¹)

　　图 3.26 给出了模拟的 1850—2010 年 SF,BC 和 OC 在 550 nm 波长处的光学厚度(AOD)变化。1850—2010 年 SF、BC 和 OC 的全球年平均柱含量分别增加了约 2.62、0.098、0.44 mg·m⁻²,AOD 分别增加了约 0.035、0.00065 和 0.0062。早在 1850 年,工业化在欧洲和北美已经起步,但 SF 最大的来源依然是海洋,尤其是中纬度海洋排放的二甲基硫(DMS)。近一个半世纪以

来的工业发展造成了北半球中、高纬地区,尤其是东亚地区 SF 的明显增加(图 3.26a)。1850—2010 年碳类气溶胶的 AOD 在东亚、东南亚和中部非洲地区增加明显,但在美洲东部、西欧、南美洲南部以及澳大利亚却略有下降(图 3.26b 和 c),体现了不同工业化地区在控制碳类气溶胶排放水平上的差异。图 3.26 还反映出马来半岛与苏门答腊岛上 AOD 的增加非常明显。该地区处于太平洋暖池附近,且处在东亚夏季风向北推进的路径上,AOD 的显著增加有可能对东亚夏季风产生影响。

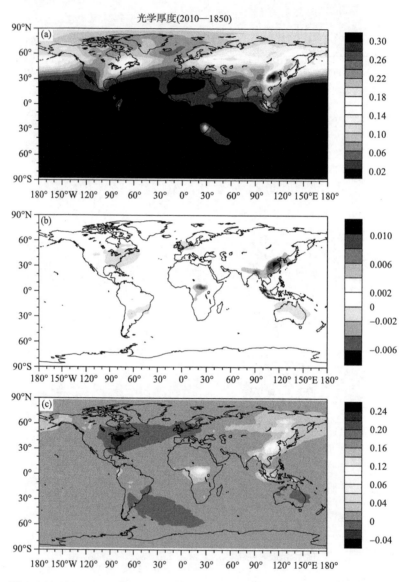

图 3.26　1850—2010 年 SF(a)、BC(b)、OC(c)在 550 nm 波长的光学厚度变化

　　图 3.27 给出了 1850—2010 年总人为气溶胶的 ERF 和 RF。从全球年平均来看,总人为气溶胶的 ERF 为 -2.49 W·m^{-2}。如果 2010 年人为气溶胶的排放取 RCP8.5 排放路径(2010 年,RCP8.5 路径下的人为气溶胶 SF、BC 和 OC 的总排放强度在 IPCC AR5 给的 4 种排放路径中是最小的),那么总人为气溶胶的 ERF 为 -2.44 W·m^{-2},略小于 RCP4.5 排放路

径下的结果。从图 3.27a 可以看出,总人为气溶胶的 ERF 主要分布在北半球的中纬度,以及低纬度的东南亚及其附近的海洋上,并且最大值出现在东南亚地区,可以超过 10 W·m^{-2}。有研究表明最近几十年,南亚和东南亚地区工业的急速发展使气溶胶的辐射强迫出现从北半球中纬度向低纬度移动的趋势。东南亚地区总人为气溶胶 ERF 较大的主要原因在于 1850—2010 年该地区人为气溶胶排放的增加(图 3.25)。从半球的尺度上看,总人为气溶胶的 ERF 主要分布在北半球,两半球之间辐射扰动的不对称性会引起一系列的气候响应。

另外,还可以通过在一次试验中调用两次辐射模块的方法计算出 1850—2010 年总人为气溶胶全球年平均的直接辐射强迫(RF),为 −0.34 W·m^{-2}(图 3.27b)。该结果与 IPCC AR5 给出的最优值(−0.35±0.5 W·m^{-2})接近。但是,该节的计算中没有考虑硝酸盐气溶胶的影响。对比图 3.26 与 3.27 可以发现,与 ERF 相比,总人为气溶胶 RF 的空间分布与光学厚度的空间分布更为一致。这是因为相比 RF,ERF 中包含了大气、云以及陆地的快速调整。

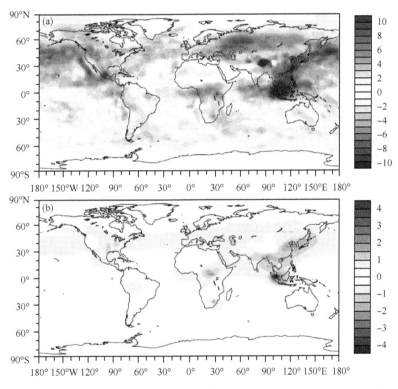

图 3.27　1850—2010 年总人为气溶胶的 ERF(a) 和 RF(b)(单位:W·m^{-2})

三种人为气溶胶 SF、BC 和 OA 各自的 ERF 均可用以下方法求出:将其中一种气溶胶的排放设定为 2010 年水平,而同时保持另外两种气溶胶的排放为 1850 年水平,所模拟的大气顶净辐射通量减去三种人为气溶胶排放均为 1850 年水平时所模拟的大气顶净辐射通量,得到的差异即为该种气溶胶的 ERF。由此得到 SF、BC 和 OA 的全球平均 ERF 分别为 −2.37、0.12、−0.31 W·m^{-2}。图 3.28 给出了 SF、BC 和 OA 的 ERF 的空间分布。与图 3.27a 对比可以发现,SF 的 ERF 与总人为气溶胶的 ERF 在空间分布上很相似,说明 SF 是总人为气溶胶 ERF 主要的贡献因素。这是因为在 1850—2010 年间,SF 柱含量和光学厚度的增加量在三种人为气溶胶中均是最大的,同时 SF 也是三种人为气溶胶中吸湿能力最好的,可以作为云凝结核影响云的性质从而放大自身对地-气系统辐射收支的影响。

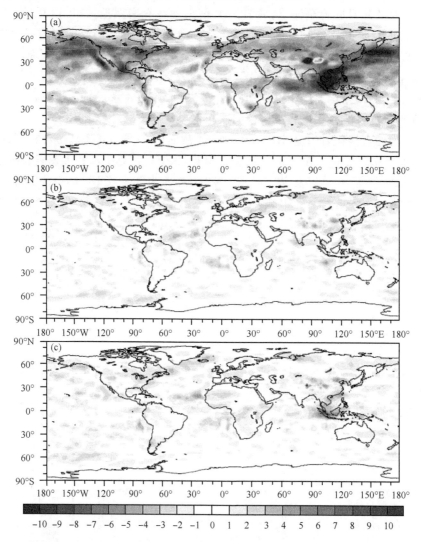

图 3.28　1850—2010 年 SF(a)，BC(b)和 OA(c)的 ERF(单位：W·m^{-2})。

　　实际操作中将气溶胶的 ERF$_{ari}$ 与 ERF$_{aci}$ 区分开是比较困难的。为了计算总人为气溶胶的 ERFari 和 ERFaci，这里采用了 IPCC AR5 中所用的直接辐射强迫与快速调整相加的方法。首先，利用与计算总人为气溶胶 RF 相同的方法计算 SF、BC 和 OA 各自的 RF，分别为 -0.33、0.076、-0.070 W·m^{-2}。Boucher 等(2013)认为大气中气溶胶辐射效应引起的快速调整主要来源于 BC 对大气的加热效应。对比 BC 的 ERF 和 RF，残差 0.044 W·m^{-2} 可视为大气的快速调整，且该结果落在了 Boucher 等(2013)所给的[$-0.3,0.1$] W·m^{-2} 范围之内。结合前面总人为气溶胶的 RF，可以得到总人为气溶胶的 ERFari，为 -0.30 W·m^{-2}，与 IPCC AR5 中的最优值 -0.45 ± 0.5 W·m^{-2} 相比略小，但仍在其不确定范围内。

　　总人为气溶胶的 ERFaci 为 ERF 与 ERFari 的残差，为 -2.19 W·m^{-2}。该值与 Ghan 等(2012)和 Wang 等(2014)模拟的总人为气溶胶的间接效应(AIE)相近，但远大于 IPCC AR5 中的最优值 -0.45[$-1.2,0$] W·m^{-2}。Hoose 等(2009)发现 AIE 对模式中云滴数浓度最小

值($CDNC_{min}$)的设定非常敏感,且 AIE 的绝对值随着 $CDNC_{min}$ 的增加而迅速减小。不同的模式对 $CDNC_{min}$ 有不同的设定,但是科学界对 $CONC_{min}$ 的物理意义以及应该如何设置尚不明确,也缺乏观测支持(Hoose et al.,2009)。BCC_AGCM2.0_CUACE/Aero 目前采用了默认值,即 $CDNC_{min}$ 设定为 0。ERF_{aci} 与 AIE 有一定的对应关系,二者均是由气溶胶-云相互作用引起,$CONC_{min}$ 设定的较低可能也是模式模拟的总人为气溶胶 ERF_{aci} 较 IPCC 最优值偏大的原因。另外,IPCC AR5 中提到考虑气溶胶与混合云和对流云的相互作用可以降低气溶胶 ERF_{aci} 的绝对值。BCC_AGCM2.0_CUACE/Aero 只考虑了气溶胶与层云的相互作用,这可能也是导致模拟的 ERF_{aci} 偏高的一个原因。需要指出的是,目前气溶胶与对流云的相互作用仍是一个国际研究的难题。

3.5　冰雪表面黑碳的辐射强迫

冰雪黑碳气溶胶对反照率的影响主要集中在波长 0.9 μm 以下。通过对位于阿拉斯加、加拿大、格陵兰岛、极地等全球多个站点的雪和冰样中黑碳气溶胶浓度的分析和计算表明,黑碳气溶胶沉降到冰雪表面能使北极雪和冰的反照率(针对波长 $\lambda < 0.77$ μm 的辐射)减小 2.5%,北半球陆地上雪盖区域反照率减小 5%,除南极以外的南半球冰雪覆盖区域反照率减小 1%(Hansen et al.,2004)。对中国西部及青藏高原多个站点观测的冰雪黑碳气溶胶对冰雪反照率的影响研究也显示,冰雪表面黑碳气溶胶造成站点哈希勒根(43.73°N,84.46°E)和庙儿沟(43.06°N,94.32°E)反照率减小 6%,拉弄(30.42°N,90.57°E)反照率减小 5%,墓士塔格(38.28°N,75.02°E)反照率减小 4%,平均反照率的减小接近 5%(Ming et al.,2009),与 Hansen 等(2004)的结果一致。

结合这些观测结果,利用大气环流模式 BCC_AGCM2.0 计算了冰雪表面黑碳气溶胶产生的辐射强迫。图 3.29 给出了冰雪表面黑碳气溶胶辐射强迫的年平均分布及其纬向平均值的季节变化。从图 3.29a 中可以看出,由于黑碳气溶胶沉降在冰雪的表面,降低了冰雪表面的反照率,增强了其对太阳辐射的吸收,因此在地表均产生正的辐射强迫。北半球最大地表辐射强迫位于青藏高原上(30°~40°N,80°~100°E),平均强迫值达到+2.8 $W \cdot m^{-2}$。其次,在格陵兰岛上最大辐射强迫也超过了+2.0 $W \cdot m^{-2}$。在北半球陆地上两个主要的积雪覆盖区——欧亚大陆和北美,地表辐射强迫基本在+0.2~+2.0 $W \cdot m^{-2}$。在北极,海冰表面黑碳气溶胶造成的地表辐射强迫平均约为+0.8 $W \cdot m^{-2}$。在南半球也有较小范围正辐射强迫的分布。模拟的全球冰雪表面黑碳气溶胶在地表造成的辐射强迫的年平均值约为+0.042 $W \cdot m^{-2}$。当同时考虑了大气中的黑碳气溶胶和冰雪表面黑碳气溶胶的影响时,欧亚大陆和北美地表正辐射强迫的范围相对仅考虑冰雪表面黑碳气溶胶时明显减小,但是对青藏高原和北极的辐射强迫分布影响极小(图 3.29c)。此时,青藏高原和北极区域地表年平均辐射强迫分别为+2.5 $W \cdot m^{-2}$ 和+0.7 $W \cdot m^{-2}$。

冰雪表面黑碳气溶胶辐射强迫的大小由冰雪表面黑碳气溶胶的浓度、地表太阳辐射通量和积雪覆盖范围共同决定。从图 3.29b 中可以看出,冰雪表面黑碳气溶胶的辐射强迫具有明显的季节变化。在北半球冬季 30°~50°N 正辐射强迫就明显产生,随着时间的变化,辐射强迫的大值区随着强太阳辐射通量和积雪覆盖丰富的区域逐渐向北移动。在北半球夏季,由于黑碳气溶胶排放量大和融雪对黑碳气溶胶的聚积作用,北半球高纬度地区辐射强迫达到最大值,大部分地区强迫值超过了 $+1.8~\mathrm{W\cdot m^{-2}}$。高纬度地区虽然气溶胶浓度较低,且太阳辐射通量下降,但是由于雪盖面积大,所以纬向平均辐射强迫值和范围仍旧比较大。北半球秋季黑碳气溶胶的排放虽然仍较高,但是由于该季节积雪尚未形成,因此辐射强迫较小。

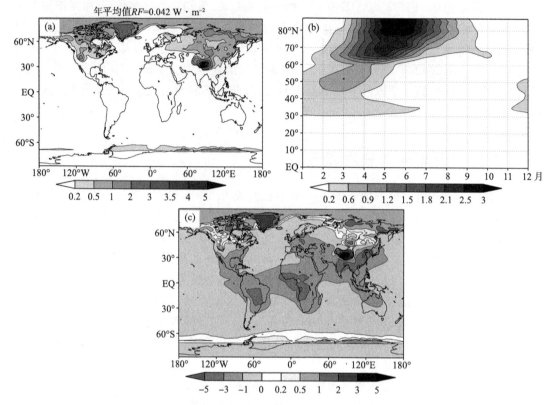

图 3.29　冰雪表面黑碳气溶胶地表辐射强迫的年平均分布(a)及其纬向平均值的季节变化(b),
冰雪和大气中总的黑碳气溶胶地表辐射强迫的年平均分布(c)(单位:$\mathrm{W\cdot m^{-2}}$)

参考文献

刘勇洪,权维俊,夏祥鳌,等,2008.基于 MODTRAN 模式与卫星资料的晴空净太阳辐射模拟[J].高原气象,27(6):1410-1415.

沈钟平,2009.中国地区硝酸盐气溶胶光学厚度和直接辐射强迫的模拟研究[D].北京:中国气象科学研究院.

石广玉,王标,张华,等,2008.大气气溶胶的辐射与气候效应[J].大气科学,32(4):826-840.

王志立,2011.典型种类气溶胶的辐射强迫及其气候效应的模拟研究[D].北京:中国气象科学研究院.

张华,马井会,郑有飞,2008.黑碳气溶胶辐射强迫全球分布的模拟研究[J].大气科学,32(5):1147-1158.

张华,马井会,郑有飞,2009.沙尘气溶胶辐射强迫全球分布的模拟研究[J].气象学报,67(4):510-521.

Ackerman A S,Toon O B,Stevens D E,et al.,2000. Reduction of tropical cloudiness by soot[J]. Science,288(5468):1042-1047.

Adams P J,Seinfeld J H,Koch D,et al.,2001. General circulation model assessment of direct radiative forcing by the sulfate-nitrate-ammonium-water inorganic aerosol system[J]. Journal of Geophysical Research:Atmospheres,106(D1):1097-1111.

Albrecht B,1989. Aerosols,cloud microphysics,and fractionalcloudiness[J]. *Science*,**245**(4923):1227-1230, doi:10. 1126/science. 245. 4923. 1227.

Bond T C,Doherty S J,Fahey D W,*et al*. ,2013. Bounding the role of black carbon in the climate system:A scientific assessment[J]. *Journal of Geophysical Research*:Atmospheres,**118**(11):5380-5552,doi:10. 1002/ jgrd. 50171.

Boucher O,Anderson T L,1995. General circulation model assessment of the sensitivity of direct climate forcing by anthropogenic sulfate[J]. *Journal of Geophysical Research*,**100**(D12):26117-26134.

Boucher O,Randall D,Artaxo P,*et al*. ,2013. Clouds and Aerosols,In:Climate Change 2013:The Physical Sciences Basis. Contribution of Working Group I to the Fourth Assessment Report of the Intergovernmental Panel on Climate Change. Stoaker T F,Qin D,Plattner G K,*et al*. ,(eds). Cambridge University Press, Cambridge,UK and New York,NY.

Chylek P,Dubey M K,Lesins G,*et al*. ,2014. Imprint of the Atlantic multi-decadal oscillation and Pacific decadal oscillation on southwestern US climate:past,present,and future[J]. *Climate dynamics*,**43**(1-2): 119-129.

Chylek P,Lesins G B,Videen G,*et al*. ,1996. Black carbon and absorption of solar radiation by clouds[J]. *Journal of Geophysical Research*:Atmospheres,**101**(D18):23365-23371,doi:10. 1029/96JD01901.

Dorland R,Dentener F J,Lelieveld J,1997. Radiative forcing due to tropospheric ozone and sulfate aerosols[J]. *Journal of Geophysical Research*:Atmospheres,**102**(D23):28079-28100.

Ghan S J,Liu X,Easter R C,*et al*. ,2012. Toward a minimal representation of aerosols in climate models:Comparative decomposition of aerosol direct,semidirect,and indirect radiative forcing[J]. *Journal of Climate*, **25**(19):6461-6476.

Gregory J M,Ingram W J,Palmer M A,*et al*. ,2004. A new method for diagnosing radiative forcing and climate sensitivity[J]. *Geophysical Research Letters*,**31**(3),doi:10. 1029/2003GL018747.

Hansen J,Nazarenko L,2004. Soot climate forcing via snow and ice albedos[J]. Proceedings of the National Academy of Sciences of the United States of America,**101**(2):423-428.

Hansen J,Sato M K I,Ruedy R,*et al*. ,2005. Efficacy of climate forcing[J]. *Journal of Geophysical Research*: Atmospheres,**110**(D18),doi:10. 1029/2005JD005776.

Haywood J M,Ramaswamy V,1998. Global sensitivity studies of the direct radiative forcing due to anthropogenic sulfate and black carbon aerosols[J]. *Journal of Geophysical Research*:Atmospheres,**103**(D6): 6043-6058.

Haywood J M,Roberts D L,Slingo A,*et al*. ,1997. General circulation model calculations of the direct radiative forcing by anthropogenic sulfate and fossil-fuel soot aerosol[J]. *Journal of Climate*,**10**(7):1562-1577.

Hoose C,Kristjánsson J E,Iversen T,*et al*. ,2009. Constraining cloud droplet number concentration in GCMs suppresses the aerosol indirect effect [J]. *Geophysical Research Letters*, **36** (12), doi: 10. 1029/2009GL038568.

Houghton J T,Jenkins G J,Ephraums J J,1990. IPCC. Climate Change:The Scientific Assessment[M]. Eds: Cambridge University Press.

IPCC,2007. The Fourth Assessment Report of the Intergovernmental Panel on Climate Change[M]. Cambridge University Press,Chapter 2,153-171.

IPCC,2013. The Fifth Assessment Report of the Intergovernmental Panel on Climate Change[M]. Cambridge University Press,Chapter 8,659-740.

Khairoutdinov M,Kogan Y,2000. A new cloud physics parameterization in a large-eddy simulation model of marine stratocumulus[J]. *Monthly weather review*,**128**(1):229-243.

Lacis A A, Hansen J, 1974. A parameterization for the absorption of solar radiation in the earth's atmosphere [J]. *Journal of the atmospheric sciences*, **31**(1): 118-133.

Liao H, Seinfeld J H, 1998. Effect of clouds on direct aerosol radiative forcing of climate[J]. *Journal of Geophysical Research D*, **103**(D4): 3781-3788.

Liao H, Seinfeld J H, 2005. Global impacts of gas-phase chemistry-aerosol interactions on direct radiative forcing by anthropogenic aerosols and ozone[J]. *Journal of Geophysical Research*: Atmospheres, **110**(D18).

Liao H, Seinfeld J H, Adams P J, et al., 2004. Global radiative forcing of coupled tropospheric ozone and aerosols in a unified general circulation model[J]. *Journal of Geophysical Research*: Atmospheres, **109**(D16).

Liu X, Wang J, Christopher S A, 2003. Shortwave direct radiative forcing of Saharan dust aerosols over the Atlantic Ocean[J]. *International Journal of Remote Sensing*, **24**(24): 5147-5160.

Martin G M, Johnson D W, Spice A, 1994. The measurement and parameterization of effective radius of droplets in warm stratocumulus clouds[J]. *Journal of the Atmospheric Sciences*, **51**(13): 1823-1842.

Menon S, Genio A D D, Koch D, et al., 2002. GCM simulations of the aerosol indirect effect: Sensitivity to cloud parameterization and aerosol burden[J]. *Journal of the atmospheric sciences*, **59**(3): 692-713.

Ming J, Xiao C, Cachier H, et al., 2009. Black Carbon(BC)in the snow of glaciers in west China and its potential effects on albedos[J]. *Atmospheric Research*, **92**(1): 114-123.

Morrison H, Gettelman A, 2008. A new two-moment bulk stratiform cloud microphysics scheme in the Community Atmosphere Model, version 3 (CAM3). Part I: Description and numerical tests[J]. *Journal of Climate*, **21**(15): 3642-3659.

Myhre G, Samset B H, Schulz M, et al., 2013. Radiative forcing of the direct aerosol effect from AeroCom Phase II simulations[J]. Atmospheric Chemistry and Physics, **13**(4): 1853.

Myhre G, Stordal F, Restad K, et al., 1998. Estimation of the direct radiative forcing due to sulfate and soot aerosols[J]. *Tellus B*, **50**(5): 463-477.

Shindell D T, Lamarque J F, Schulz M, et al., 2013. Radiative forcing in the ACCMIP historical and future climate simulations[J]. *Atmospheric Chemistry and Physics*, **13**(6): 2939-2974.

Slingo A, 1989. A GCM parameterization for the shortwave radiative properties of water clouds[J]. *Journal of the Atmospheric Sciences*, **46**(10): 1419-1427.

Ten Brink H M, Veefkind J P, Waijers-Ijpelaan A, et al., 1996. Aerosol light-scattering in The Netherlands[J]. *Atmospheric Environment*, **30**(24): 4251-4261.

Twomey S, 1977. The influence of pollution on the shortwave albedo of clouds[J]. *Journal of the atmospheric sciences*, **34**(7): 1149-1152.

Van Dorland R, Dentener F J, Lelieveld J, 1997. Radiative forcing due to tropospheric ozone and sulfate aerosols [J]. *Journal of Geophysical Research*: Atmospheres, **102**(D23): 28079-28100.

Wang Z L, Zhang H, Li J, et al., 2013. Radiative forcing and climate response due to the presence of black carbon in cloud droplets[J]. *Journal of Geophysical Research*: Atmospheres, 2013, **118**(9): 3662-3675. doi: 10. 1002/jgrd. 50312.

Wang Z L, Zhang H, Lu P, 2014. Improvement of cloud microphysics in the aerosol-climate model BCC_AGCM2. 0. 1_CUACE/Aero, evaluation against observations, and updated aerosol indirect effect[J]. *Journal of Geophysical Research*: Atmospheres, **119**(13): 8400-8417, doi: 10. 1002/2014JD021886.

Wang Z L, Zhang H, Shen X S, 2011. Radiative forcing and climate response due to black carbon in snow and ice [J]. *Advances in Atmospheric Sciences*, 2011, **28**(6): 1336-1344. doi: 10. 1007/s00376-011-0117-5.

Wang Z L, Zhang H, Shen X S, et al., 2010. Modeling study of aerosol indirect effects on global climate with an AGCM[J]. *Advances in Atmospheric Sciences*, **27**(5): 1064-1077. doi: 10. 1007/s00376-010-9120-5.

Yang Q,Fu Q,Austin J,et al.,2008. Observationally derived and general circulation model simulated tropical stratospheric upward mass fluxes[J]. *Journal of Geophysical Research*：Atmospheres,**113**(D7).

Zhang H,Ma J H,Zheng Y F,2010. Modeling study of the global distribution of radiative forcing by dust aerosol[J]. *Journal of Meteorological Research*,**24**(5)：558-570.

Zhang H,Nakajima T,Shi G,et al.,2003. An optimal approach to overlapping bands with correlated k-distribution method and its application to radiativecalculations[J]. *Journal of Geophysical Research*：Atmospheres,**108**(D20).

Zhang H,Shen Z,Wei X,et al.,2012. Comparison of optical properties of nitrate and sulfate aerosol and the direct radiative forcing due to nitrate in China[J]. *Atmospheric Research*,**113**：113-125.

Zhang H,Shi G,Nakajima T,et al.,2006a. The effects of the choice of the k-interval number on radiative calculations[J]. *Journal of Quantitative Spectroscopy and Radiative Transfer*,**98**(1)：31-43.

Zhang H,Suzuki T,Nakajima T,et al.,2006b. Effects of band division on radiativecalculations[J]. *Optical Engineering*,**45**(1)：016002-016002-10.

Zhang H,Zhao S,Wang Z,et al.,2016. The updated effective radiative forcing of major anthropogenic aerosols and their effects on global climate at present and in the future[J]. *International Journal of Climatology*,**36**(12)：4029-4044,doi：10.1002/joc.4613.

第4章　气溶胶-辐射相互作用对气候的影响

　　工业化以来,由于工农业生产、城市发展和人口增长等人为因素造成人为气溶胶的排放快速增长,在某些城市和工业区甚至超过了自然源排放。目前,气溶胶强迫被认为是除了温室气体排放增加造成的温室效应之外气候系统中最重要的人为扰动。气溶胶时空分布的不均匀性和短生命期,使得它造成的地球能量平衡的变化比温室气体具有更大的不确定性。因此,研究大气气溶胶对气候的影响对于全球和区域气候变化研究具有重要意义。气溶胶气候效应的研究也是当今国际大气科学和气候变化研究的前沿与焦点。本章主要介绍了气溶胶直接辐射效应对亚洲区域气候和东亚夏季风的影响,以及冰雪表面黑碳的气候反馈。

4.1　碳类气溶胶对亚洲气候的影响

　　碳类气溶胶由含碳物质燃烧产生,主要成分是黑碳和有机碳。碳类气溶胶在大气顶和地面能造成正或负的辐射强迫,特别是黑碳气溶胶对太阳短波和近红外辐射的强吸收性,能极大地改变大气和地面的温度。

4.1.1　黑碳气溶胶对中国夏季降水的影响

　　该节给出了利用 NCAR 大气环流模式 CAM3 模拟的黑碳气溶胶直接辐射效应对中国夏季降水的影响。图 4.1 为黑碳引起的 7 月平均总降水量的变化。从图中可以看出,我国北方 $30°\sim45°N$ 区域降水明显增加,而长江以南地区除了海南和广西的部分城市外,降水明显减少,特别是四川和台湾及其周围海面上降水减少最高达 -2 $kg \cdot m^{-2}$ 以上,并没有出现 Menon

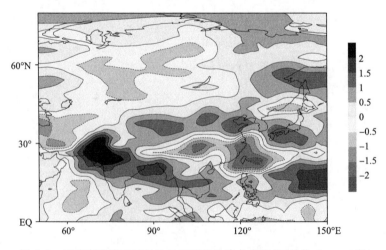

图 4.1　黑碳直接效应引起的 7 月平均总降水的变化(单位:$kg \cdot m^{-2}$)

等(2002)得出的黑碳气溶胶会引起我国夏季南涝北旱的现象。由于黑碳气溶胶对太阳辐射的强吸收性,造成 7 月 30°～45°N 200 hPa 以下整层大气温度明显升高,且垂直上升运动增强,这可能导致大气不稳定性增强,降水增加;20°～30°N 大气温度变化不大,但整层对流层下沉运动明显增强,抑制了大气的不稳定性,导致该地区降水减少(图 4.2)。

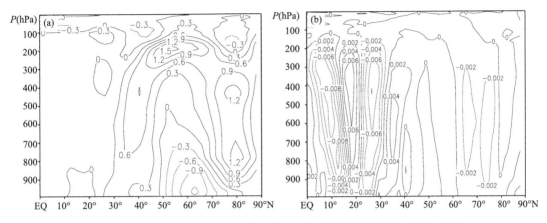

图 4.2　黑碳直接效应引起的 7 月(90°～130°E)纬向平均温度(a,单位:K)和
垂直速度(b,单位:－Pa·s^{-1})的变化

我国夏季降水主要是受东亚夏季风的影响,而作为东亚夏季风系统成员之一的西太平洋副热带高压脊线的位置决定了我国夏季雨带的位置。图 4.3 为黑碳引起的 7 月平均 500 hPa 和 200 hPa 位势高度的变化。黑碳的直接效应造成北太平洋到中国华北地区 500 hPa 位势高度明显增大,这可能引起西太平洋副热带高压脊线的位置北移,导致我国夏季雨带位置也将向北移动(图 4.3a),从而产生图 4.1 所显示的降水变化。从图 4.3b 可以看出,南亚高压的范围明显向东北和西北两个方向扩张,也可能导致我国长江以北地区上升运动加强,降水增加。

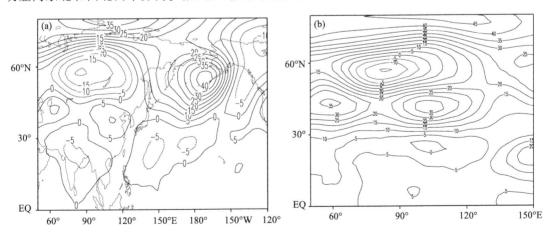

图 4.3　黑碳直接效应引起的 7 月平均 500 hPa(a)和 200 hPa(b)位势高度的变化(单位:m)

4.1.2　南亚地区黑碳气溶胶对亚洲夏季风的影响

南亚是全球黑碳气溶胶排放最大的区域之一,它位于青藏高原这个特殊地形的南边,该地区黑碳气溶胶的影响与青藏高原地形相互作用,会对大气环流产生明显的影响。图 4.4a 为南

亚地区黑碳引起的 5 月(70°~100°E)纬向平均温度差异的纬度-高度剖面图。由图可见,黑碳的加热效应使得 20°~30°N 对流层中低层大气被加热,温度升高。被加热的低层暖湿空气会通过干对流沿着青藏高原南坡攀升,使得这一地区上升运动增强,低层气压降低,南北气压梯度力增大。由于气压梯度力的增大,导致孟加拉湾向北气流加强,从而拉动印度洋的暖湿气流不断补充到孟加拉国及北印度附近,最终造成孟加拉湾及沿岸地区降水显著增加(图 4.4b)。一般认为,亚洲夏季风 5 月上旬首先在南海地区爆发;然后逐渐向西北推进,于 6 月上旬到达孟加拉湾,南亚夏季风爆发;向北推进,建立起东亚夏季风。夏季风爆发最明显的标志就是降水的突增。从上述分析可看出,由于南亚地区黑碳气溶胶的影响,导致了孟加拉湾雨季提前,可能会造成南亚夏季风提前爆发。

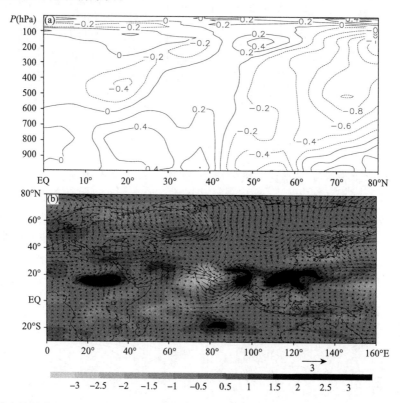

图 4.4　黑碳直接效应引起的 5 月(70°~100°E)纬向平均温度(a,单位:K)、总降水量(单位:kg·m⁻²)和
850 hPa 风场(b,单位:m·s⁻¹)的变化

从晚春到初夏,黑碳气溶胶持续吸收太阳辐射,加热南亚地区的大气。夏季,由于降水的增加,南亚地区大气中黑碳气溶胶的含量虽有所降低,但是被加热的大气会沿青藏高原南坡上升陆续到达对流层中上层,在高空形成一个稳定的加热层。图 4.5 为黑碳引起的夏季(70°~100°E)纬向平均温度的变化。从图中可以看出,10°~30°N 对流层中上层大气温度明显升高,说明高空加热层已经形成,且在持续加热大气,但其南边大气的温度有所降低。研究表明,影响亚洲夏季风的季节和年内变率的一个关键因素是夏季青藏高原及其以南区域对流层中上层温度梯度的指向。由于黑碳气溶胶加热效应的影响,对流层中上层形成了一个由北指向南的温度梯度(图 4.5),使得原有温度梯度增大,有利于南亚夏季风的增强。

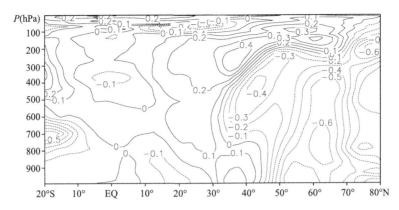

图 4.5　黑碳直接效应引起的夏季(70°～100°E)纬向平均温度的变化(单位:K)

　　由于黑碳在高空持续加热,引起局地的深对流活动,导致南亚地区整层对流层垂直上升运动加强。图 4.6 为黑碳引起的夏季总降水和 850～300 hPa 平均垂直速度差异的叠加图。由于深对流活动的影响,夏季印度和孟加拉湾及其沿岸地区对流层平均垂直上升运动明显增强,而其南边 10°S 附近的南印度洋下沉运动加强。这样,在局地便会产生一个北升南降的经圈环流,从而使得印度洋洋面上的向北运动加强,增大了南亚夏季风的强度。增强的南亚夏季风带来丰沛的水汽,导致印度和孟加拉湾附近降水增加。黑碳气溶胶还造成我国西南地区夏季降水增加,但华北、华东和华南地区降水减少,这也表明南亚夏季风加强,而东亚夏季风明显减弱。

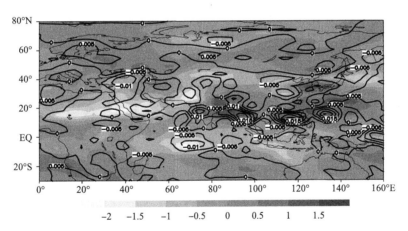

图 4.6　黑碳直接效应引起的夏季降水(填色,单位:kg·m^{-2})和
850～300 hPa 平均垂直速度(等值线,单位:Pa·s^{-1})的变化

　　图 4.7 为黑碳引起的夏季表面气压与 850 hPa 风矢量的变化。从图中可以看出,黑碳气溶胶的直接效应造成 10°N 以南的印度洋表面气压明显升高,而印度和孟加拉湾及其沿岸气压降低,这种表面气压偶极子分布产生一个由南指向北的气压梯度力,增强了印度和孟加拉湾附近的向北气流,使得更多水汽输送到印度北部和孟加拉国地区,增加了该地区的降水;但是,在 20°N 左右的西太平洋上出现了一个大的低压中心,低压西南方向的西北气流减弱了北上的西南气流,使得东亚夏季风减弱,造成中国南部降水减少;其次,气压降低使得海洋表面气流辐合增强,海面上降水明显增多,大量凝结潜热被释放,造成 5°～30°N 的西北太平洋上整层对

流层大气垂直上升运动增强(图4.6),最终迫使夏季西太平洋副热带高压北移西伸,造成我国东部大陆降水减少,且梅雨带位置向东北方向移动。此外,从夏季850 hPa风场的差异可以看出,黑碳气溶胶引起10°N左右中国南海出现了一股偏西北气流东伸直达140°E左右的西太平洋,这有可能阻碍南海夏季风北上以及水汽输送向北输送,从而使得中国东部和南部降水减少。

　　从上述分析可看出,由于南亚地区黑碳气溶胶对太阳辐射的强吸收作用,加热了大气温度,改变了局地环流,从而增强了南亚夏季风,但减弱了东亚夏季风。

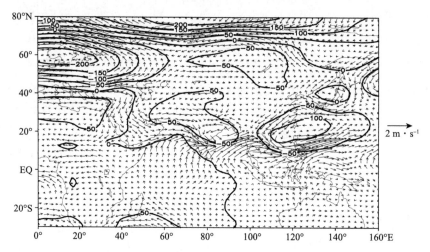

图4.7　黑碳直接效应引起的夏季表面气压(等值线,单位:Pa)与850 hPa风场(箭头)的变化

4.1.3　碳类气溶胶的直接和半直接效应对东亚气候的影响

　　黑碳和有机碳往往协同排放到大气中,因此综合考虑二者的影响很有必要。图4.8分别给出了碳类气溶胶直接和半直接效应对东亚夏季平均总云量、地表温度和总降水的影响。从图中可以看出,碳类气溶胶的直接和半直接效应造成中国南部和印度上空总云量明显减少,中国南部总云量最大减少超过了6%,这主要归因于这些地区BC的高排放。BC可以强烈吸收太阳辐射,并加热其所在层附近的大气,导致云滴蒸发,云量减少。碳类气溶胶还造成30°～40°N的中国东北和东南亚大部地区云量增加,最大增加达8%,可能由于该地区夏季受季风影响,水汽丰富,且有机碳气溶胶排放量较大,有利于云的形成。由于BC造成总云量的减少,以至于到达地面的太阳辐射增多。在中国南部和印度地表温度升高,最大值超过了1.5 K;相反,由于地表太阳辐射能量的减少,在中国北方和孟加拉地区地表温度差异出现了大范围的负值区。从图4.8c降水的变化可以看出,在中国南方和印度夏季降水明显减少,而在孟加拉湾、东南亚和中国北方降水增加,这与碳类气溶胶对总云量的影响相对应。

　　图4.9为碳类气溶胶对夏季表面风场的影响。由于大气中碳类气溶胶的存在,使得孟加拉湾西南气流增强,从而从海洋上带入更多的暖湿空气,且气流辐合增强,造成该地区降水增加。但是,碳类气溶胶造成中国南海上空出现了一股强的西偏北气流,它阻止了南边海洋上的暖湿气流进入中国南方,从而造成这些区域降水明显减少;而西太平洋副热带洋面上东南和东北气流增强,会将更多的水汽输送到中国长江以北区域,造成这些地区降水增加。

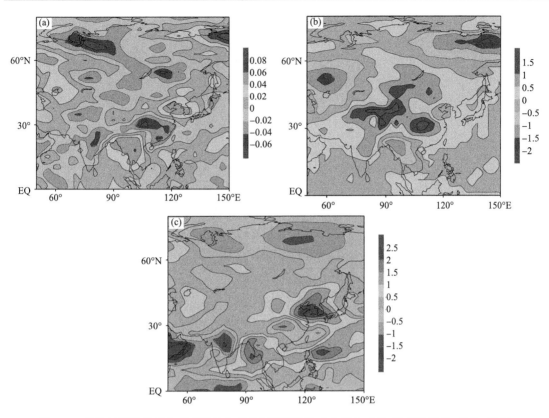

图 4.8　碳类气溶胶直接和半直接效应对东亚夏季平均总云量(a,%)、地表温度(b,单位:K)和
总降水(c,单位:kg·m^{-2})的影响

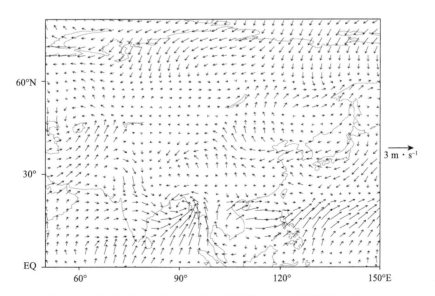

图 4.9　碳类气溶胶直接和半直接效应造成的夏季表面风场的变化

　　图 4.10 分别为碳类气溶胶造成的夏季 90°~130°E 纬向平均温度和垂直速度的变化。从图 4.10a 可以看出,在 200 hPa 以下,碳类气溶胶造成 30°~50°N 区域和北极温度明显升高,这样低层大气被加热,气流辐合加强,必然会引起上升气流加强;但是,60°~80°N 温度明显降

低,低层大气被冷却,气流辐散加强,上升气流减弱;赤道地区温度变化不大。从图 4.10b 可以看出,碳类气溶胶造成 30°～40°N 向上的垂直速度明显增大,而 0°～10°N 和 50°～60°N 垂直上升速度明显减弱,这和图 4.10a 温度的差异具有很好的一致性。因此,这种温度和垂直速度差异的配置可能导致北半球夏季哈德莱环流和极地环流减弱。

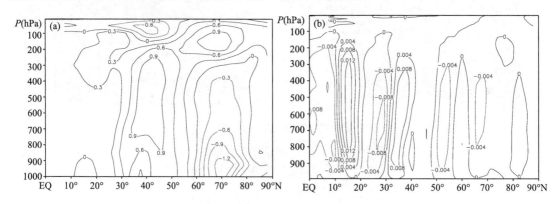

图 4.10　碳类气溶胶的直接和半直接效应对夏季(90°～130°E)纬向平均温度(a,单位:K)和
垂直速度(b,单位:$-Pa \cdot s^{-1}$)的影响

4.2　人为气溶胶对东亚夏季风的影响

东亚夏季气候主要受东亚夏季风的影响,且该地区是全球硫酸盐、黑碳和有机碳三种主要由人类活动造成的气溶胶排放最高的地区之一。大量的气溶胶对太阳辐射的吸收和散射,不可避免地会影响大气环流和温度结构,从而会对东亚夏季风和区域气候产生一定的影响。我们利用 BCC_AGCM2.0_CUACE/Aero 模拟研究了有无这三种气溶胶东亚夏季气候的差异。上述三种气溶胶在东亚地区(20°～40°N,100°～140°E)造成的大气顶和地表夏季平均的直接辐射强迫分别为 $-1.4 W \cdot m^{-2}$ 和 $-3.3 W \cdot m^{-2}$,从而导致东亚地区夏季平均地表温度降低 0.58℃,降水率减少 0.15 $mm \cdot d^{-1}$。

图 4.11 给出了三种气溶胶造成的东亚季风区夏季地表温度和表面气压的变化。无论是吸收性的气溶胶,还是散射性的气溶胶,都将减少到达地表的太阳辐射通量,造成地表冷却。从图 4.11a 可以看出,由于上述三种气溶胶的影响,几乎整个东亚季风区夏季地表温度都有所降低,且陆地上温度的降低明显要比海洋上温度的降低强。东亚大部分陆地区域由于大气中高的气溶胶含量,使得表面温度的降低都超过了 -0.6℃,特别是中国华北和中东部地区,最大降温达到了 -0.9℃;西太平洋上冷却基本高于 -0.6℃。由于地表的冷却,中国中东部地区表面气压明显升高,但是在中国南边的海洋上表面气压减小(图 4.11b),这可能与局地风场和环流的变化有关。东亚夏季风的形成主要是由于东亚海陆温度和气压差异造成。由于上述三种气溶胶的影响,东亚季风区夏季海陆温度和气压差明显减弱,从而导致东亚夏季风减弱。

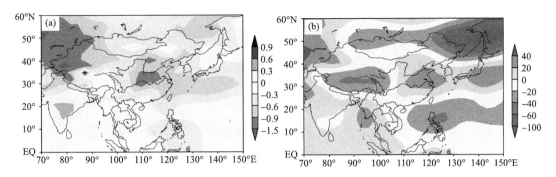

图 4.11　硫酸盐、黑碳和有机碳气溶胶直接和半直接效应造成的东亚季风区夏季地表温度(a,单位:℃)和
表面气压(b,单位:Pa)的变化

　　东亚夏季风在夏季 850 hPa 风场上有明显的体现。夏季,中国南部和东部盛行西南或偏南风,西南风将中国南边海洋上的暖湿空气输送到陆地上空,带来丰沛的降水。图 4.12 为硫酸盐、黑碳和有机碳气溶胶造成的东亚夏季 850 hPa 风场的变化。由于硫酸盐、黑碳和有机碳气溶胶的影响,中国南部和东部东北气流明显增强,从而减弱了西南夏季风的强度,且低层大气水汽通量辐散明显增强,最终抑制了中国南部和东部以及周围海洋上的夏季风降水。一般地,地表潜热通量的增加或减少代表了降水的增加和减少。地表温度的降低造成中国南部和东部地表蒸发减弱,潜热通量减少(图 4.13a),从而导致更少的湿空气进入到大气中,降水也相应地减少。我们可以看到,由于三种人为气溶胶的影响,在 850 hPa 风场上中国南海和西太平洋上明显形成了一个气旋性环流,且在气旋性环流的南部低层大气水汽通量辐合明显增强(图 4.12),这些变化增强了水汽的垂直输送,增加了降水。这表明在海洋上动力过程对降水的影响占主导作用。

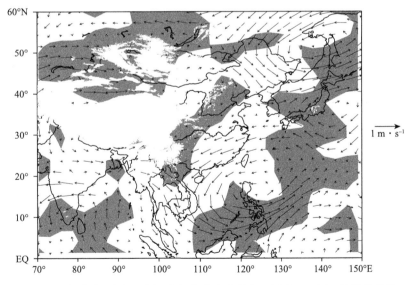

图 4.12　硫酸盐、黑碳和有机碳气溶胶造成的东亚夏季 850 hPa 风场的变化
(图中阴影部分表示气溶胶引起的夏季 850 hPa 和 700 hPa 之间平均水汽通量散度小于零的区域)

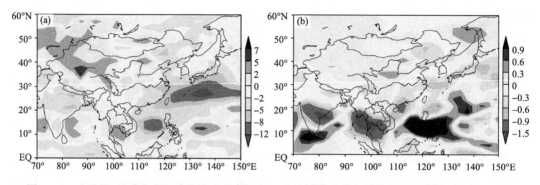

图 4.13　硫酸盐、黑碳和有机碳气溶胶造成的东亚季风区夏季地表潜热通量(a,单位:W·m^{-2})和
降水率(b,单位:mm·d^{-1})的变化

图 4.14 为硫酸盐、黑碳和有机碳气溶胶造成的夏季 105°～120°E 平均大气温度和垂直经圈环流的变化。该图表明了大气动力和热力过程对气溶胶影响的响应。从图 4.14a 大气温度的变化可以看出,上述三种气溶胶导致整层对流层温度降低,这说明在中国总的大气气溶胶主要以散射性为主。在 15°N 以南,低层大气温度的降低要小于中高层大气温度的降低,从而有利于垂直上升运动的增强。但是在 15°～30°N,温度变化正好相反,低层大气温度的降低高于中高层大气温度的降低,这有利于增强大气的稳定度,抑制大气对流活动。随着大气温度的变化,局地经圈环流也发生改变(图 4.14b)。在大气正常状态下,夏季 10°～30°N 存在一个反时针的经圈环流。但是,由于气溶胶的影响,该纬度带内出现了一个顺时针的经圈环流,其中10°～15°N 上升运动发展,15°～30°N 下沉运动发展,这将减弱正常的经圈环流运动。15°～30°N 增强的下沉运动在对流层低层辐散,增强了低层大气向南运动,从而减弱了东亚夏季风对暖湿气流的向北输送。最终,暖湿气流输送的减弱和下沉运动的增强导致 15°～30°N 的中国南部和东部降水明显减少。

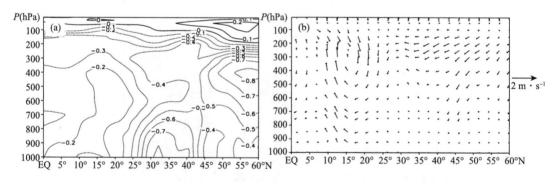

图 4.14　硫酸盐、黑碳和有机碳气溶胶造成的夏季 105°～120°E 纬向平均大气温度(a,单位:℃)和
垂直经圈环流(b)的变化

4.3　冰雪表面黑碳的气候反馈

大气中的黑碳气溶胶能通过大气环流进行远距离传输,沉降到雪和冰的表面,从而降低冰雪表面的反照率,增强冰雪对太阳辐射的吸收(简称"黑碳冰雪反照率效应")。黑碳冰雪反照率效应造成冰雪表面温度升高,加速冰雪的融化,对全球或区域气候都将产生重要影响。

　　图 4.15 为利用大气环流模式 BCC_AGCM2.0 模拟的冰雪中黑碳气溶胶对年平均地表温度的影响。从图中可以看出,由于黑碳气溶胶增强了冰雪对太阳辐射的吸收,使得陆地上积雪覆盖区域和海冰覆盖区域温度明显升高,其中青藏高原冰雪表面温度平均升高了 1.6℃;积雪覆盖的亚欧大陆和北美洲大部分区域温度升高都在 0.5℃ 左右,其中加拿大北部和美国东部温度升高甚至超过 1℃;在北极海冰覆盖区域,纬向平均温度升高约 1℃。模拟的冰雪中黑碳气溶胶造成全球年平均地表温度升高 0.071℃。在北极海冰、青藏高原和北美上空等大部分区域,地表温度的变化均超过了 95% 信度水平的检验。观测资料显示,目前中国超过 80% 的陆地冰川都在衰退(Xiao et al.,2007)。在 CO_2 造成全球变暖的形势下,冰雪中黑碳气溶胶造成冰雪温度的升高,必然进一步加速雪和冰川的融化。

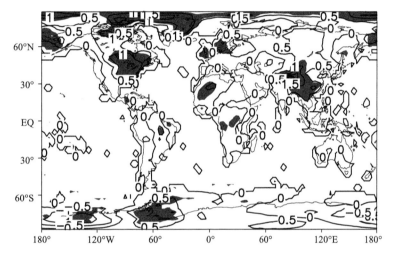

图 4.15　冰雪中黑碳气溶胶对年平均地表温度的影响(单位:K)

(阴影区为超过 95% 信度水平的区域)

　　图 4.16 为冰雪中黑碳气溶胶对年平均比湿和大气温度纬向平均值的影响。由于冰雪中黑碳气溶胶造成北极冰雪表面反照率降低,导致更多的太阳辐射被低层大气吸收,从而造成北极地区大气温度明显升高(图 4.16a),垂直上升运动增强。表面温度的升高,地表蒸发增强,导致更多的水汽进入大气。随着上升运动的增强,北极大气比湿明显增大(图 4.16b),更有利于云的形成。

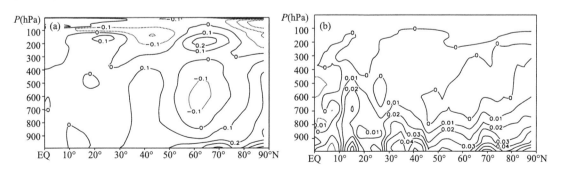

图 4.16　冰雪中黑碳气溶胶对年平均大气温度(a,单位:K)和比湿(b,10^{-3})纬向平均值的影响

　　图 4.17 给出了冰雪中黑碳气溶胶对年平均总云量和辐射通量纬向平均值的影响。北极上空总云量明显增加，增加的云量会发出更多的热力辐射到达地表，从而造成了北极地表净长波通量的增加，在 85°N 净长波通量变化的最大值达到了＋1 W·m⁻²（图 4.17a）。这种云量增加—净长波通量增加—地表增暖的正反馈机制，进一步加速了北极的增暖。但是，云量增多造成短波云辐射强迫减少（图 4.17b），这抵消了一部分上述正反馈机制造成的变暖。

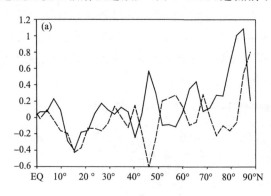 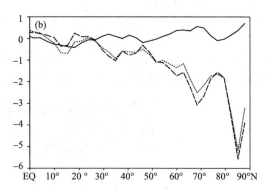

图 4.17　冰雪中黑碳气溶胶对年平均总云量（虚线，％）和地表净长波通量（实线，单位：W·m⁻²）（a）及短波云辐射强迫（虚线）、长波云辐射强迫（实线）和净云辐射强迫（点线）(b，单位：W·m⁻²）纬向平均值的影响

　　图 4.18 为冰雪中黑碳气溶胶造成的地表温度和融雪率差异的纬向平均值的季节变化。冰雪中黑碳气溶胶造成的地表温度和融雪率变化的时空分布与地表辐射强迫的时空分布非常一致。随着冬季地表正辐射强迫的产生，北半球陆地上冰雪表面的温度明显升高，冬春季节积雪表面温度平均升高约 0.6℃，其中在 2 月份 50°～70°N 和 4 月份 70°～80°N 存在两个大值中心，温度升高达到了 1℃，但是前者信度水平较低。在北极，由于海冰常年存在，导致北极海冰表面整年温度升高在 0.5℃ 以上，在 9 月和 10 月最大升温甚至达到了 2.5℃，这必然进一步加速北极冰川的融化（图 4.18a）。在北极圈以内区域某些时间没有太阳辐射，但是表面温度仍然升高，这可能是由于热惯性或者能量传递造成。从图 4.18b 融雪率的变化可以看出，北半球中高纬度地区，在早期融雪阶段融雪率明显增加；但是到了晚期融雪阶段，由于雪量的减少，融雪率也相应减少。与温度的时空变化对应，北半球陆地上的积雪融雪率在冬春季节就开始增加，特别是春季增加非常明显，这可能导致周围以雪融水为主要来源的江河的水流量的峰值向冬春季节转移，并且这些区域的水存储能力相对较弱，融化的雪水会立即顺着江河流入大海。但是，该时期并不是农牧业需水时期，会造成本就紧张的冰雪水资源大量浪费。

　　亚欧大陆和北美为陆地上两个主要的冰雪覆盖区，这两个区域的冰雪融水对当地的生产和生活有着重要影响。表 4.1 给出了冰雪中黑碳气溶胶对全球和以上两个主要冰雪覆盖区域各物理参数的影响。从表中可以看出，由于地表温度的升高，亚欧大陆和北美冬春季节和年平均积雪覆盖率、积雪厚度和陆地上的冰量基本都减少。北美年平均温度的升高、积雪和陆冰的减少都要高于亚欧大陆。观测资料表明，1979—2000 年 30°N 以北的亚欧大陆和北美春季地表温度分别升高了 0.59℃ 和 0.23℃（Flanner et al.，2009）。模拟的冰雪中黑碳气溶胶造成的亚欧大陆和北美地表温度升高分别升高了 0.6℃ 和 0.46℃，这可能对这些区域观测到的表面温度的升高存在一定的贡献。

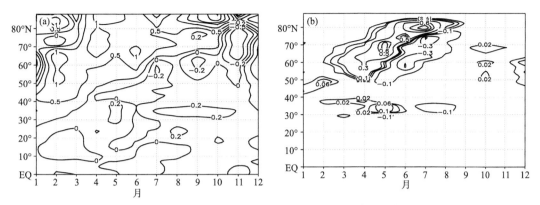

图 4.18　冰雪中黑碳气溶胶造成的地表温度(a,单位:K)和融雪率(b,单位:mm·d⁻¹)差异的
纬向平均值的季节变化(阴影区为超过 95%信度水平的区域)

表 4.1　冰雪中黑碳气溶胶对气候的影响

区域	地表辐射强迫 (W·m⁻²)	地表温度(℃)	积雪覆盖率(10⁻³)	雪厚(mm)	陆地冰量(kg·m⁻²)
欧亚 大陆	0.71/1.13/0.52	0.83/0.60/0.39	-18.2/-26.2/-15.7	-12.6/-19.9/-13.6	-3.86/-8.02/-5.13
北美	0.33/0.55/0.24	0.83/0.46/0.47	-43.0/-33.5/-31.5	-27.2/-40.0/-26.2	-10.3/-20.8/-11.7
全球	0.028/0.13/0.042	0.094/0.089/0.071	-6.70/-8.65/-7.39	-8.91/-12.6/-10.7	-9.97/-14.5/-10.7

注:三个数值依次代表了各物理量的北半球冬季、北半球春季和年平均值的变化。欧亚大陆和北美的范围分别为(30°~70°N,
20°~130°E)和(30°~70°N,60°~130°W)。

参考文献

王志立,2011.典型种类气溶胶的辐射强迫及其气候效应的模拟研究[D].北京:中国气象科学研究院.

王志立,郭品文,张华,2009.黑碳气溶胶直接辐射强迫及其对中国夏季降水影响的模拟研究[J].气候与环境
　　研究,**14**(2):161-171.

王志立,张华,郭品文,2009.南亚地区黑碳气溶胶对亚洲夏季风的影响[J].高原气象,**28**(2):419-424.

Flanner M G,Zender C S,Hess P G,et al.,2009. Springtime warming and reduced snow cover from carbona-
　　ceous particles[J]. *Atmospheric Chemistry and Physics*,**9**(7):2481-2497.

Menon S,Hansen J,Nazarenko L,et al.,2002. Climate effects of black carbon aerosols in China and India[J].
　　Science,**297**(5590):2250-2253.

Wang Z,Zhang H,Shen X,2011. Radiative forcing and climate response due to black carbon in snow and ice
　　[J]. *Advances in Atmospheric Sciences*,**28**(6):1336-1344.

Xiao C,Liu S,Zhao L,et al.,2007. Observed changes of cryosphere in China over the second half of the 20th
　　century:an overview[J]. *Annals of Glaciology*,**46**(1):382-390.

Zhang H,Wang Z,Guo P,et al.,2009. A modeling study of the effects of direct radiative forcing due to carbo-
　　naceous aerosol on the climate in East Asia[J]. *Advances in atmospheric sciences*,**26**(1):1-10.

Zhang H,Wang Z,Wang Z,et al.,2012. Simulation of direct radiative forcing of aerosols and their effects on
　　East Asian climate using an interactive AGCM-aerosol coupled system[J]. *Climate dynamics*,**38**(7-8):
　　1675-1693.

第5章　气溶胶-云相互作用对气候的影响

气溶胶-云的相互作用对气候的影响是近年来的热门研究领域。接下来本章将从三个方面对该领域进行详细介绍。第一,热带地区的气溶胶激活效应对气候的影响。气溶胶对暖云降水的抑制和延缓作用会导致云的发展被激活从而产生强的冰云降水,这被称为"气溶胶对云的激活效应"。本章采用主被动遥感数据结合的方法,研究热带地区气溶胶对云的激活效应,并选取 5 个测站,研究气溶胶对测站周围云的物理特性的影响。第二,气溶胶的总间接效应对气候的影响。本章研究了气溶胶间接效应引起的辐射通量、云辐射强迫、地表温度及降水率等的变化,并讨论了间接效应对东亚夏季风的影响。第三,黑碳-云滴的混合效应对气候的影响。黑碳气溶胶能够直接加热大气,导致云蒸发,还能够与云滴内部混合,减小云滴的单次散射比,增强云滴对太阳辐射的吸收,本章对黑碳-云滴混合效应对气候的影响进行了讨论。

5.1　热带地区气溶胶的激活效应

5.1.1　气溶胶的激活效应概述

气溶胶可以作为 CCN(cloud condensation nuclei,云凝结核)或 IN(ice nuclei,冰核),通过微物理过程改变云的特性,进而对地气系统能量收支产生影响,称之为气溶胶的间接效应。许多研究发现气溶胶能够抑制暖云降水,以及增加云中降水发生的位置距云底的距离(Radke et al.,1989;Albrecht,1989;Rosenfeld,2000;Ramanathan et al.,2001;Andreae et al.,2004;Freud et al.,2011;Freud et al.,2012)。在云中水含量变化不大的情况下,气溶胶的增多会产生更多更小的云滴粒子,从而抑制了云滴之间的碰并和融合增长,减缓在上升过程中云滴粒子的增大速度,同时减少大云滴粒子的数目,而云滴粒子需要增长至足够大才能克服重力形成降水,所以气溶胶的增多能够抑制暖云的降水。

也有研究发现,气溶胶对暖云降水的抑制和延缓作用反而会导致激活云的发展从而产生强的冰云降水(Andreae et al.,2004;Khain et al.,2005;Koren et al.,2005)。Rosenfeld 等(2008)利用气团模式,分析了云在不同阶段产生降水时,静浮力和静力能的改变,进而对上述现象提出了假设的理论解释并将其定义为"气溶胶对云的激活效应"(简称气溶胶激活效应)。图 5.1 是引自 Rosenfeld 等(2008)的概念示意图,图中从左到右依次是云发展的初始、成熟和消散阶段,上/下半部分表示干净/污染两种情况。在干净情况下,云滴在抬升过程中增长迅速,较早地形成水云降水,仅有少量的云滴粒子经过结冰层凝结形成冰云,当产生冰云降水时,降水的强度较弱。而污染情况下,大量气溶胶导致暖云降水被延迟,此时下沉流被减弱甚至完全抑制,使得更多更小的云滴粒子能够随上升气流抬升至更高的位置。当大量的小云滴粒子抬升至结冰层凝结形成冰云时,能够释放出远强于干净情况下的潜热能,激活云的强烈发展,使得云顶能够抬升得更高,延伸出更远的云砧,而增强的冰云最终形成降水时,降水的强度将远大于干净情况下的冰云降水。

观测和模式模拟的研究结果表明气溶胶激活效应对云、降水和大尺度环流都能够产生影响,这包括能够改变云的几何形态、降水、深对流云中的闪电,甚至改变大尺度环流,影响热带气旋的强度。Khain 等(2008)对模式研究做了总结,指出在大气湿度大(小),风切变的强(弱)和深厚混合云(浅暖云)情况下,气溶胶的增多会导致降雨的增多(减少)。

理论上来说,受气溶胶激活效应影响的云发展更为强烈,因此具有更高的云顶高度、更大的水平云砧和更小的粒子尺度,致使混合云中垂直发展最旺盛的核心部分会反射更多的太阳短波辐射回太空和吸收更多的地表长波辐射,使得其对地气系统的短波冷却和长波增暖作用都被加强;而延伸更远、更薄和持续时间更长的云砧将使得其对太阳短波辐射的透过率更高,对地表长波辐射的截获更多,从而增暖地气系统。由于上述三个因子共同作用决定了气溶胶激活效应对混合云的净辐射效应,使得气溶胶激活效应的间接辐射效应变得十分复杂,目前的科学理解度还十分低,需要更多的研究揭示其对气候系统的影响。

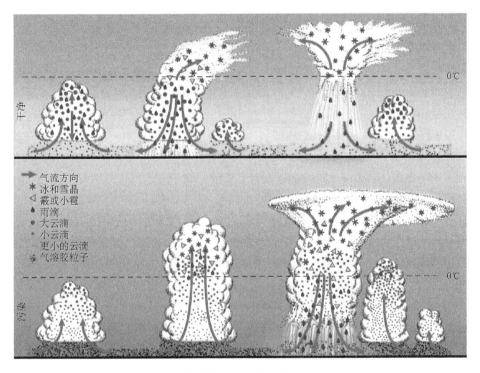

图 5.1　气溶胶对云的激活效应概念示意图(Rosenfeld *et al*.,2008)

5.1.2　主/被动遥感数据的结合方法

CloudSat 的主动云观测、CALIPSO 的主动气溶胶观测和 Aqua 的被动气溶胶反演,以及三颗卫星之间非常短的运行时差,三者结合,能够为研究大尺度区域,特别是其他观测手段不易实施地区的气溶胶、云和辐射之间的相互作用提供了十分丰富的观测数据。三者的观测资料参见表 5.1。

表 5.1　本章所用卫星观测资料

物理参数	数据产品	观测仪器/搭载卫星	空间分辨率
云几何分布 （云顶/云底高）	2B-GEOPROF-LIDAR 2B-GEOPROF	CRP/CloudSat CALIOP/CALIPSO	垂直：240 m 水平：1.4 km×1.1 km
云微物理参数 云水/云冰含量	2B-CWC-RVOD	CPR/CloudSat	垂直：240 m 水平：1.4 km×1.1 km
辐射通量	2B-FLXHR	CPR/CloudSat	垂直：240 m 水平：1.4 km×1.1 km
气溶胶光学厚度 气溶胶波长指数	MYD08	MODIS/Aqua	垂直：N/A 水平：1°×1°
大气温度、气压、湿度廓线	ECMWF-AUX	N/A	垂直：240 m 水平：1.4 km×1.1 km

表征气溶胶浓度的参数来自 MYD08 的 1°×1° 日平均气柱 AOD(Aerosol Optical Depth，气溶胶光学厚度)和 AE(Angstrom Exponent，波长指数)，该产品是分辨率为 10 km 的 2 级轨道数据在格点上的平均。研究表明，这一值的观测与地表观测有很高的一致性(Chu *et al.*，2005；Li *et al.*，2007；Mi *et al.*，2007；Levy *et al.*，2007，2010)。虽然近距离的云和气溶胶有更好的机会产生相互作用，然而由于卫星观测的固有缺陷，过近的距离会对气溶胶的反演产生明显的影响(Marshak *et al.*，2008；Yang *et al.*，2012)。例如，结合 MODIS 和 ASTER(Advanced Spaceborne Thermal Emission and Reflection Radiometer，先进的空基热红外散射反射辐射计)，Wen 等(2007)发现 MODIS 反演的 AOD 会因反演时用到的一维近似而被附近云的三维反射效应(3-D reflectance effect)增大，增大的幅度受到包括云和气溶胶的距离、气溶胶周围的云的光学厚度、反演 AOD 的波段和地表反照率共同的影响，范围在 50%～140%。对 CALIPSO 一个月观测资料的分析表明，气溶胶特性受周围云影响的距离最大可达 15 km，最强的影响出现在低纬地区。综合考虑这些因素，3 级产品比 2 级产品更加适用。

云的各种物理量以及温度、气压和湿度等气象要素具有 CloudSat 标准数据产品的分辨率。因此，两者之间的结合借鉴 Niu 等(2012)的方法，分以下几个步骤。

(1)找出 1°×1° 网格中 MODIS 观测到 AOD 大于 0 和小于 0.6 的格点，选取小于 0.6 的格点，目的是减少云的存在对气溶胶光学厚度可能的污染，记录其中的 AOD 和 AE，计算出海洋上空的 AI(Aerosol Index＝AOD×AE)，这是因为 AI 含有粒子尺度的信息，能比 AOD 更好地表征气溶胶浓度(Nakajima *et al.*，2001；Feingold *et al.*，2005)，而由于 MODIS 在陆面上 AE 反演的可信度较低(Levy *et al.*，2010)，因此仅计算海洋上空的 AI，以表征气溶胶浓度。

(2)对于每个格点，选取当日经过该格点的 CPR 廓线，从 CPR 的数据产品，提取和计算得到单层云廓线中的云顶高、云底高、云顶温度、云底温度、大气层顶(TOA)的云辐射强迫(CRF，Cloud Radiative Forcing)、云的微物理特性和气象要素。然后计算出这些物理量的平均值，用以表征该格点中云和气象要素的平均状态。

(3)根据格点中的平均云顶温度和云底温度，参照表 5.2 给出的阈值将云分成水云、暖底混合云和冷底混合云。这是因为气溶胶对不同类型的云的主导影响存在明显差异(Li *et al.*，2011；Niu *et al.*，2012)。

(4)决定云和气溶胶相互作用的多种影响要素，特别是大气动力条件，会使单个 AOD/AI

和云属性之间的关系无明显的规律特征,而对大量样本的平均在一定程度上能够剔除次要影响因子而体现出主导影响因子。因此本节将选出的格点分配至不同的 AOD/AI 组内(每个组内的 AOD/AI 变化范围较小),通过比较不同组内平均的 AOD/AI 和平均的云属性之间的关系分析气溶胶对云的影响。

表 5.2　水云、暖底混合云和冷底混合云的定义指标

云类型	云顶温度(℃)	云底温度(℃)
水云	大于 0℃	大于 0℃
暖底混合云	小于−4℃	大于 15℃
冷底混合云	小于−4℃	大于 0℃小于 15℃

5.1.3　热带地区气溶胶对云的激活效应

热带地区的深厚云系统多为深对流云,广袤的海洋下垫面提供了更丰富的水汽,气溶胶激活效应更易在众多的气溶胶效应中显现出来,本节将上一小节中描述的方法应用在热带地区(南北纬 20°之间),并通过分析从 2007—2010 年整 4 年的资料研究热带地区气溶胶对云的激活效应。表 5.3 给出的是 AOD/AI 分组的阈值以及格点数。

表 5.3　AOD/AI 分组阈值以及各组中的格点数

海洋/AI	水云	暖底混合云	冷底混合云	陆地/AOD	水云	暖底混合云	冷底混合云
0～0.0152	3595	28	77	0～0.1	8159	459	1119
0.0152～0.0231	6500	44	99	0.1～0.2	1646	1118	2292
0.0231～0.0351	12429	80	212	0.2～0.3	5979	855	1763
0.0351～0.0534	22304	181	395	0.3～0.4	2204	442	927
0.0534～0.0811	31956	420	882	0.4～0.5	1117	239	449
0.0811～0.1233	31748	662	1180	0.5～0.6	655	125	282
0.1233～0.1874	15444	500	881				
0.1874～0.2848	4396	197	345				
0.2848～0.4329	1900	69	139				
0.4329～0.6579	699	26	40				

5.1.3.1　气溶胶激活效应对热带地区云宏观和微观物理特性的影响

图 5.2 给出的是不同类型云的云顶温度、高度、云厚与 AOD/AI 之间的关系。该结果与以往研究(Li et al.,2011;Niu et al.,2012)相一致。混合相态云的云顶高度和云层厚度(云顶温度)与 AI/AOD 有显著的正(负)相关,而水云的宏观特性与 AOD/AI 并无明显的相关。说明热带地区的混合云在长时间尺度上确实体现出了气溶胶激活效应的特点。与冷底混合云相比,暖底混合云的云顶高度和云层厚度随气溶胶的增加抬升得更高更厚,这是因为暖底混合云中的云滴在抬升至结冰层之前比冷底混合云中的云滴有更长的距离碰并和融合增长,因此能够捕获更多的水分,当开始冰过程时,能够释放出更多的潜热,激活云发展得更旺盛。

而与云顶明显不同的是云底高度与 AOD/AI 之间的相关性几乎为 0(图略)。由于云底形成于大尺度动力过程中的温度廓线和湿度廓线所决定的凝结高度,所以气溶胶对其影响较小(Li et al.,2011)。

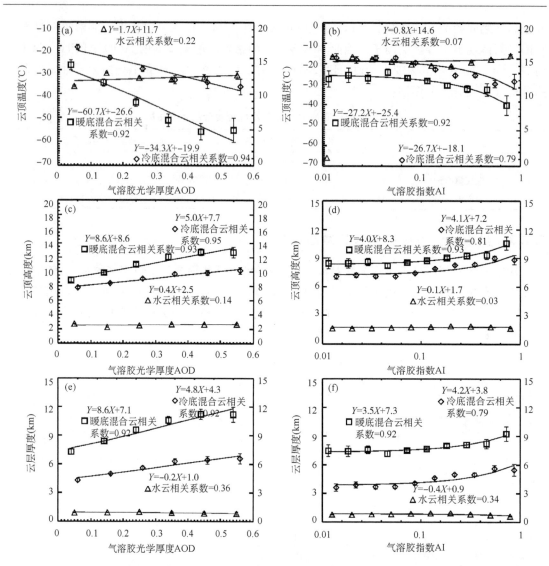

图 5.2　云宏观物理特性与 AOD/AI 的相关性(AI 用对数坐标)。(a,b)云顶温度;(c,d)云顶高度;(e,f)云层厚度,左/右为陆地/海洋。其中带正方形的线表示暖底混合云(WBM, warm-base mixed-phase clouds),带钻石形的线表示冷底混合云(CBM, cold-base mixed-phase clouds),带三角形的线表示液态水云(liquid clouds)。纵轴右侧为液态水云的值

　　图 5.3 给出的是云微物理特性与 AOD/AI 之间的相关性,包含云中冰水含量、冰晶粒子数浓度、云滴粒子有效半径和冰晶粒子有效半径。结果显示,随着 AOD/AI 的增加,混合云中的冰水含量和冰晶粒子数浓度都有明显的增加,表明混合云中的冰过程在气溶胶浓度高的情况下有明显加强,并且与云顶高和云顶温度一致的是,暖底混合云的增强程度大于冷底混合云。而所有相态云的云滴粒子的有效半径都随着 AOD/AI 的增加而减小,说明在气溶胶浓度高时生成的云滴粒子尺度更小。

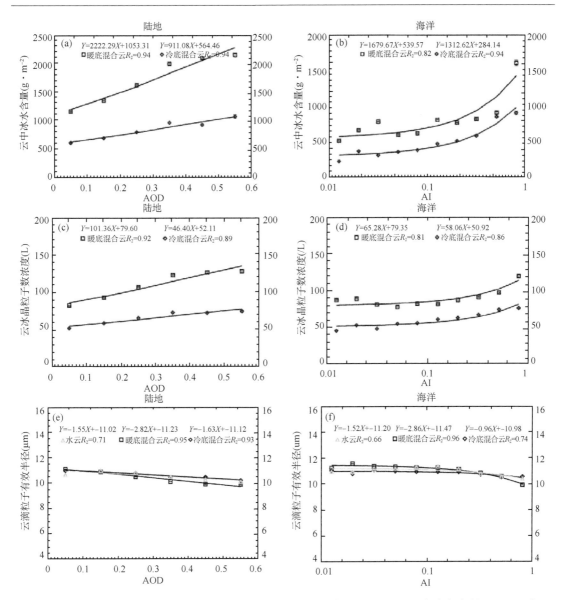

图 5.3　云微观物理特性与 AOD/AI 的相关性(AI 用对数坐标)。(a,b)云中冰水含量,(c,d)云冰晶粒子数浓度,(e,f)云滴粒子有效半径,左/右为陆地/海洋。其中带正方形的线表示暖底混合云,带钻石形的线表示冷底混合云,带三角形的线表示液态水云

　　上述结果表明,在大量的数据和长时间尺度的平均下,热带地区云的宏观和微观物理特性随着 AOD/AI 的改变都显现出与气溶胶激活效应(对混合云而言)和气溶胶第一间接效应(对水云而言)理论解释相一致的特点。这与以往研究的结果是相一致的。

5.1.3.2　气溶胶激活效应对云辐射强迫的影响

　　大气层顶的短波 CRF、长波 CRF 及净 CRF 随着 AOD/AI 的变化由图 5.4 给出。结果显示,随着气溶胶浓度的增强,水云的长波 CRF 几乎保持一致,短波 CRF 表现出先增强后减弱的特点;混合相态云的短波 CRF 和长波 CRF 均被加强,暖底混合云加强的幅度再一次强于冷底混合云。冷底混合云净 CRF 与 AOD/AI 的负相关说明短波 CRF 加强的绝对值更大。暖

底混合云的净 CRF 与 AOD/AI 微弱的相关说明短波 CRF 和长波 CRF 加强的绝对值相近。

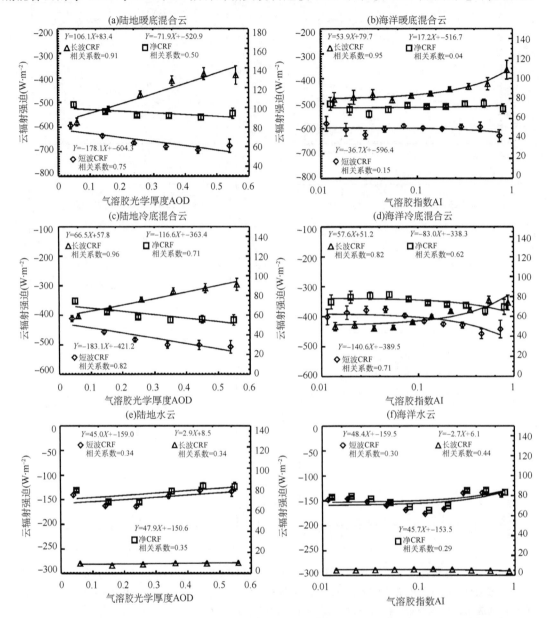

图 5.4　云辐射强迫(cloud forcing)与 AOD/AI 的相关性(AI 用对数坐标)。(a,b)暖底混合云,(c,d)冷底混合云,(e,f)水云,左/右为陆地/海洋。其中带正方形的线表示净云强迫,带钻石形的线表示短波云强迫,带三角形的线表示长波云强迫。纵轴右侧为长波云强迫值

　　混合相态 CRF、宏观和微观物理特性随着 AOD/AI 的变化趋势一致体现出了气溶胶对其的激活效应。由于受气溶胶激活效应的影响,混合相态云变得更厚更高,因此会反射更多的太阳短波辐射回太空导致了短波 CRF 的增强,另一方面增高的云顶高能够捕获更多来自地表的长波辐射导致了长波 CRF 的增强。虽然短波 CRF 加强的绝对值略大于或者等于长波 CRF 的加强,但由于两者绝对值量级的差异,长波 CRF 增强的百分比远大于短波 CRF,这一结果说明了深厚混合云系统对于太阳短波辐射的反射已经很强,气溶胶导致的云层加厚所带来的

百分比增量较小(10％～20％左右),而云顶高和云层厚度的显著增加会导致对长波辐射的捕获作用明显加强,长波 CRF 增加的程度更显著(60％～80％)。

水云长波 CRF 的微弱变化与其宏观特性微弱的变化相一致,而短波 CRF 先增强后减弱的变化趋势体现出气溶胶第一间接效应和半直接效应的共同作用:在气溶胶浓度增加的初期,云中生成的更多更小的云滴粒子会增强水云的反照率,从而使其短波 CRF 增加;而气溶胶浓度较强时的增加导致的短波 CRF 的减弱可能是由于在南北纬 20°之间,高浓度的气溶胶通常是由于生物燃烧所产生吸收性气溶胶,当这些气溶胶作为云凝结核时,其与太阳短波辐射的吸收导致较小的云滴被加热蒸发,减少水云太阳短波辐射的散射作用,从而导致短波 CRF 的减弱。

估算整个热带地区气溶胶导致的 CRF 改变的方法如下:

(1)假设大量统计得到的 CRF 随 AOD/AI 的线性变化能够代表真实大气中的情况(图5.4),AOD/AI 为 0 时的值即为不存在气溶胶时的 CRF。计算观测得到的每个 AOD/AI 组中的 CRF 与该值的差别(以 D 表示),代表不同组中由于气溶胶所导致的 CRF 的变化。

(2)假设不同的 AOD/AI 组中的样本个数在整个样本集合中的比率(图5.5)能够代表真实大气中气溶胶浓度的分布情况,而后以这一比率为权重系数,乘以每个 AOD/AI 组的 D 值,将不同组的乘积相加,得到的值就是整个 AOD/AI 分布范围内气溶胶导致的 CRF 的变化(以Da 表示,图5.6 中各数值所示)。

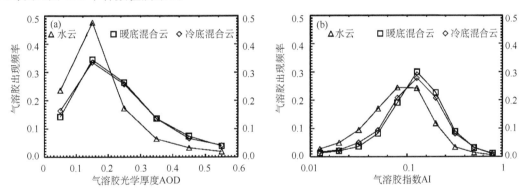

图 5.5　不同 AOD(a)和 AI(b)组中的样本个数占总样本个数的百分比。其中带正方形的线表示暖底混合云,带钻石形的线表示冷底混合云,带三角形的线表示液态水云

(3)从以上两步中可以得到三种类型云在陆地/海洋上的 Da 值,再假设不同云的样本个数与整个样本集合的比值(参见表5.3)与真实大气中不同类型云存在的比率相同,以这一比率为权重系数乘以不同类型的 Da 值,这些乘积之和就是所有类型云由于气溶胶所导致的 CRF 的变化。

(4)以海洋样本个数与陆地样本个数为权重系数(比值为 0.246∶0.754),计算出整个热带地区气溶胶所导致的 CRF 的变化,最后计算得到的值为 -4.18 W·m^{-2}。

这一负值说明在热带地区白天,气溶胶对各种类型的云造成的影响导致的间接辐射效应的最终结果是冷却地气系统。

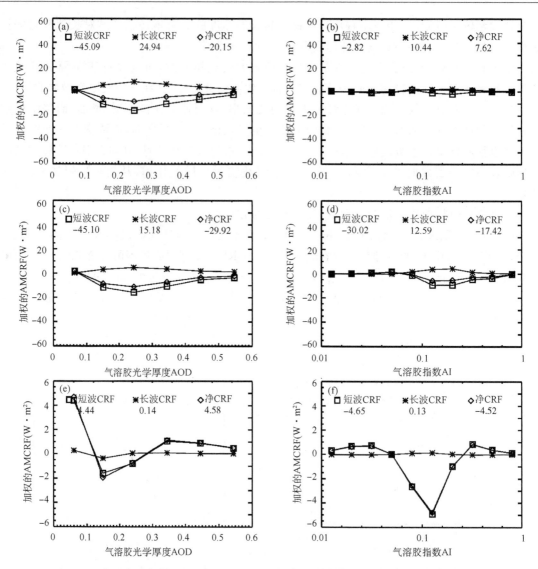

图 5.6　气溶胶引起的云辐射强迫（AMCRF）在不同 AOD(a,c,e)；AI(b,d,f)组的改变

（上/中/下图分别代表了暖底混合云/冷底混合云/液态水云，左/右为陆地/海洋）

5.1.3.3　气象要素场对气溶胶激活效应的影响

在用观测资料研究云与气溶胶相互作用时，大尺度动力结构和云演变的高度耦合始终是难以解决的困难之一，这使得解释任何观测到的气溶胶和云之间的关系是否的确是由气溶胶所导致变得非常困难。采用大量和长时间尺度资料的平均在一定程度上能够削弱其他因素的影响而体现出气溶胶的作用，但仍需要验证气溶胶和大尺度的动力场要素的相关。下文中通过 CloudSat 资料集中提供的温度、压力和湿度等气象要素，计算了多个表征大气动力状态的参数，并分析它们与 AOD/AI 的相关性。这些要素包括：①CWV(column water vapor,气柱水汽含量)；②LTSS(lower tropospheric static stability,低层大气静力稳定度，定义为位温在地表和 700 hPa 层之间的差值)(Klein *et al.*,1993)；③VaporD(水汽差，定义为当前比湿和饱和比湿之差在 500 hPa 和 700 hPa 高度层之间的积分)(Redelsperger *et al.*,2002)；④500 hPa

高度上的相对湿度。图 5.7 给出这些要素与 AOD/AI 的相关。

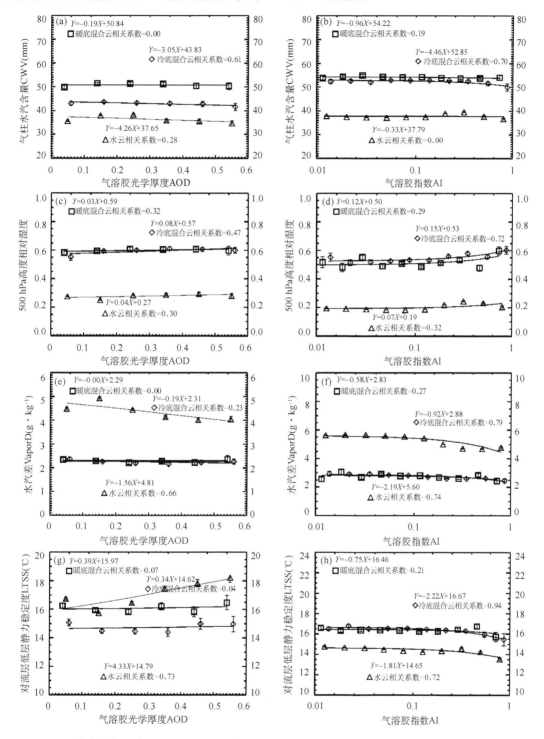

图 5.7　各气象场要素与 AOD/AI 的相关性（AI 用对数坐标）。（a,b）气柱水汽含量,（c,d）500 hPa 高度相对湿度,（e,f）水汽差,（g,h）对流层低层静力稳定度,左/右为陆地/海洋。其中带正方形的线表示暖底混合云,带钻石形的线表示冷底混合云,带三角形的线表示液态水云

对于水云而言,陆地上的 LTSS 与 AOD 有微弱的正相关,而海洋上的 LTSS 与 AI 有微弱的负相关。VaporD 与 AOD 和 AI 均呈负相关。而 500 hPa 上的相对湿度和 CWV 均与 AOD/AI 没有明显的相关。对于混合相态的云而言,除了陆地上的 LTSS 与 AOD 有微弱的正相关和 RH500 与 AI 的有微弱的正相关以外,其他要素不随 AOD/AI 的变化而改变。总而言之,AOD/AI 与以上要素之间微弱的相关在一定程度上说明前文所述的云物理、辐射特性随 AOD/AI 的显著改变并非受大尺度动力条件的主导影响所致,进一步加强了气溶胶是其主导因素的可信度。

5.1.4　气溶胶对典型站点云的影响

气溶胶对热带地区混合云的影响表现出显著的激活效应的特点,其中一方面的原因是热带地区以对流云为主,更适宜激活效应的显现。本节选取中国寿县和 4 个 ARM(Atmospheric Radiation Measurement,国际大气辐射测量计划)的测站(站点的基本信息和代表的云类型由表 5.4 给出)作为代表,研究气溶胶对测站周围云的物理特性的影响。具体的步骤如下:

(1)选定站点周围 1°×1° 的格点,当 CloudSat 经过该格点时,提取出 CloudSat 扫描剖面中的云物理特性。

(2)提取 MODIS 给出的该格点对应时间的 AOD。

(3)根据 AOD 的概率分布,比较云物理特性在 AOD 高值和低值条件下的变化。

图 5.8 给出的是 2007—2010 年 5 个站点的 AOD 分布图,括号内的值是该站点 AOD 的平均,横坐标是样本个数。将每个站点按 AOD 从小到大排列中的前 30% 和后 30% 的云属性的平均作为干净和污染情况下云特性的代表,比较云特性在不同气溶胶浓度下的改变。表 5.5 给出的是 5 个站点污染和干净情况下的采样个数和选取的 AOD 阈值。

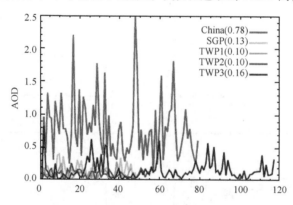

图 5.8　5 个站点的 AOD 分布(见彩图)

图 5.9 给出的是干净/污染条件下的云量廓线。结果表明在不同地表类型条件下,干净和污染情况下云量廓线的改变明显不同。与干净情况相比,代表近海陆地和内陆条件的 China 和 SGP 站点在污染情况下低层云量减少而高层云量增加,而代表热带海洋地区的 TWP1、TWP2 和 TWP3 站点随着气溶胶浓度的增加各高度的云量都有增加,而且高层云的云量增加更为明显。说明在大陆条件下,水汽较为不充足,增多的气溶胶对水汽的竞争会减小低层的云量,然而当动力条件使得云能够旺盛发展时,气溶胶激活效应能够激发高层冰云更强烈的发展。而在热带海洋条件下,充足的水汽与增多的气溶胶相结合能产生更多的云,使得低层云量

增加;同时热带地区旺盛的对流使得新形成的大量云滴抬升,同样激活冰云的旺盛发展,因此高层云量也有显著的加强。Li 等(2011)发现在 SGP 站,地面气溶胶浓度的增加会导致高云出现的频率增加而低云出现的频率减少,5 个站点观测到的云按照云顶高度分至不同的组,分析干净/污染情况下的各组出现频率的不同。

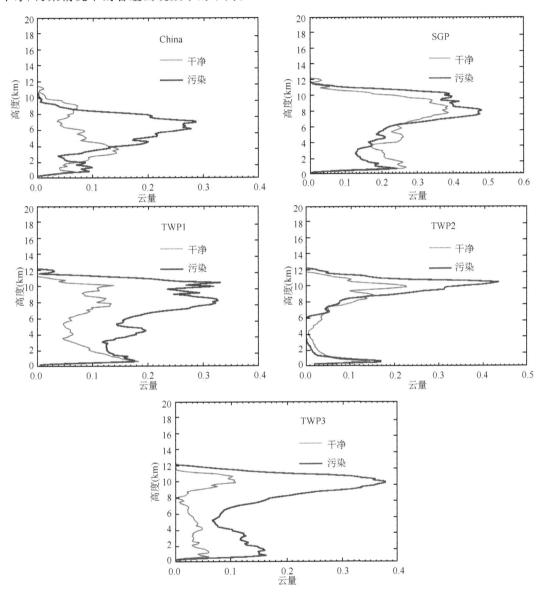

图 5.9　5 个站点干净/污染条件下的平均云量廓线

图 5.10 给出 5 个站点在干净/污染情况下,不同高度云顶组出现的频率。结果与以往研究相一致,与干净情况相比,污染情况下的低云的出现概率减少,而高云的出现概率增加。

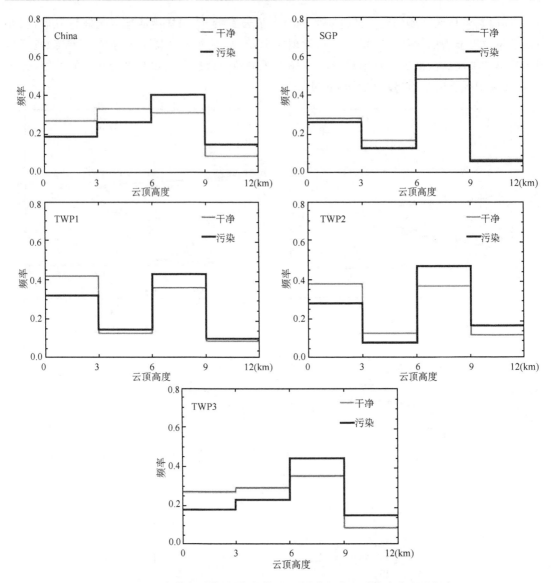

图 5.10　5 个站点干净/污染条件下,不同分组内云顶高度的出现频率

表 5.4　5 个典型站点的基本信息

物理参数	经纬度	站点海拔高度(m)	代表云类型
中国寿县站(China)	32°33′30.18″N/116°46′55.02″E	22.7	中纬度近海陆地云
美国南部大平原站(SGP)	36°36′18.0″N/97°29′6.0″W	320	中纬度内陆云
热带西太平洋站 1(TWP1)	2°3′39.64″S/147°25′31.43″E	0	热带海洋对流云
热带西太平洋站 2(TWP2)	0°31′15.6″S/166°54′57.6″E	0	热带海洋对流云
热带西太平洋站 3(TWP3)	12°25′28.56″S/130°53′29.75″E	0	热带海洋对流云

表 5.5　干净/污染的区分阈值及采样个数

站点	干净/污染区分阈值(AOD)	采样个数(干净/污染)
China	0～0.6/0.8～2.46	30/31
SGP	0～0.1/0.12～0.4	23/18
TWP1	0～0.1/0.12～0.4	23/21
TWP2	0～0.11/0.13～0.28	29/26
TWP3	0～0.10/0.15～1.0	45/43

5.2　气溶胶间接效应对气候的影响

气溶胶的间接效应指的是气溶胶能够作为云凝结核或冰核,改变云的微物理和辐射性质以及云的寿命,间接影响气候系统。根据具体影响机制的不同,可分为两类:第一类间接效应表现为气溶胶对云滴有效半径的影响;第二类间接效应表现为了气溶胶对降水效率的影响。以下部分将着重分析两类间接效应的总影响。在分析气溶胶的间接效应时,分别进行了 4 个试验。试验 CONT 为控制试验,不包含气溶胶的间接效应;试验 FAIE 中仅包含了气溶胶对云滴有效半径的影响,体现了气溶胶的第一类间接效应;试验 SAIE 仅包含了气溶胶对降水效率的影响,体现了气溶胶的第二类间接效应;试验 TAIE 包含了上述两种影响,体现了气溶胶总的间接效应。需要指出的是,本节内容没有考虑海洋对气溶胶间接效应的响应。模式中气溶胶间接效应参数化过程为观测得到的经验关系式,详见第 3 章 3.3 节中的介绍。

图 5.11 给出了气溶胶总的间接效应造成的大气顶净短波辐射通量变化的全球年平均分布以及年平均和季节平均的纬向平均分布。从图 5.11a 可以看出,气溶胶总的间接效应造成的短波辐射通量的变化以减少为主,特别是在亚洲季风区,辐射通量减少最大达到 -10 W·m^{-2}。但是,在热带部分地区辐射通量有所增加,如赤道太平洋、南亚、西大西洋等。从图 5.11b 可以看出,气溶胶总的间接效应造成短波辐射通量的年平均和季节平均的纬向平均分布与第一类间接辐射强迫的分布基本相似,但是造成辐射通量的变化明显要高于第一类间接辐射强迫,特别是在夏季北半球中高纬度、冬季南半球 45°～60°S,总的间接效应造成的短波辐射通量的变化

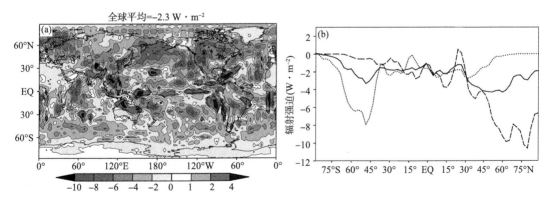

图 5.11　气溶胶总的间接效应造成的大气顶净短波辐射通量变化的全球年平均分布(a)
以及年平均和季节平均的纬向平均分布(b,单位:W·m^{-2})
(图 b 中实线代表年平均值,虚线代表夏季平均值,点线代表冬季平均值)

的最大值约为第一类间接辐射强迫的两倍。

表 5.6 总结了气溶胶不同间接效应对一些重要气候变量的影响。第一类间接效应引起大气顶全球年平均净短波辐射通量的变化约为 -1.95 W・m^{-2}。由于地气系统辐射通量的减少,全球年平均地表温度下降 0.06 K。由于海洋未参与响应,这里的全球平均地表温度变化主要是陆地表面温度的变化。由于云反照率的增加,全球年平均短波云强迫减少了 1.71 W・m^{-2}。第一类间接效应对长波辐射通量、长波云强迫、总云量和降水的影响较小。气溶胶第二类间接效应造成全球年平均总的云液态水路径增加 27.44 g・m^{-2},降水率减少 0.031 mm・d^{-1}。同样需要指出的是,由于海洋未参与响应,这里的降水变化是与辐射强迫相关的快速响应。但是由于模式过高估计了云的液态水含量,因此模拟的第二类间接效应造成的总的云液态水路径的变化可能存在一定的偏差。云水含量的增加增大了云的反照率,造成大气顶年平均净短波辐射通量减少约 0.58 W・m^{-2},从而使得到达地表的辐射通量减少,年平均地表温度降低约 0.05 K。气溶胶第二类间接效应对长波辐射通量和长波云强迫的影响也较小。但是,由于第二类间接效应造成的气候响应,使得中高云云量减少,从而导致总云量减少了 1.3%。中高云减少的机制目前仍不是太清楚,需要将来进行更多的观测研究。

表 5.6　气溶胶间接效应造成的全球大气顶短波净短波通量(FSNT)和净长波通量(FLNT)、地表净短波通量(FSNS)和短波云辐射强迫(SWCF)、长波云辐射强迫(LWCF)、总云水路径(LWP)、总云量(CLD$_{tot}$)、地表温度(TS)和降水率(PR)的年平均变化

要素	FAIE-CONT	SAIE-CONT	TAIE-CONT
ΔFSNT(W・m^{-2})	-1.95	-0.58	-2.27
ΔFLNT(W・m^{-2})	-0.06	-0.15	-0.31
ΔFSNS(W・m^{-2})	-1.97	-0.74	-2.41
ΔSWCF(W・m^{-2})	-1.71	-0.37	-1.84
ΔLWCF(W・m^{-2})	-0.02	-0.02	-0.022
ΔLWP(g・m^{-2})	0.48	27.44	28.12
ΔCLD$_{tot}$(%)	0.1	-1.3	-1.1
ΔTS(K)	-0.06	-0.049	-0.12
ΔPR(mm・d^{-1})	0.0037	-0.031	-0.03

注:FAIE-CONT,SAIE-CONT 和 TAIE-CONT 分别代表了第一类、第二类和总的间接效应的影响。

除了短波辐射通量的变化外,气溶胶总的间接气候效应对气候场的影响近似于第一和第二类间接效应的加和。气溶胶总的间接效应造成年平均大气顶净短波辐射通量的变化为 -2.27 W・m^{-2},年平均地表温度下降约 0.12 K,降水率减少了 0.03 mm・d^{-1}。北半球地表温度的变化明显高于南半球(分别为 -0.21 K 和 -0.03 K)。北半球中高纬度表面温度下降最明显,特别是北极地区,年平均温度降低近似 1.5 K(图 5.12)。南北半球地表温度变化的差异造成了半球间降水率的变化也具有明显差异,北半球降水的减少约为南半球的 1.6 倍。在热带地区降水率的变化最明显,除了 $15°\sim30°$S 和 $15°$N 左右降水率有所增加外,热带其他纬度上降水率均减少,热带地区年平均降水率变化约为 -0.04 mm・d^{-1},北赤道附近(约 $5°$N)降水率变化最大,年平均降水率减少超过 0.15 mm・d^{-1}(图 5.12)。

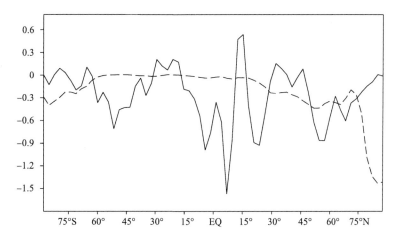

图 5.12　气溶胶总的间接效应造成的年平均降水率(实线,单位:10^{-1} mm · d^{-1})和
地表温度(虚线,单位:K)的纬向平均变化

图 5.13 给出了气溶胶总的间接效应造成的年平均垂直速度的变化。在热带 15°S～15°N,对流层垂直上升运动明显减弱,从而增强大气稳定度,造成降水减少(图 5.12),但是在其两侧垂直对流运动有所增强,有利于降水形成(图 5.12)。综合降水和垂直速度的变化可以看出,气溶胶总的间接效应造成热带辐合带(ITCZ)的强度减弱,但范围有所拓宽。

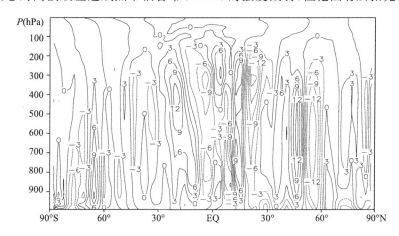

图 5.13　气溶胶总的间接效应造成的年平均垂直速度变化的纬度-高度剖面图(单位:-10^{-2} hPa · s^{-1})的
纬向平均变化

前面内容我们讨论了三种主要由人类活动引起的气溶胶的直接和半直接效应对东亚夏季风的影响,而气溶胶的间接效应也是一种全球性的大尺度现象,其对大气热力过程和动力过程都存在明显的影响,因此必定也会对东亚夏季风和区域气候产生一定的影响。图 5.14 为气溶胶总的间接效应对东亚夏季平均的地表净辐射通量和地表温度的影响。从图中可以看出,由于气溶胶的间接效应的影响,中国华北地区夏季地表净辐射通量明显增强,从而导致地表温度升高,最大值达到了 1℃,这可能主要是由于云量明显减少引起;在中国长江以南地区,地表辐射通量和温度变化均不明显,这是因为中国夏季主要受东亚西南夏季风的影响,气溶胶浓度大值区位置偏北,位于华北地区,而中国南方气溶胶浓度相对偏小。

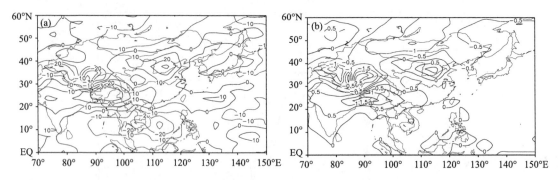

图 5.14　气溶胶总的间接效应造成东亚夏季平均地表净辐射通量(a,单位:W·m^{-2})和
地表温度(b,单位:K)的变化

　　大气热力场的变化将引起大气动力过程发生变化。从图 5.15 气溶胶总的间接效应造成东亚夏季平均的 850 hPa 风场的变化可以看出,由于气溶胶的间接效应的影响,我国东部和南部的东北或偏北气流明显增强。夏季,中国东部和南部主要是受东亚西南夏季风的影响,西南夏季风从南海地区带来大量的暖湿气流进入我国南部和东部,从而造成降水。气溶胶间接效应造成的东北或偏北气流的增强必将对西南夏季风起到减弱作用,从而减弱夏季风对水汽的输送能力,最终造成中国南部和东部地区降水明显减少(图 5.16)。但是,图 5.14b 显示气溶胶间接效应造成中国东部海陆表面热力对比并无明显减弱,甚至有所增加,这说明气溶胶间接效应可能通过影响对流层热力和动力过程,从而影响东亚夏季风强度。大量的暖湿气流堆积在中国南海上空,且在该地区,由于气旋性环流的形成,增强了大气的垂直上升运动,从而导致降水增加。

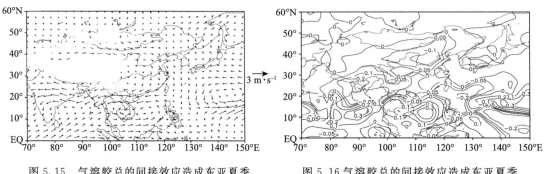

图 5.15　气溶胶总的间接效应造成东亚夏季　　　图 5.16 气溶胶总的间接效应造成东亚夏季
　　　平均的 850 hPa 风场的变化　　　　　　　　平均降水率的变化(单位:mm·d^{-1})

　　我国江淮流域和华北地区降水主要受西太平洋上东南夏季风的影响。气溶胶间接效应导致中国东部洋面上偏北和西北气流增强,减弱了东南夏季风对我国江淮流域和华北地区的水汽输送,从而造成这些区域降水明显减少,特别是我国华北地区,降水率最大减少达到了 0.1 mm·d^{-1}。

　　图 5.17 为气溶胶总的间接效应造成的 105°～120°E 平均的夏季平均大气温度和垂直经圈环流的变化。从图 5.17a 大气温度的变化可以看出,由于气溶胶的间接效应的影响,25°N 以北对流层温度基本降低,25°N 以南对流层温度升高,但是在 10°～30°N 对流层低层出现了一个明显的冷舌。大气温度的变化导致了局地经圈环流也发生了变化(图 5.17b)。在 10°～15°N 由于大气温度升高,垂直上升运动发展。但是在 15°～40°N,由于对流层低层降温,高层升温,抑制了大气的对流活动,导致下沉运动增强。该区域增强的下沉运动在对流层低层辐

散,增强了低层大气向南运动,从而减弱了东亚夏季风对暖湿气流的向北输送。最终,暖湿气流输送的减弱和下沉运动的增强导致 15°～40°N 的中国南部和东部夏季风降水明显减少。此外,我们可以看到气溶胶间接效应造成 40°N 附近的对流层中上层大气温度明显降低,这可能导致东亚副热带西风急流向南移动,从而导致东亚夏季风减弱。

总的来看,气溶胶的间接效应减弱了东亚夏季风的强度,造成中国南部和东部夏季降水减少。

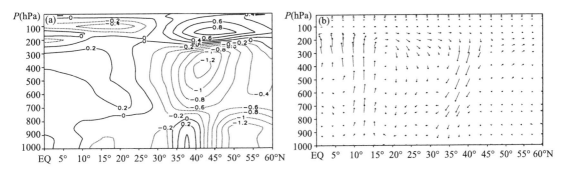

图 5.17 气溶胶总的间接效应造成的 105°～120°E 平均的夏季平均大气温度(a,单位:℃)和垂直经圈环流(b)变化的纬度-高度剖面图

5.3 黑碳-云滴混合效应对气候的影响

黑碳气溶胶(BC)在大气气溶胶成分中所占比例较小,一般占百分之几到百分之十几,但它对气候的影响却不容忽视。黑碳气溶胶对从可见光到红外波段范围内的太阳辐射都具有强烈的吸收作用,从而直接增加地-气系统所吸收的太阳辐射能量,增加大气温度,被认为是造成全球变暖的一个潜在因子(Menon et al.,2002;Chung et al.,2005;Ramanathan et al.,2008;Shindell et al.,2012)。其次,它能与硫酸盐、有机碳等水溶性气溶胶混合作为云凝结核或直接作为冰核,改变云的微物理和辐射性质以及云的寿命,间接影响气候系统(Hansen et al.,2005;Lohmann et al.,2005;Zhang et al.,2011)。在云区,大气中的黑碳气溶胶除了能够直接加热大气,导致云滴蒸发(Hansen et al.,1997;Koch et al.,2010)之外,还能够进入云滴内部,减小云滴的单次散射比,增强云滴对太阳辐射的吸收(Chuang et al.,2002;Jacobson,2006;Jacobson,2010)。

本节给出了黑碳-云滴混合效应对气候的影响。利用耦合了混合层海洋模式的 BCC_AGCM2.0.1_CUACE/Aero,设计了两个试验:试验 1(Exp1)中云滴的光学性质使用纯水滴的光学性质;试验 2(Exp2)中考虑黑碳与云滴内部混合对云滴光学性质的影响。混合云滴光学性质的计算方法见第 3 章 3.3 节中的介绍。

图 5.18 给出了黑碳-云滴混合效应造成的各物理量全球年平均值差异的垂直廓线。由于黑碳主要集中在对流层中下层,黑碳和云滴内部混合会明显减小这些高度上云滴的单次散射比,从而使得云吸收光学厚度显著增加,在 550 nm 波长增加最大达到 0.00014(图 5.18a)。云滴对太阳光吸收的增强,造成对流层大气短波加热率增大,温度明显升高(图 5.18b 和 d)。大气温度升高最大发生在对流层中层,最大值接近 0.1 K,近地表温度升高约 0.08 K。地表和大

气温度的升高,造成更多的地表蒸发和大气中云水的蒸发,从而使得大气中水汽含量增加(图5.18e 和表 5.7)。水汽作为一种温室气体,能够吸收太阳辐射,从而进一步增加地表和大气温度,而温度增加又会导致更多的地表蒸发和云水蒸发,形成了一个正反馈的机制(Jacobson,2006)。

黑碳与云滴内部混合增加了云对太阳辐射的吸收,改变了大气的热力场,也必然导致大气动力场发生变化。在对流层中低层大气垂直上升运动明显减弱,造成水汽的垂直输送减弱,水汽在对流层低层堆积,使得低层相对湿度增大,云量和云水含量增多,但在对流层中高层垂直上升运动有所增强,造成水汽向上输送增强,高层大气相对湿度、云量和云水含量也均增加(图5.18f、g 和 h)。而在对流层中层,由于相对湿度的减小,造成云量明显减少。云量和云水路径的变化又导致了大气长波加热率随之发生变化(图 5.18c 和 h)。

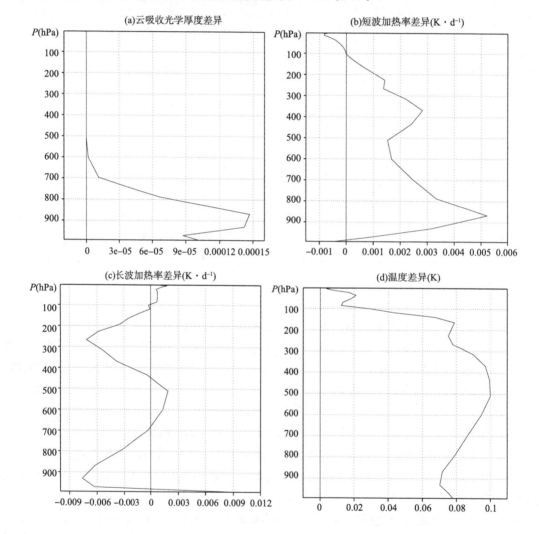

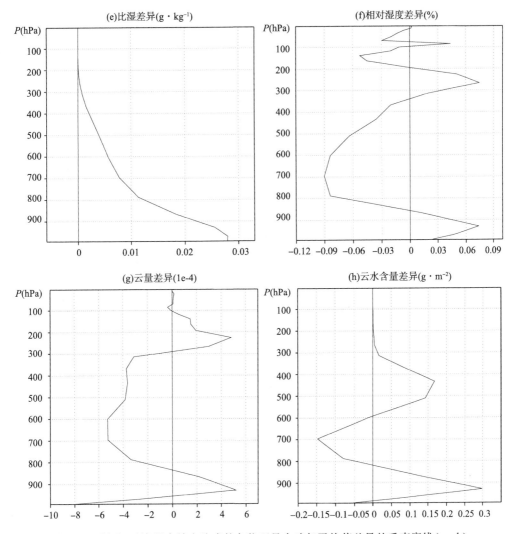

图 5.18　黑碳-云滴混合效应造成的各物理量全球年平均值差异的垂直廓线(a—h)

　　表 5.7 给出了各物理量全球年平均值的变化。黑碳-云滴混合效应导致 550 nm 云光学厚度和吸收光学厚度都有所增加,吸收的增强导致大气中云量蒸发,造成地表温度升高,全球年平均地表温度升高了 0.08 K。地表温度升高主要发生在南半球中高纬度,而在北半球中高纬度出现了地表温度降低,局地降温达到了 -1.5 K(图 5.19a)。从图 5.19b 可以看到,由于北半球中高纬度大部分区域表面净辐射通量减少,尤其是北太平洋和大西洋、欧亚大陆中部、西欧和北美西部,这导致了表面冷却。北半球表面冷却造成表面水汽蒸发减少,并减弱了大气的含水能力(图 5.19c),这种正反馈效应进一步冷却大气。在南半球中纬度海洋上表面净辐射通量的增加造成了表面温度的升高。此外,黑碳与云滴内部混合导致的云对太阳辐射吸收增强改变了大气热力结构,从而影响大气环流和热传输,反过来又会影响表面和大气温度。

表 5.7   黑碳-云滴混合效应造成的各物理量全球年平均值的差异

参数	参考值（Exp1）	差异（Exp2—Exp1）
表面温度（K）	287.7	0.08
550 nm 波长柱云光学厚度	42.6	0.045
550 nm 波长柱云吸收光学厚度	0.0003	0.0017
总云量	3.4	−0.004
柱云水路径（g·m^{-2}）	137.5	0.18
柱水汽含量（g·kg^{-1}）	61.7	0.18
表面潜热通量（W·m^{-2}）	77.5	0.1
降水（mm·d^{-1}）	2.7	0.003
大气顶净短波通量（W·m^{-2}）	230.3	0.21

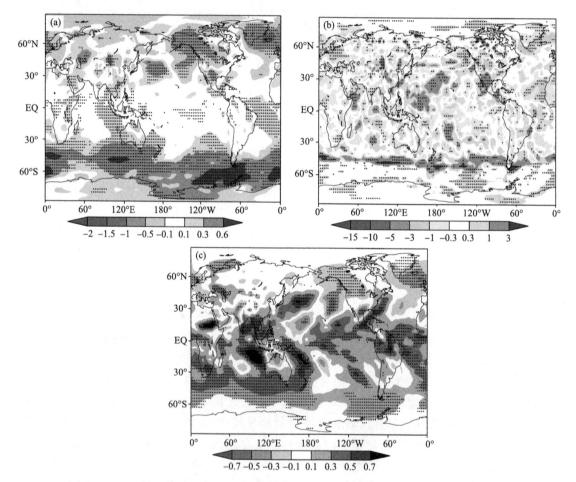

图 5.19   黑碳-云滴混合效应造成的年平均地表温度（a,单位:K）、表面净辐射通量（b,单位:W·m^{-2}）和整层水汽含量（c,单位:g·kg^{-1}）变化的全球分布（"·"代表信度水平超过 90% 的区域）

图 5.20 给出了黑碳-云滴混合效应造成的年平均降水变化的全球分布和纬向平均分布。北半球热带大部分区域降水减少,而南半球热带降水以增加为主（图 5.20a）。降水变化最明显的区域发生在热带太平洋和印度洋,最大增加（减少）达到了 ±0.4 mm·d^{-1}。南北半球平

均温度变化的非对称性(南半球升高 0.19 K,北半球降低 0.04 K)造成了大气动力场发生调整。在赤道辐合带内,赤道北边东北信风增强,增强的东北信风跨越赤道,与赤道南边增强的东南信风辐合(图 5.20c)。最终,赤道以南垂直上升运动增强,降水增加,而赤道以北垂直上升运动减弱,降水减少(图 5.20b),这可能造成与赤道辐合带有关的热带降水最大值的南移。该结论与 Broccoli 等(2006)的假定一致,即:当表面温度发生改变时,赤道辐合带可能朝着相对更暖的半球移动。

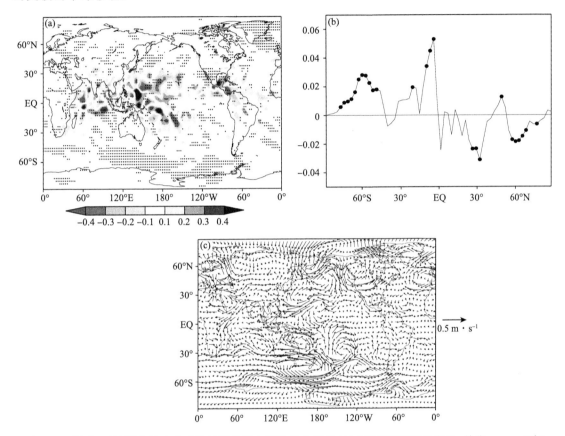

图 5.20　黑碳–云滴混合效应造成的年平均降水变化的全球分布(a)和纬向平均分布(b,单位:mm · d^{-1})("·"代表降水变化信度水平超过 95%的区域)以及 850 hPa 风场的变化(c,单位:m · s^{-1})

参考文献

彭杰,2013.云的垂直重叠和热带地区气溶胶间接效应[D].北京:中国气象科学研究院.

王志立,2011.典型种类气溶胶的辐射强迫及其气候效应的模拟研究[D].北京:中国气象科学研究院.

Albrecht B,1989. Aerosols,cloud microphysics,and fractional cloudiness[J]. *Science*,**245**(4923):1227-1230, doi:10.1126/science.245.4923.1227.

Albrecht B A,Randall D A,Nicholls S,1988. Observations of marine stratocumulus clouds during FIRE[J]. *Bulletin of the American Meteorological Society*,**69**(6):618-626.

Andreae M O,Rosenfeld D,Artaxo P,*et al.*,2004. Smoking rain clouds over the Amazon[J]. *Science*,**303**(5662):1337-1342.

Bell T L,Rosenfeld D,Kim K M,2009. Weekly cycle of lightning:Evidence of storm invigoration by pollution [J]. *Geophysical Research Letters*,**36**(23).

Broccoli A J,Dahl K A,Stouffer R J,2006. Response of the ITCZ to Northern Hemisphere cooling[J]. *Geophysical Research Letters*,**33**(1),doi:10. 1029/2005GL024546.

Chuang CC,Penner J E,Prospero J M,*et al.*,2002. Cloud susceptibility and the first aerosol indirect forcing: Sensitivity to black carbon and aerosol concentrations[J]. *Journal of Geophysical Research*:Atmospheres,**107**(D21),doi:10. 1029/2000JD000215.

Chu D A,Remer L A,Kaufman Y J,*et al.*,2005. Evaluation of aerosol properties over ocean from Moderate Resolution Imaging Spectroradiometer(MODIS)during ACE-Asia[J]. *Journal of Geophysical Research*: Atmospheres,**110**(D7),doi:10. 1029/2004JD005208.

Chung S H,Seinfeld J H,2005. Climate response of direct radiative forcing of anthropogenic black carbon[J]. *Journal of Geophysical Research*:Atmospheres,**110**(D11),doi:10. 1029/2004JD005441.

Fan J,Zhang R,Li G,*et al.*,2007. Simulations of cumulus clouds using a spectral microphysics cloud-resolving model[J]. *Journal of Geophysical Research*:Atmospheres,**112**(D4),doi:10. 1029/2006JD007688.

Feingold G,Jiang H,Harrington J Y,2005. On smoke suppression of clouds in Amazonia[J]. *Geophysical Research Letters*,**32**(2),doi:10. 1029/2004GL021369.

Freud E,Rosenfeld D,2012. Linear relation between convective cloud drop number concentration and depth for raininitiation[J]. *Journal of Geophysical Research*:Atmospheres,**117**(D2),doi:10. 1029/2011JD016457.

Freud E,Rosenfeld D,Kulkarni J R,2011. Resolving both entrainment-mixing and number of activated CCN in deep convective clouds[J]. *Atmospheric Chemistry and Physics*,**11**(24):12887-12900,doi:10. 5194/acp-11-12887-2011.

Hansen J,Sato M,Ruedy R,1997. Radiative forcing and climate response[J]. *Journal of Geophysical Research*:Atmospheres,**102**(D6):6831-6864.

Hansen J,Sato M K I,Ruedy R,*et al.*,2005. Efficacy of climate forcing[J]. *Journal of Geophysical Research*: Atmospheres,**110**(D18),doi:10. 1029/2005JD005776.

Jacobson M Z,2006. Effects of externally-through-internally-mixed soot inclusions within clouds and precipitation on global climate[J]. *The Journal of Physical Chemistry A*,**110**(21):6860-6873,doi:10. 1021/jp056391r.

Jacobson M Z,2010. Short-term effects of controlling fossil-fuel soot,biofuel soot and gases,and methane on climate,Arctic ice,and air pollution health[J]. *Journal of Geophysical Research*:Atmospheres,**115** (D14),doi:10. 1029/2009JD013795.

Khain A,Pokrovsky A,Pinsky M,*et al.*,2004. Simulation of effects of atmospheric aerosols on deep turbulent convective clouds using a spectral microphysics mixed-phase cumulus cloud model. Part I:Model description and possible applications[J]. *Journal of the atmospheric sciences*,**61**(24):2963-2982.

Khain A,Rosenfeld D,Pokrovsky A,2005. Aerosol impact on the dynamics and microphysics of deep convective clouds[J]. *Quarterly Journal of the Royal Meteorological Society*,**131**(611):2639-2663.

Khain A P,BenMoshe N,Pokrovsky A,2008. Factors determining the impact of aerosols on surface precipitation from clouds:An attempt at classification[J]. *Journal of the Atmospheric Sciences*,**65**(6):1721-1748.

Klein S A,Hartmann D L,1993. The seasonal cycle of low stratiform clouds[J]. *Journal of Climate*,**6**(8): 1587-1606.

Koch D,DelGenio A D,2010. Black carbon semi-direct effects on cloud cover:review and synthesis[J]. *Atmospheric Chemistry and Physics*,**10**(16):7685-7696,doi:10. 5194/acp-10-7685-2010.

Koren I,Kaufman Y J,Rosenfeld D,et al.,2005. Aerosol invigoration and restructuring of Atlantic convective clouds[J]. *Geophysical Research Letters*, **32**(14)：L14828.

Langenberg H,2011. Atmospheric science：Triggered lightning[J]. *Nature Geoscience*,**4**(3)：140-140.

Lee SS,Donner L J,Penner J E,2010. Thunderstorm and stratocumulus：how does their contrasting morphology affect their interactions with aerosols? [J]. *Atmospheric Chemistry and Physics*,**10**(14)：6819-6837.

Levy R C,Remer L A,Kleidman R G,*et al.*,2010. Global evaluation of the Collection 5 MODIS dark-target aerosol products over land[J]. *Atmospheric Chemistry and Physics*,**10**(21)：10399-10420,doi：10.5194/acp-10-10399-2010.

Levy R C,Remer L A,Mattoo S,*et al.*,2007. Second-generation operational algorithm：Retrieval of aerosol properties over land from inversion of Moderate Resolution Imaging Spectroradiometer spectral reflectance [J]. *Journal of Geophysical Research*：Atmospheres,**112**(D13),doi：10.1029/2006JD007811.

Lin J C,Matsui T,Pielke R A,*et al.*,2006. Effects of biomass-burning-derived aerosols on precipitation and clouds in the Amazon Basin：A satellite-based empirical study[J]. *Journal of Geophysical Research*：Atmospheres,**111**(D19),doi：10.1029/2005JD006884.

Li Z,Niu F,Fan J,*et al.*,2011. Long-term impacts of aerosols on the vertical development of clouds and precipitation[J]. *Nature Geoscience*,**4**(12)：888-894,doi：10.1038/ngeo1313.

Li Z,Niu F,Lee K H,*et al.*,2007. Validation and understanding of MODIS aerosol products using ground-based measurements from the handheld sun-photometer network in China[J]. *J. Geophys. Res*,**112**(D22)：D22,doi：10.1029/2007JD008479.

Lohmann U,Feichter J,2005. Global indirect aerosol effects：a review[J]. *Atmospheric Chemistry and Physics*,**5**(3)：715-737,doi：10.5194/acp-5-715-2005.

Marshak A,Wen G,Coakley J A,*et al.*,2008. A simple model for the cloud adjacency effect and the apparent bluing of aerosols near clouds[J]. *Journal of Geophysical Research*：Atmospheres,**113**(D14),doi：10.1029/2007JD009196.

Menon S,Hansen J,Nazarenko L,*et al.*,2002. Climate effects of black carbon aerosols in China and India[J]. *Science*,**297**(5590)：2250-2253.

Mi W,Li Z,Xia X,*et al.*,2007. Evaluation of the moderate resolution imagingspectroradiometer aerosol products at two aerosol robotic network stations in China[J]. *Journal of Geophysical Research*：Atmospheres,**112**(D22),doi：10.1029/2007JD008474.

Molinié J,Pontikis C A,1995. A climatological study of tropical thunderstorm clouds and lightning frequencies on the French Guyana coast[J]. *Geophysical research letters*,**22**(9)：1085-1088.

Nakajima T,Higurashi A,Kawamoto K,*et al.*,2001. A possible correlation between satellite-derived cloud and aerosol microphysical parameters[J]. *Geophysical Research Letters*,**28**(7)：1171-1174.

Niu F,Li Z,2012. Systematic variations of cloud top temperature and precipitation rate with aerosols over the global tropics [J]. *Atmospheric Chemistry and Physics*, **12** (18)：8491-8498,doi：10.5194/acp-12-84910-2012.

Radke L F,Jr C J,King M D,1989. Direct and remote sensing observations of the effects of ships on clouds. [J]. *Science*,**246**(4934)：1146-1149.

Ramanathan V,Carmichael G,2008. Global and regional climate changes due to black carbon[J]. Nature geoscience,**1**(4)：221-227,doi：10.1038/NGEO156.

Ramanathan V,Crutzen P J,Kiehl J T,*et al.*,2001. Aerosols,climate,and the hydrological cycle[J]. *Science*,**294**(5549)：2119-2124.

Ramaswamy V,Boucher O,Haigh J,*et al.*,2001. Radiative Forcing of Climate Change,in：Climate Change 2001：The Scientific Basis. Contribution of working group I to the Third Assessment Report of the Intergovernmental Panel on Climate Change, edited by: Houghton J T, Ding Y, Griggs D J, *et al.* , 349-416, Cambridge Univ. Press, New York.

Redelsperger J L, Parsons D B, Guichard F, 2002. Recovery processes and factors limiting cloud-top height following the arrival of a dry intrusion observed during TOGA COARE[J]. *Journal of the atmospheric sciences*, **59**(16): 2438-2457.

Rosenfeld D, 2000. Suppression of rain and snow by urban and industrial air pollution[J]. *Science*, **287**(5459): 1793-1796.

Rosenfeld D, Bell T L, 2011. Why do tornados and hailstorms rest on weekends? [J]. *Journal of Geophysical Research*: Atmospheres, **116**(D20), doi: 10. 1029/2011JD016214.

Rosenfeld D, Fromm M, Trentmann J, *et al.* , 2007. The Chisholm firestorm: observed microstructure, precipitation and lightning activity of a pyro-cumulonimbus [J]. *Atmospheric Chemistry and Physics*, **7**(3): 645-659.

Rosenfeld D, Lohmann U, Raga G B, *et al.* , 2008. Flood or drought: how do aerosols affect precipitation? [J]. *Science*, **321**(5894): 1309-1313.

Seifert A, Beheng K D, 2006. A two-moment cloud microphysics parameterization for mixed-phase clouds. Part 2: Maritime vs. continental deep convective storms[J]. *Meteorology and Atmospheric Physics*, **92**(1-2): 67-82.

Shindell D, Kuylenstierna J C I, Vignati E, *et al.* , 2012. Simultaneously mitigating near-term climate change and improving human health and food security[J]. *Science*, **335**(6065): 183-189.

Twomey S, 1977. The influence of pollution on the shortwave albedo of clouds[J]. *Journal of the atmospheric sciences*, **34**(7): 1149-1152.

Van denHeever S C, Carrió G G, Cotton W R, *et al.* , 2006. Impacts of nucleating aerosol on Florida storms. Part I: Mesoscale simulations[J]. *Journal of the atmospheric sciences*, **63**(7): 1752-1775.

Wang C, 2005. A modeling study of the response of tropical deep convection to the increase of cloud condensation nuclei concentration: 1. Dynamics and microphysics[J]. *Journal of Geophysical Research*: Atmospheres, **110**(D21), doi: 10. 1029/2004JD005720.

Wang Z, Zhang H, Li J, *et al.* , 2013. Radiative forcing and climate response due to the presence of black carbon in cloud droplets[J], *Journal of Geophysical Research*: Atmospheres, **118**(9): 3662-3675, doi: 10. 1002/jgrd. 50312.

Wen G, Marshak A, Cahalan R F, *et al.* , 2007. 3-D aerosol-cloud radiative interaction observed in collocated MODIS and ASTER images of cumulus cloud fields[J]. *Journal of Geophysical Research*: Atmospheres, **112**(D13), doi: 10. 1029/2006JD008267.

Yang W, Marshak A, Várnai T, *et al.* , 2012. Effect of CALIPSO cloud-aerosol discrimination (CAD) confidence levels on observations of aerosol properties near clouds[J]. *Atmospheric research*, **116**: 134-141.

Yuan T, Li Z, Zhang R, *et al.* , 2008. Increase of cloud droplet size with aerosol optical depth: An observation and modeling study [J]. *Journal of Geophysical Research*: Atmospheres, **113**(D4), doi: 10. 1029/2007JD008632.

Zhang H, Wang Z, 2011. Advances in the study of black carbon effects on climate[J]. *Advances in Climate Change Research*, **2**(1): 23-30, doi: 10. 3724/SP. J. 1248. 2011. 00023.

第 6 章　气溶胶的综合气候效应

从全球平均来看,气溶胶整体呈现一种降温效应,可以部分抵消温室气体引起的全球气候变暖。因为气溶胶的区域分布不均匀特征,多数研究集中于气溶胶的区域气候效应,尤其是在典型的季风区。然而,从全球视角研究气溶胶的气候效应依然很有意义,一方面,气溶胶中的细粒子可以随大气环流进行远距离输送;另一方面,从半球的尺度讲,大气气溶胶整体的重心偏向北半球,它引起的气候响应是全球性的。本章主要探讨人为气溶胶过去和未来的排放变化对全球和东亚气候的影响,除了讨论气溶胶对辐射、温度、环流和降水等常规气候变量的影响外,气溶胶对地表干旱程度的影响也是本章的一个重点。

6.1　人为气溶胶对全球气候的影响

人为气溶胶对全球和区域气候均产生非常重要的影响。如 Bollasina 等(2011)发现 20 世纪下半叶南亚地区降水减少主要是由人为气溶胶增加引起的。Zhang 等(2012)认为人为气溶胶可以通过降低东亚地区的海-陆温差和气压差引起东亚夏季风减弱。因为气溶胶空间分布的不均匀性,多数研究关注人为气溶胶对特定地区气候的影响。但人为气溶胶持续不断地排放进大气并进行全球范围的输送,因而从全球角度来研究人为气溶胶的气候效应仍有必要。本节利用 BCC_AGCM2.0_CUACE/Aero 模式模拟了人为气溶胶总的效应(包含气溶胶-辐射和气溶胶-云相互作用)对过去和未来气候的影响。

6.1.1　试验设计

本节用到的人为气溶胶排放数据包括 IPCC AR5 1850 年和 Representative Concentration Pathway(RCP)4.5 排放路径下 2010 年和 2100 年人为气溶胶的排放及情景数据(2010—2100年),三种人为气溶胶(硫酸盐、黑碳和有机碳)的排放率均有明显的下降,其中硫酸盐前体物 SO_2、黑碳和有机碳的排放强度分别下降了大约 93.72、4.36、23.21 Tg·a^{-1}。其中,2100 年有机碳的排放强度将低于工业革命前的排放水平,而且 1850—2010 年人为气溶胶排放增加最明显的地区,也将是 2010—2100 年人为气溶胶排放减少最明显的地区。

利用 BCC_AGCM2.0_CUACE/Aero 模式,分别在 1850、2010 年和 2100 年人为气溶胶排放条件下做三组模拟试验。为了充分模拟气候对气溶胶的响应,在所有试验中均耦合一个浅层海洋模式。对比不同试验结果,讨论 1850—2010 年和 2010—2100 年总人为气溶胶排放变化对全球气候的影响。

6.1.2　1850—2010 年总人为气溶胶排放增加对全球气候的影响

1850—2010 年总人为气溶胶排放增加造成全球年平均地表温度降低约 2.53 K,该值明显大于 Kristjánsson 等(2005)和 Takemura 等(2005)的模拟结果。但是这里模拟的全球年平均地表温度变化与 3.4 节中模拟的总人为气溶胶 ERF 的比值与 Takemura 等(2005)相同,均为 $1.02\ \mathrm{K\cdot W^{-1}\cdot m^2}$。从图 6.1a 可以看出,总人为气溶胶排放增加造成的地面降温主要发生在 30°N 以北的地区。在北极,地表降温可超过 7 K,这可能与冰雪反照率的正反馈机制有关。与冰雪反照率有关的降温还发生在中国的青藏高原地区。30°N 以北的太平洋是全球层云云量分布最多的地区之一(Li et al.,2014),同时该地区又处于东亚气溶胶向东传输的路径上,因此 40°~60°N 的太平洋上的降温可能与气溶胶-云相互作用有关。从纬向平均大气温度变化的剖面图上可以看到,500 hPa 高度以下,北半球中、高纬地区由赤道指向北极的温度梯度增加非常明显。而在高层约 150 hPa 高度附近的两半球中、低纬度地区,由极地指向赤道的温度梯度有所增加(图 6.1b)。这种高低层温度变化有利于北半球经圈环流增强。且从垂直方向的温度变化上看,40°S~15°N 高层降温比低层明显,有利于降低大气稳定度。

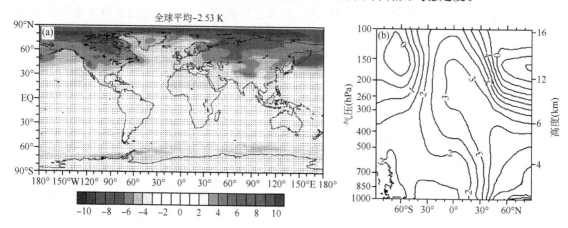

图 6.1　1850—2010 年总人为气溶胶排放增加造成的地表温度变化(a,单位:K),
大气平均温度变化的纬度-高度剖面图(b,单位:K)

1850—2010 年总人为气溶胶排放增加引起的地表降温造成全球年平均蒸发率降低了约 0.20 mm·d^{-1}。总人为气溶胶排放增加造成全球大部分地区地表蒸发减少,尤其以北半球中纬度海洋上最为明显(图 6.2a)。从图 6.2a 还可以看出,北半球中纬度地区西风明显增强,而低纬度地区东风增强,增强的东风在越过赤道后受地转偏向力的影响转为西风。在东亚、南亚和西非季风区,总人为气溶胶排放增加造成从陆地吹向海洋的风增强,但在东南亚和中国南部,从海洋吹向陆地的风略有增加。整体来看,总人为气溶胶排放增加造成的低空风场变化不利于南亚和东亚季风强度偏强,这与前人的研究结论(Bollasina et al.,2011;Jiang et al.,2013)是一致的。

虽然造成全球大部分地区地表蒸发降低,但总人为气溶胶排放增加却造成近地面空气相对湿度增加,全球年平均增加量为 0.46%。与地表蒸发变化主要发生在海洋上不同,近地面空气相对湿度的变化主要发生在陆地上。其中近地面空气相对湿度增加比较明显的地区包括北美中部和东部、欧亚大陆 30°~60°N 的大部分地区、南美洲中部、非洲南部和澳大利亚。而在美国西南部、北非西南部、印度、南美洲东北部和南部地区,近地面空气相对湿度有所减小。空气相对湿度的变化取决实际水汽压(主要与比湿有关)和饱和水汽压(主要与温度有关)的相对变化。在地表蒸发减少的情况下,近地面空气相对湿度增加主要和人为气溶胶造成的地面降温,以及因此引起的饱和水汽压减小有关。近地面空气相对湿度增加反过来会进一步造成地表蒸发的减少。

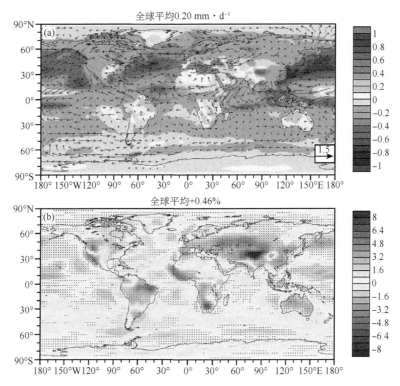

图 6.2　1850—2010 年总人为气溶胶排放增加造成的地表蒸发(填色图,单位:mm·d⁻¹)和 850 hPa 风场变化(矢量图,单位:m·s⁻¹)(a)和近地面空气相对湿度(%)的变化(b),其中黑"·"代表结果通过了显著性水平为 0.05 的 t 检验

1850—2010 年总人为气溶胶排放增加引起的温度响应最明显的特点是:地面和低层大气由赤道指向北极的温度梯度增加,高层由两极指向赤道的温度梯度也增加。高低纬之间的温度梯度是驱动大气环流的根本原因,因此,经向温度梯度的变化必然会引起相应的环流变化。从图 6.3a 可以看出,在 10°~30°N 下沉气流明显增强(或上升气流减弱),而在 20°S 与赤道之间下沉气流有所减弱(或上升气流增强)。相应的,低层 0~20°N 东风明显增强(或西风减弱),20°~50°N 西风有所增强(或东风减弱),而高层 0~50°N 西风明显增强(或东风减弱)(图6.3b)。南半球中、低纬度的纬向风变化与北半球基本相反,但幅度要弱得多。从平均经向环流和平均纬向风的变化可以看出,1850—2010 年总人为气溶胶排放增加可以引起北半球 Hadley 环流增强,而南半球 Hadley 环流减弱。Hadley 环流是负责将热带地区的热量输送到中、高纬度的最重要的大气运动形式。总人为气溶胶增加造成的北半球中、高纬度地区强烈的降温使得热量的南—北输送加强(图 6.3c),进而引起了北半球 Hadley 环流增强。同时南半球热带地区(20°S 与赤道之间)上升气流的增强意味着赤道附近的辐合上升区有向南移动的趋势。南半球热带地区上升运行增强,一方面是对总人为气溶胶引起的南、北半球之间不对称的温度变化的响应,另一方面也与总人为气溶胶引起的垂直温度变化(图 6.1)和由此引起的大气稳定度降低有关。

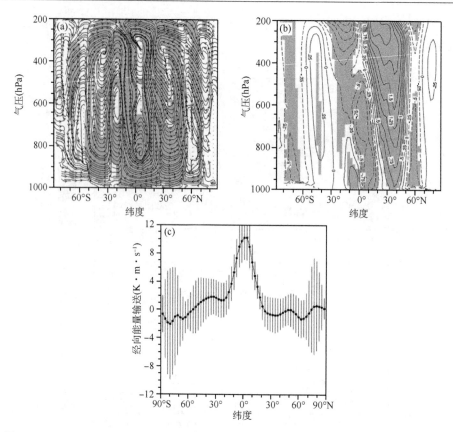

图 6.3　1850—2010 年总人为气溶胶排放增加造成的平均经向环流的变化(a);纬向平均纬向
风的变化(b,单位:m·s⁻¹);整层纬向平均的经向能量输送变化(c,单位:K·m·s⁻¹),(a)和(b)中
阴影代表结果通过了显著性水平为 0.05 的 t 检验,(c)中的棒状代表 1 个标准差

　　1850—2010 年总人为气溶胶排放增加造成全球平均总云量增加约 0.94%,云水路径增大
约 2.16 g·m⁻²。从图 6.4c 可以看出,总人为气溶胶排放增加造成两极地区总云量减少;中
纬度地区总云量有所增加,尤其是北半球中纬度海洋和亚欧大陆的中、西部地区;在热带地区,
赤道南侧的太平洋、南美洲中部和东北部、非洲西南部和印度洋地区云量增多,赤道北侧太平
洋、南半球热带海洋东部总云量减少。从图 6.4d 可以看出,总人为气溶胶排放增加造成北半
球中纬度地区云水路径增加,尤其是东亚地区增加最明显。另外,在东南亚、南美洲北部和非
洲南部等人为气溶胶排放较多的区域,云水路径增加也比较明显。

　　气溶胶主要通过三种方式影响云:其一,具有吸湿性的气溶胶(如硫酸盐)可以作为云凝结
核与冰核促进水汽凝结和凝华;其二,对太阳辐射具吸收性的气溶胶(如黑碳)通过加热大气,
促进云滴蒸发;其三,气溶胶与辐射、云相互作用影响气候,通过气候的反馈(如蒸发、环流、大
气稳定度等)过程反过来影响云。从图 6.4a 和 b 可以看出,在总人为气溶胶增加较小的地区
(远离人为气溶胶源地和主要传输路径),总云量和云水路径的变化有增加也有减少,这可能主
要与总人为气溶胶引起的气候反馈有关。当气溶胶柱含量增加越来越明显时,总云量和云水
路径的变化逐渐以增加为主,尤其当总人为气溶胶柱含量增加超过 10 mg·m⁻² 时(主要分布
在南亚北部、东南亚、中国东部及附近的海域),总云量和云水路径的变化基本是增加的,而且
有随着总人为气溶胶柱含量增量的增加而逐渐增加的趋势,尤其是云水路径的增加趋势更为

明显。在总人为气溶胶柱含量增加明显的地区(气溶胶的源地和主要传输路径上),总云量和云水路径的增加可能与吸湿性气溶胶(硫酸盐和有机碳)作为云滴凝结核增加水汽凝结有关。从全球平均来看,总人为气溶胶排放增加造成了总云量和云水含量增加。

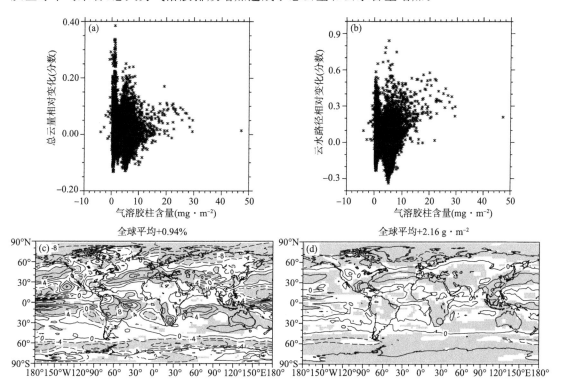

图 6.4　1850—2010 年总人为气溶胶排放增加造成的总云量(a,高＋中＋低云量)和云中水路径(b,云水＋云冰)的相对变化与气溶胶柱含量变化的散点图;总云量(c,%)与云中水路径(d,单位:g·m⁻²)变化的空间分布;其中(c)和(d)中阴影部分表示结果通过了显著性水平为 0.05 的 t 检验

　　1850—2010 年总人为气溶胶排放增加造成全球平均降水减少约 0.20 mm·d⁻¹。从图 6.5 上看,总人为气溶胶排放增加造成的降水变化在赤道附近南、北两侧有着明显的对比:北侧降水减少,尤其是在太平洋上;而南侧降水则有所增加。降水变化的这种特征意味着 ITCZ (intertropical convergence zone,赤道辐合带)的降水中心有向南移动的趋势。另外,从图 6.5 还可以明显看出,总人为气溶胶排放增加造成东亚、南亚和西非季风区降水减少。从全球平均来看,遵循质量守恒定律,降水的变化总是等于地表蒸发的变化。因此,总人为气溶胶排放增加造成的降水减少,最直接的原因是其造成的地表蒸发,尤其是海洋蒸发的减少(图 6.2a)。

　　许多古气候资料显示,当北半球处于冷期时,常常会伴随 ITCZ 的南移。为研究这种现象 Broccoli 等(2006)做了一个理想试验,分别在 40°S 以南和 40°N 以北的地区人为增加一个热源和冷源,发现北半球的 Hadley 环流会明显增强,并向赤道南侧扩张,而南半球 Hadley 环流有所减弱,且赤道辐合上升区向南移动,从而造成 ITCZ 降水中心南移。通过与古气候资料所揭示的现象对比,并结合前面对 1850—2010 年总人为气溶胶引起的温度和环流响应可以发现,总人为气溶胶引起的热带地区降水变化与北半球处于冷期时的情况类似。其背后有着相似的原因,即北半球中、高纬度强烈的降温造成从赤道向北极方向的大气能量输送加强,从而加强了北半球的 Hadley 环流。与 Hadley 环流变化相对应,在低层,赤道北侧东北风加强,并在

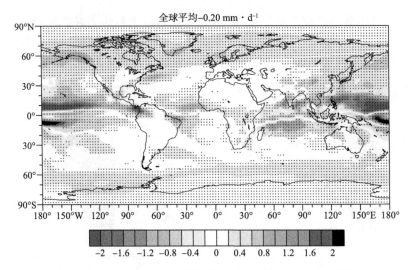

图 6.5　1850—2010 年总人为气溶胶排放增加造成的降水率变化(单位:mm·d^{-1}),
其中黑"·"标出的地方代表结果通过了显著性水平为 0.05 的 t 检验

越过赤道后转为西北风与赤道南侧减弱的东南风汇合造成 ITCZ 降水中心的南移。以往针对气溶胶对东亚和南亚季风区降水影响的研究往往着眼于区域尺度,而且主要从海陆温差和大气稳定度的变化两方面讨论气溶胶对季风强度和降水的影响。然而从图 6.2 和 6.5 可以看出,东亚、南亚和西非季风区均处于北半球加强的 Hadley 环流影响范围内,从陆地吹向海洋的东北风加强,不利于降水的形成。因此,总人为气溶胶主要分布在北半球中、高纬度地区的事实和引起的温度、环流响应是气溶胶对季风区降水影响的一个大的背景。从这点上讲,从全球尺度探讨气溶胶对气候的影响,包括对季风区气候的影响具有重要的意义。

6.1.3　2010—2100 年总人为气溶胶排放减少对全球气候的影响

根据 IPCC RCP4.5 排放路径,2100 年总人为气溶胶的排放水平将接近工业革命前的水平。1850—2010 年人为气溶胶排放增加最多的地区也是未来近百年人为气溶胶减排最明显的地区。2010—2100 年总人为气溶胶排放减少造成全球平均地表温度升高约 2.06 K。从空间分布来看,总人为气溶胶排放减少引起的地表升温主要发生在北半球的中、高纬度地区(图 6.6a)。

减排人为气溶胶造成的地表升温使全球平均地表蒸发增加了约 0.16 mm·d^{-1},从图 6.6b 可以看出,在中纬度的大洋西部蒸发增加最明显。同时在 850 hPa 上,北半球中纬度西风有所减弱,有利于水汽从海洋向大陆东部输送。在中国与美国的东海岸,蒸发变化与 850 hPa 风场变化的配合有利于将海洋蒸发的水汽输送到大陆,从而有利于降水的增加。在北半球低纬度地区 850 hPa 东风有所减弱,有利于海洋上的水汽向大陆西部输送,如南美的西北部、西非季风区和南亚地区。北半球中、低纬度 850 hPa 风场的变化表明,2010—2100 年减排人为气溶胶造成的北半球中、高纬度升温使北半球 Hadley 环流有所减弱。

2010—2100 年减排人为气溶胶带来的降水变化最明显的特征是赤道附近南、北两侧的对比:北侧降水增加,而南侧降水减少(图 6.6c)。赤道地区降水的变化意味着 ITCZ 降水中心有北移的趋势。对比图 6.5 和 6.6 表明,ITCZ 的降水中心随着人为气溶胶排放变化造成的两半球不对称的温度变化而南北移动,并且 ITCZ 降水中心总是趋向于向相对温暖的半球一侧移动。

在减排人为气溶胶的情况下,南美洲的西北部、西非季风区、南亚和东亚地区降水均有所增加。

2010—2100 年减排人为气溶胶造成全球平均近地面空气相对湿度降低约 0.38%。虽然减排人为气溶胶带来了更多的降水,但大部分地区的近地面空气相对湿度却有所减小,尤其是在陆地上(图 6.6d)。总体来看,减排人为气溶胶造成的地表升温使饱和水气压升高,而地表蒸发变化所提供的大气水分增量不足以抵消增加的水分需求,这是近地面空气相对湿度减少的主要原因。水分供需变化的矛盾在陆地表现更加明显,对比图 6.6a 和 b 可以发现,减排人为气溶胶造成的地表升温主要发生在陆地,而造成的蒸发增加却主要发生在海洋上,这是陆地上地表空气相对湿度减小更突出的主要原因。结合 6.1 节的讨论可以发现,人为气溶胶变化引起的降水(蒸发)变化总体上与地面相对湿度变化是相反的。这也说明简单地用一个地区的降水变化来判断其地表干湿程度的变化至少是不全面的。

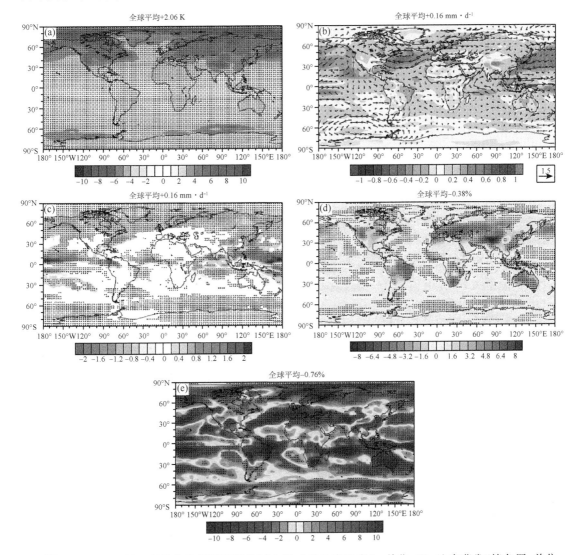

图 6.6　2010—2100 年总人为气溶胶排放减少造成的地表温度(a,单位:K);地表蒸发(填色图,单位:mm・d⁻¹)和 850 hPa 风场(矢量图,单位:m・s⁻¹)(b);降水(c,单位:mm・d⁻¹);地面相对湿度(d,%);总云量(e,%)的变化,其中黑"・"标出的区域代表结果通过了显著性水平为 0.05 的 t 检验

　　2010—2100 年减排人为气溶胶造成全球平均总云量减少约 0.76%,这从反面佐证了人为气溶胶可以增加总云量的结论。从总云量变化的空间分布上可以看出,在两极地区,总云量普遍有所增加;在中纬度,除北半球大陆东部部分地区和南美洲南部以外,总云量以减少为主;在热带地区,赤道以北总云量以增加为主,赤道以南除大陆西侧外,总云量以减少为主。降水变化与总云量的变化在空间分布上具有很好的一致性。

6.2　气溶胶对地表干旱程度的影响

　　干旱地区(包括极端干旱、干旱、半干旱和干旱半湿润地区)占全球陆地总面积的约 41%,是地球生态系统中非常重要的一个组成部分(Reynolds et al.,2007)。随着世界人口的增长和受过度放牧、开垦的影响(Schlesinger et al.,1990),干旱地区的生态环境变得非常脆弱,对气候变化异常敏感(Emanuel et al.,1985;黄建平 等,2013)。Solomon 等(2007)发现全球气候变暖使得干旱地区的地表干旱程度有所增加。Feng 等(2013)发现 1948—2008 年间,全球干旱地区的面积在逐渐扩大,而且未来近 100 年里,因温室气体增加造成的气候变暖,全球干旱地区的扩张趋势还会持续下去。弄清楚不同因素对地表干旱程度及全球干旱、半干旱地区范围的影响对我们防治沙漠化具有重要的指导意义。已有研究表明,温室气体主导的全球气候增暖可以造成干旱、半干旱地区的扩张(Emanuel et al.,1985;Gao et al.,2008;Fraedrich et al.,2011;Fu et al.,2014;Cook et al.,2014)。那么同样作为人为活动产物的气溶胶对干旱、半干旱地区气候的影响如何也值得研究。

　　本节利用 BCC_AGCM2.0_CUACE/Aero 模式,根据一个物理意义清晰且基于物理公式推导的干燥度指数(UNEP,1992),首先讨论了 1850—2010 年和 2010—2100 年总人为气溶胶排放增加和减少对地表干旱程度及干旱、半干旱地区范围的影响;其次分别讨论了硫酸盐、黑碳和有机碳对地表干旱程度和干旱、半干旱地区范围的影响;最后考虑到沙尘气溶胶和干旱气候之间的紧密关系,讨论了沙尘气溶胶对地表干旱程度和干旱、半干旱地区面积的影响。

6.2.1　试验设计与干旱指数的定义

　　在讨论过去(1850—2010 年)和未来(2010—2100 年)总人为气溶胶排放变化对地表干旱程度影响时采用了 6.1 节的试验结果。为了讨论不同种类人为气溶胶排放变化对地表干旱程度的影响,增加了三组试验,即分别单独考虑三种人为气溶胶(硫酸盐、黑碳、有机碳)排放增加至 2010 年的试验。最后,利用一组有无沙尘气溶胶的对照试验,用以探讨沙尘气溶胶对地表干旱程度的影响。

　　本节采用联合国环境规划署(UNEP,1992)推荐的干旱指数(AI)定义干旱、半干旱地区,该指数还被联合国防治荒漠化公约(UNCCD)用来定义干旱、半干旱和干旱半湿润地区。$AI = P/ET_0$,其中 P 代表了降水,ET_0(reference evapotranspiration)代表了参考蒸散[也有潜在蒸散或潜在蒸发的称法,这里与 Allen 等(1998)的提法保持一致,统一称作参考蒸散],指参考地面上的蒸发需求。根据 Allen 等(1998)中的定义,参考地面是一个假想的被草本植物均匀覆盖的地面(植被高度为 0.12 m,冠层阻力为 70 s·m^{-1},地表反照率为 0.23),而且土壤中水分充足。ET_0 的计算方法采用联合国粮食与农业组织(FAO)推荐的 FAO Penman-Monteith 方法,公式如下:

$$ET_0 = \frac{0.408\Delta(R_n - G) + \gamma \dfrac{900}{T+273} u_2 e_s (1-RH)}{\Delta + \gamma(1+0.34 u_2)} \tag{6.1}$$

式中 R_n 代表到达地面的净辐射通量密度;G 代表土壤热通量密度;T、u_2、e_s 和 RH 分别代表距地面 2 m 高度处的空气温度、风速、饱和水汽压和空气相对湿度;Δ 代表蒸发-气压曲线的斜率(the slope vapour-pressure curve);γ 是湿度计算常数。相对于其他参考蒸散的计算方法(Budyko,1974;Willmott,1992),FAO Penman-Monteith 方法明确地包含了植物生理学和空气动力学参数,且物理意义明确。根据 Fu 等(2014),该公式可以从以下地表能量平衡方程推导出来。

$$\left.\begin{array}{l} SH = \rho_a c_p C_H (T_s - T_a) \mid u \mid \\ LH = \rho_a L_v C_H [q^*(T_s) - q^*(T_a)RH] \mid u \mid /(1 + r_s C_H \mid u \mid) \\ R_n - G = SH + LH \\ LH = ET_0 \cdot L_v \end{array}\right\} \tag{6.2}$$

式中,SH 和 LH 分别代表地表感热和潜热;T_s 和 T_a 分别代表地-气界面上和空气的温度;ρ_a、u、q^* 和 RH 分别代表近地面的空气密度、风速、饱和比湿和相对湿度;c_p 和 L_v 代表空气比热容和水汽的蒸发潜热;C_H 为热传输系数;r_s 为水分充足条件下植物的冠层阻力。

根据 AI 的大小,可将全球陆地划分为极端干旱($AI<0.05$)、干旱($0.05<AI<0.2$)、半干旱($0.2<AI<0.5$)、干旱半湿润($0.5<AI<0.65$)、半湿润($0.65<AI<1$)和湿润($AI>1$)地区。如图 6.7 所示,全球干旱(包括极端干旱)、半干旱地区主要分布两半球副热带地区,包含北非、阿拉伯半岛、中亚、中国的北方、美国西部、澳大利亚中西部、南美洲和非洲的西南部。图 6.7 所示的干旱、半干旱区与 Fraedrich 等(2011)中利用 Köppen(1900)气候划分方法得到的干旱地区及利用 Budyko(1974)方法得到的沙漠和半沙漠地区在空间分布上是一致的。

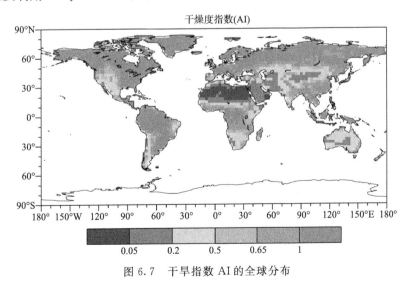

图 6.7 干旱指数 AI 的全球分布

6.2.2 1850—2010 年人为气溶胶排放增加对地表干旱程度的影响

1850—2010 年总人为气溶胶排放增加造成陆地年平均降水减少约 0.18 mm·d^{-1},与全球年平均降水减少量(0.20 mm·d^{-1})相近。需要说明的是,这里和以下所谓的陆地均与图

6.7 填色图所覆盖的范围一致。从图 6.8a 中可以看出，1850—2010 年总人为气溶胶排放增加造成赤道附近的中美洲、南美洲北部、非洲中部、南亚和东南亚地区降水减少，同时造成南美洲中东部、非洲西南部和澳大利亚大部分地区降水增加，赤道附近降水变化的分布与 6.1 节讨论的北半球中、高纬地区强烈降温造成的 ITCZ 降水中心南移有关。1850—2010 年总人为气溶胶排放增加主要造成北半球中高纬度地区降水减少，但北美东南部、地中海地区和中亚除外，原因可能与总人为气溶胶造成的中纬度低空西风增强有关。

1850—2010 年总人为气溶胶排放增加造成陆地平均 ET_0 减少约 0.35 mm·d^{-1}，约为陆地平均降水减少量的两倍。说明从陆地平均看，总人为气溶胶排放增加在减少降水的同时，过分地抑制了地表的蒸发与蒸腾能力。从图 6.8b 上看，1850—2010 年总人为气溶胶排放增加引起的 ET_0 减少是全球性的，尤其在北半球中纬地区最明显。

表 6.1 第 2 列给出了人为气溶胶排放增加引起的陆地平均 2 m 温度、地表有效能量、2 m 空气相对湿度和风速的变化。可以看出，总人为气溶胶排放增加造成 2 m 温度降低 3.5℃，地表有效能量减少 6.4 W·m^{-2}，2 m 空气相对湿度增加 1.7%，2 m 风速增加 0.019 m·s^{-1}。根据公式 6.1，除 2 m 风速变化外，地表有效能量减少、2 m 温度降低和近地面空气相对湿度增加均可造成 ET_0 降低。不论吸收性还是散射性气溶胶均会减少到达地面的太阳辐射，从而造成地表有效能量减少。总人为气溶胶增加引起的地面降温又会降低近地面饱和水汽压，从而使近地面空气相对湿度增加。人为气溶胶的增加使陆地平均 2 m 风速略有增加，这可能与人为气溶胶增强北半球 Hadley 环流有关。有观测表明，近几十年来全球地表风速有显著减小趋势（McVicar et al.，2012），从本节的结果来看这种减小可能不是人为气溶胶造成的。

为了理解人为气溶胶对 ET_0 的影响机制，表 6.1 第 3 列给出了 1850—2010 年总人为气溶胶排放增加通过影响 2 m 温度、地表有效能量、2 m 空气相对湿度和风速造成的陆地平均 ET_0 的变化。计算方法如下：分别以 1850 年和 2010 年人为气溶胶排放试验为参照和扰动试验，保持三个变量为参照试验结果，仅允许一个变量为扰动试验结果（如 2 m 温度），所计算的 ET_0 与参照试验 ET_0 的差异即为该变量对 ET_0 变化的贡献。从中可以看出，1850—2010 年总人为气溶胶排放增加主要通过降低地表温度，其次通过减少地表有效能量，再次通过增加近地面空气相对湿度，从而造成陆地平均 ET_0 减少。

表 6.1　1850—2010 年人为气溶胶排放增加引起的 2 m 温度、地表有效能量、2 m 空气相对湿度和风速变化，以及通过对这些变量的影响引起的 ET_0 变化

气候变量	气候变量的变化	ET_0 的变化（mm·d^{-1}）
2 m 温度	−3.5℃	−0.22
地表有效能量	−6.4 W·m^{-2}	−0.11
2 m 相对湿度	1.7%	−0.066
2 m 风速	0.019 m·s^{-1}	0.0060
总量		−0.39

地表是连接土壤和大气的界面，在一定程度上，近地面空气的相对湿度和土壤湿度是耦合的。因此，近地面空气相对湿度的变化大概可以反映一个地区地表干旱程度的变化。1850—2010 年总人为气溶胶排放增加造成 2 m 处空气相对湿度增加 1.7%（表 6.1）。从图 6.8c 可以看出，1850—2010 年总人为气溶胶排放增加造成北半球中纬度的大部分地区、南美洲的中部、非洲的中部与南部以及澳大利亚的大部分地区近地面空气相对湿度增加，而造成赤道附近的

南美洲北部、北非西南部和南亚地区近地面空气相对湿度降低,还造成北半球高纬度地区,如格陵兰岛、北欧和西伯利亚东部地区近地面空气相对湿度降低。

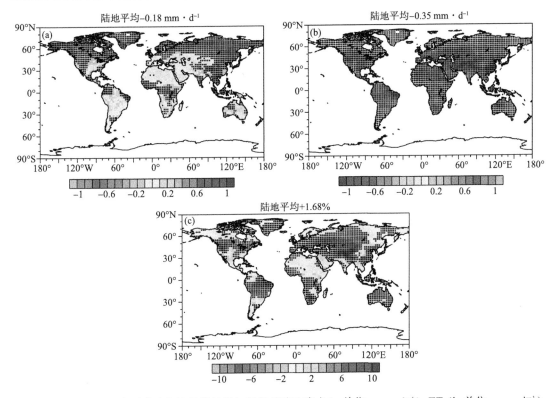

图 6.8 1850—2010 年总人为气溶胶排放增加引起的陆地降水(a,单位:mm·d⁻¹)、ET_0(b,单位:mm·d⁻¹)和 2 m 空气相对湿度(c,%)的变化,其中"·"代表结果通过了显著性水平为 0.05 的 t 检验

从 AI 和 ET_0 的定义可以看出,一个地区地表干旱程度的变化从根本上讲是该地区水分供需关系的变化。对 AI 的定义式 $AI = P/ET_0$ 进行变化可以得到:$\Delta AI/AI = (\Delta P/P - \Delta ET_0/ET_0)/(1 + \Delta ET_0/ET_0)$。1850—2010 年总人为气溶胶排放增加造成陆地 $\Delta P/P$ 和 $\Delta ET_0/ET_0$ 分别为 -8.75% 和 -11.25%,最终造成 AI 增加 2.81%。这说明从工业革命以来总人为气溶胶排放增加降低了陆地总体(不包括南极大陆)的地表干旱程度。从图 6.9a 可以看出,在赤道地区,总人为气溶胶排放增加造成了南美洲北部、北非西南部、中非的东部、南亚和东南亚地区地表干旱程度增加;在北半球,总人为气溶胶排放增加造成中纬度大部分地区地表干旱程度降低,这其中包括北非北部和地中海沿岸、中东、中亚等干旱、半干旱地区,但北美西南部、中国西部和北部、以及蒙古部分干旱、半干旱地区的地表干旱程度却有所增加,与此同时,总人为气溶胶造成北半球高纬度地区,如阿拉斯加、格陵兰岛和西伯利亚东部地区地表干旱程度增加;在南半球,总人为气溶胶排放的增加造成除了南美洲南部及南非的部分地区外的大部分地区地表干旱程度降低。对比图 6.8c 和图 6.9a 可以发现,总人为气溶胶排放增加引起的近地面空气相对湿度变化和地表干旱程度变化在空间分布上有很高的相似性,也证明了二者之间的耦合关系。

图 6.9b 给出了 1850—2010 年总人为气溶胶排放增加造成的极端干旱、干旱、半干旱和干旱半湿润四种气候类型中任意相邻两种之间的相互转化。在北半球,总人为气溶胶排放增加

造成地中海、黑海、里海沿岸和中亚地区部分极端干旱、干旱和半干旱地区向比其本身更湿润的气候类型转化，与此同时，造成北美西南部、北非西部、阿拉伯半岛、南亚、中国西部和北部以及蒙古南部的部分干旱半湿润、半干旱和干旱地区向比其自身更加干旱的气候类型转化；在南半球，除了南非东部的部分地区，总人为气溶胶排放增加主要造成干旱向半干旱、半干旱向干旱半湿润气候的转化。半干旱地区位于干旱地区的边缘，其面积的增加和减少代表了干旱（包括极端干旱）、半干旱地区总体范围的扩张与退缩。本章所用的模式空间分辨率不够高，精确计算半干旱地区的面积变化比较困难，但可通过统计在半干旱与干旱半湿润之间转化的网格数大概了解干旱、半干旱地区范围的变化。从全球来看，发生半干旱向干旱半湿润气候转化的网格数为 32 个，发生干旱半湿润向半干旱气候转化的网格数为 24 个。由此可见，1850—2010 年总人为气溶胶排放增加使全球干旱、半干旱地区范围略有缩小，结合陆地平均 AI 的变化，说明工业革命以来总人为气溶胶排放增加不会造成全球性的干旱化现象。但值得注意的是，在北美、东亚和南亚等地区，总人为气溶胶排放增加造成了地表干旱程度增加和干旱、半干旱地区范围扩张。

利用 Köppen 方法（Köppen，1900；Kottek *et al*.，2006）和 Budyko 方法（Budyko，1974；Fraedrich *et al*.，2011）研究 1850—2010 年总人为气溶胶排放增加引起的不同气候类型之间的转化，可以得到与 UNEP 方法（即图 6.9b 所示）类似的结论。证明上述总人为气溶胶对干旱（包括极端干旱）、半干旱地区范围影响的结论是稳定的。

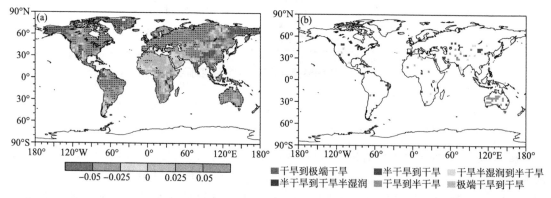

图 6.9　1850—2010 年总人为气溶胶排放增加引起的 AI 变化(a)，极端干旱、干旱、半干旱和干旱半湿润气候类型之间的转化(b)。(a)中"·"标示的地区代表结果通过了显著性水平为 0.05 的 t 检验(见彩图)

单独研究每一种人为气溶胶排放变化对地表干旱程度的影响，发现硫酸盐（SF）、黑碳（BC）和有机碳（OA）引起的陆地平均 $\Delta AI/AI$ 分别约为 1.48%、0.13% 和 −0.21%。SF 可以使全球年平均 AI 增加，即地表干旱程度降低，主要原因是过多地抑制了参考蒸散。BC 和 OA 对全球平均 AI 的影响相比 SF 小 1 个量级，说明 SF 主导着总人为气溶胶对地表干旱程度的影响。

SF 造成中美洲南部、非洲中部、南亚和东南亚部分地区 AI 减小，同时造成南美洲中东部、南非部分地区和澳大利亚大部分地区 AI 增加。在赤道以北，SF 造成北非北部、北美中东部地区、欧亚大陆中西部地区 AI 增加，同时 SF 还造成纬度较高的阿拉斯加、格陵兰岛、中国西北部、蒙古和西伯利亚东部地区 AI 明显减小(图 6.10a)。

从整体来看，BC 对 AI 的影响不如 SF 明显，而且通过显著性检验的地区很少(图 6.10b)。BC 造成中美洲、非洲中部、中南半岛和澳大利亚大部地区 AI 增大，同时引起南美洲东部地区 AI 减小。在北半球中纬地区，BC 造成北美洲中部和南部、地中海北侧、中东以及中国的中部

和南部 AI 减小。在北半球的高纬地区,BC 造成阿拉斯加、格陵兰岛部分地区和俄罗斯中西部 AI 减小,同时造成西伯利亚东部地区 AI 增加。

OA 造成中美洲南部、非洲中部、南亚和东南亚地区 AI 减小,同时造成南美洲中东部、南非西南部和澳大利亚大部分地区 AI 增加。另外,OA 造成阿拉斯加部分地区、格陵兰岛和西伯利亚东部 AI 减小(图 6.10c)。

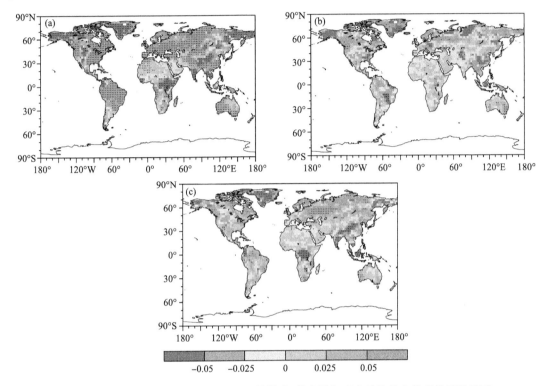

图 6.10　SF(a)、BC(b)和 OA(c)对 AI 的影响,其中黑"·"表示的地方代表结果通过了
显著性水平为 0.05 的统计检验

有研究认为在全球变暖的背景下,Hadley 环流向南、北两侧扩张,使得受副热带高压控制的干旱、半干旱地区向极地推进(Feng *et al*.,2013)。从 6.1 节可知,1850—2010 年人为气溶胶排放增多可以造成 Hadley 环流的北支加强、南支减弱,从而引起 ITCZ 向南移动。人为气溶胶是否可以引起干旱、半干旱地区的南北向移动值得关注。从图 6.11a 可以看出,SF 造成 $0°\sim23°N$ 范围内纬向平均 AI 减小,而该范围以外纬向平均 AI 增加。纬向平均 AI 的相对减小量在 $15°N$ 附近,即萨赫勒地区所在纬度,达到最大。$0°\sim23°N$ 与图 6.10a 中 AI 明显减小的中美洲、非洲中部和撒哈拉沙漠南缘、南亚和东南亚地区相对应。这意味着 SF 使得北半球热带地区纬向平均干旱程度增加,南半球和北半球副热带以北的地区纬向平均地表干旱程度减小,即 SF 可能引起北半球副热带干旱、半干旱区向南推进(最有可能发生在撒哈拉沙漠南缘)。从图 6.11a 还可以看出,SF 引起的纬向平均 $\Delta ET_0/ET_0$ 在 $23°N$ 以南随纬度变化很小,但在 $23°N$ 以北随纬度增加而迅速下降。而 SF 引起的纬向平均 $\Delta P/P$ 从 $4°S$ 以南的正值下降到 $15°N$ 的 -0.2 左右,之后略有上升,但在 $40°N$ 以北再次迅速下降。SF 造成的 $4°S\sim23°N$ 范围内纬向平均降水的强烈减少在北半球热带地区 AI 减小中起了关键性的作用。

从图 6.11b 可以看出,BC 造成 $7°S\sim20°N$ 范围内纬向平均 AI 增加,同时造成 $20°\sim43°N$

和 18°～7°S 纬向平均 AI 减小。其中 7°S～20°N 对应图 6.10b 中南美洲北部、非洲中部和撒哈拉沙漠的南缘、南亚和中南半岛所在的纬度;20°～43°N 则是北美洲南部、撒哈拉沙漠北部和地中海沿岸、中东以及中国中部和南部所处的纬度;而 18°～7°S 则包括南美洲东部、澳大利亚北部和印度尼西亚部分岛屿等 AI 减小的地区。这意味着 BC 可以造成北半球热带地区地表干旱程度减小,同时造成南半球热带地区(除靠近赤道的地区外)和北半球副热带及部分中纬度地区地表干旱程度增加。因此,BC 可能会引起干旱、半干旱地区向北扩张(最有可能发生在撒哈拉沙漠北缘和地中海地区),而不会造成北半球干旱、半干旱地区向南推进。从图 6.11b 可以看出,BC 引起的纬向平均 $\Delta ET_0/ET_0$ 在 50°N 以南随纬度的增加而逐渐增加,BC 引起的纬向平均降水变化是其造成纬向平均 AI 变化的主要因素。

OA 造成 4°S～31°N 范围内纬向平均 AI 减小,而该范围以外纬向平均 AI 增加(图 6.11c)。同 SF 一样,OA 也可以引起北半球热带地区,如南美洲北部、非洲中部、南亚和东南亚地区地表干旱程度增加,即有可能使干旱、半干旱地区向南扩张。虽然从纬向平均来看 OA 造成 31°N 以北 AI 增加,但是在具体的地区,如北美西部、地中海西北侧和中国北部,OA 却造成这里的 AI 的减小(图 6.10c),从而有可能使这些地区的干旱、半干旱区扩张。OA 造成的纬向平均 $\Delta ET_0/ET_0$ 同样在 23°N 以北随纬度迅速下降,为北半球中、高纬度纬向平均 AI 增加的主要原因。而在 10°S 以北和北半球的低纬地区,纬向平均降水的强烈减少是 OA 造成北半球热带地区地表干旱程度增加的主要原因。

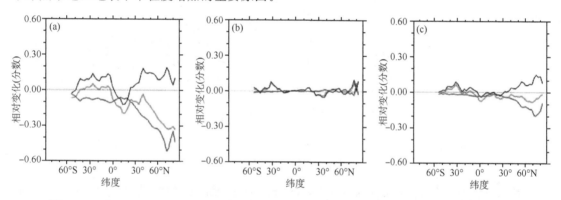

图 6.11　SF(a)、BC(b)和 OA(c)引起的纬向平均(仅陆地)$\Delta P/P$(绿线)、$\Delta ET_0/ET_0$(红线)和 $\Delta AI/AI$(黑线)(见彩图)

从图 6.12a 可以看出,SF 造成的半干旱向干旱半湿润气候转化的格点数为 37 个,而发生相反转化的格点数为 18 个。因此,从全球来看,SF 并不造成干旱、半干旱范围扩张。但在 18 个发生干旱半湿润向半干旱气候转化的格点中 11 个集中在东亚与南亚,说明了减排 SF 对这些地区的重要性。

BC 使萨赫勒地区出现了半干旱向干旱半湿润气候的转化,同时使地中海南岸和中东许多地区出现了干旱半湿润向半干旱以及半干旱向干旱气候的转化,一定程度上证实了关于 BC 引起北半球干旱、半干旱地区北移的可能性。BC 造成的半干旱向干旱半湿润气候转化的格点数为 7 个,而发生相反转化的格点数为 11 个,而且前者仅分布在北美、非洲和澳洲,后者在除欧洲之外的其他洲均有分布。因此,BC 可能会引起全球干旱、半干旱地区的扩张。需要特别指出的是,在中东地区,BC 引起的干旱加重尤其明显,不仅造成干旱、半干旱地区扩张,还使许多原本就是半干旱气候的地区干旱程度加重。BC 引起中东地区地表温度增加的同时还造成降水减少,这是造成该地区干旱程度加重比其他地区明显的原因。

　　OA 造成的相邻气候类型间的转化情况在空间分布上与 SF 具有一定的相似性,但发生气候类型转化的格点数相对 SF 少许多。OA 造成的半干旱向干旱半湿润气候转化的格点数为13 个,而发生相反变化的格点数为 12 个。同 SF 一样,OA 虽然不造成全球干旱、半干旱范围扩张,但在东亚和南亚北部可能会引起半干旱面积的增加,因此,OA 的减排对这些地区的重要性也应该得到重视。

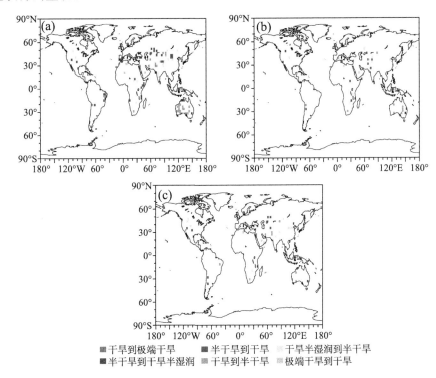

图 6.12　SF(a)、BC(b)和 OA(c)引起的极端干旱、干旱、半干旱和干旱半湿润气候类型之间的转化(见彩图)

6.2.3　预估 2010—2100 年总人为气溶胶排放减少对地表干旱程度的影响

　　从 6.1 节可知,未来人为气溶胶排放的减少会带来一个更加温暖的气候和更多的降水,同时气候变暖也意味着地表潜在蒸散能力增加。2010—2100 年总人为气溶胶排放减少造成陆地平均降水增加约 0.13 mm·d^{-1},略小于全球平均(0.16 mm·d^{-1})。从图 6.13b 可以看出,2010—2100 年总人为气溶胶排放减少造成赤道附近的南美洲北部、北非西南部、非洲中部、南亚和东南亚大部分地区降水增加,同时造成赤道南侧的南美洲东部、南非和澳大利亚大部分地区降水减少。从 6.1 节的讨论可知,2010—2100 年总人为气溶胶排放减少造成的热带地区的降水变化特征主要与 ITCZ 降水中心北移有关。在北半球中、高纬地区,总人为气溶胶排放减少主要造成降水增加,但在北美南部、地中海两岸和中亚地区造成降水减少,这主要与北半球中纬度从大西洋吹向陆地的低层西风减弱,不利于水汽从大西洋向这些地区的输送有关。

　　2010—2100 年总人为气溶胶排放减少造成陆地平均 ET_0 增加 0.28 mm·d^{-1},与 1850—2010 年总人为气溶胶排放增加时的情况一样,ET_0 的绝对变化约为降水变化的两倍。从图6.13c 可以看出,除格陵兰岛的部分地区外,2010—2100 年总人为气溶胶排放减少造成绝大部

分陆地地区 ET_0 增加。

从降水与 ET_0 的相对变化来看,2010—2100 年总人为气溶胶排放减少造成陆地平均降水增加 6.5%,ET_0 增加 10.2%,根据 AI、P 和 ET_0 的变化的关系,最终造成陆地平均 AI 减小 3.36%,即地表干旱程度增加。从 6.13a 可以看出,除造成干旱地区降水略有减少外,在其他几种气候类型区,2010—2100 年总人为气溶胶排放减少均同时造成 P 和 ET_0 的增加,而且均有 ET_0 的相对增加量大于 P 的相对增加量,最终造成所有气候类型区的平均 AI 减小,即平均地表干旱程度增加。从图 6.13a 还可以看出,未来总人为气溶胶排放减少所造成的 AI 的相对减小量随着地表干旱程度的增加而增加,如干旱地区的平均 $\Delta AI/AI$ 达到了 -8%,南半球干旱、半干旱地区以及北半球地中海两岸和中亚干旱、半干旱地区的降水减少在其中起了很大的作用。2010—2100 年总人为气溶胶排放减少造成陆地平均近地面空气相对湿度降低 2%,这主要与地表温度升高引起的饱和水汽压增加有关。在所有的气候类型区,总人为气溶胶排放减少均造成平均近地面空气相对湿度降低,与 AI 变化的符号相同,又一次证明了近地面空气相对湿度与地表干旱程度的紧密关系。

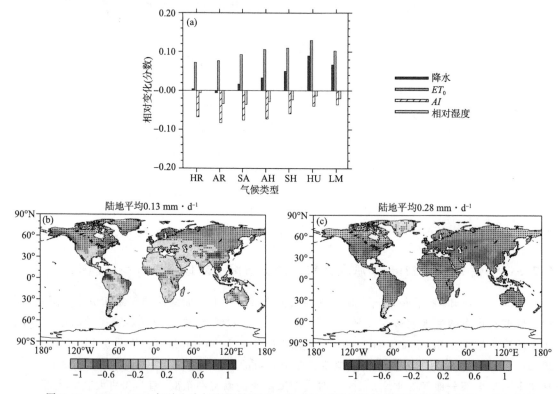

图 6.13　2010—2100 年总人为气溶胶排放减少造成的不同气候类型区平均的 $\Delta P/P$、$\Delta ET_0/ET_0$、$\Delta AI/AI$ 以及 $\Delta RH/RH$(a),降水变化(b)和 ET_0 变化(c)(单位:$mm \cdot d^{-1}$)的空间分布,其中"·"标示的地方代表结果通过了显著性水平为 0.05 的 t 检验

图 6.14 给出了 2010—2100 年总人为气溶胶排放减少造成的 AI 变化的全球分布以及极端干旱、干旱、半干旱和干旱半湿润四种气候类型任意相邻两种之间的相互转化。从中可以看出,总人为气溶胶排放减少造成赤道北侧南美洲西北部、北非西南部、中非东部沿海、南亚和中南半岛 AI 增加,而造成南半球 0°~30°S 所有陆地和北半球的北美洲中东部、欧亚大陆中西部

和东部沿海的大部分地区 AI 减小,但造成北美洲西南部、阿拉斯加、格陵兰岛中西部、中国的西部和北部、蒙古以及西伯利亚东部地区 AI 增加。总体来看,2010—2100 与 1850—2010 年总人为气溶胶排放变化对地表干旱程度的影响在空间分布上大致相反。从图 6.14b 可以看出,未来总人为气溶胶排放减少造成南半球和北半球地中海两侧、中亚等地表比较干旱的地区向比其自身更加干旱的气候类型转化,同时造成北美西南部、非洲东部、南亚和东亚部分干旱、半干旱地区向比其自身更湿润的气候类型转化。从全球来看,未来总人为气溶胶排放减少造成半干旱向干旱半湿润气候转化的格点数为 19 个,发生反向转化的格点数为 28 个,即造成了干旱、半干旱地区范围的扩张。但总人为气溶胶排放减少却造成东亚、南亚等地区干旱、半干旱区范围缩小,再次表明了减排人为气溶胶对这些地区防治和治理荒漠化的重要性。

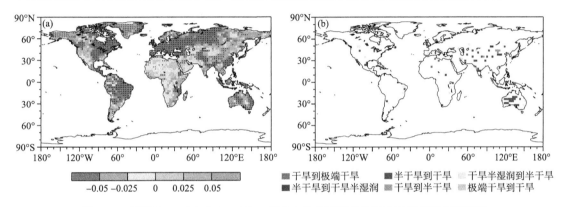

图 6.14　同图 6.9,对应 2010—2100 年总人为气溶胶排放减少时的情况(见彩图)

　　为了验证人为气溶胶减排对 ET_0 影响的原因和机制,表 6.2 给出了 2010—2100 年总人为气溶胶排放减少造成的陆地平均 2 m 温度、地表有效能量、2 m 空气相对湿度和风速变化,以及通过影响这些变量对 ET_0 变化的贡献,其计算方法与表 6.1 相同。2010—2100 年总人为气溶胶排放减少造成陆地平均 2 m 温度上升 2.8℃,地表有效能量增加 5.1 W·m^{-2},2 m 空气相对湿度降低 1.4%,2 m 风速减小了 0.013 m·s^{-1}。由 ET_0 的计算公式可知,2 m 温度升高、地表有效能量增加以及 2 m 空气相对湿度降低均有利于 ET_0 的增加,2 m 风速减小会造成 ET_0 减小。从表 6.2 第 3 列可以看出,2010—2100 年总人为气溶胶排放减少主要通过升高 2 m 温度,其次通过增加地表有效能量,再次通过降低 2 m 空气相对湿度而引起陆地平均 ET_0 增加,通过影响 2 m 风速对 ET_0 变化的贡献很小。以上四种因素贡献之和为 0.25 mm·d^{-1},略小于 2010—2100 年总人为气溶胶排放减少造成的陆地平均 ET_0 的变化(0.28 mm·d^{-1})。对比表 6.1 和表 6.2 可以发现,从陆地平均角度讲,总人为气溶胶主要通过影响地表温度改变 ET_0,通过影响地表有效能量和 2 m 空气相对湿度对 ET_0 的变化也有一定的贡献。

表 6.2　同表 6.1,对应 2010—2100 年总人为气溶胶排放减少时的情况

气候变量	气候变量的变化	ET_0 的变化(mm·d^{-1})
2 m 温度	2.8℃	0.15
地表有效能量	5.1 W·m^{-2}	0.078
2 m 相对湿度	−1.4%	0.033
2 m 风速	−0.013 m·s^{-1}	−0.0085
总量		0.2525

从本节以上讨论可以发现,不论总人为气溶胶排放增加还是减少,陆地平均降水和 ET_0 的变化总是有相同的符号,而且 ET_0 的绝对变化量总是大于降水的绝对变化量,这造成陆地平均 AI 的变化主要由 ET_0 变化主导。从陆地平均来看,降水与 ET_0 均和地表有效能量和温度有正相关关系,这是两者变化符号相同的根本原因;而 ET_0 的绝对变化量总是大于降水的绝对变化量,这可以通过地球与一个表面完全是水的假想星球的对比进行定性解释。在一个表面完全被水覆盖的星球上,其表面有充足的水来满足蒸发需求,因而从全球平均来看,ET_0、实际蒸发(E)和降水总是处于平衡状态。在该星球的任何地方任何时间均有 $ET_0 = E = P$,一个地方通过实际蒸发损失的水分(等于 ET_0 的变化),均可以通过降水或者周围水分的补充得到补偿。而在实际地球上,海洋上依然满足 $ET_0 = E$,但陆地上受水分供应的限制常常是 $E < ET_0$,因而从全球平均来看,$ET_0 > E = P$。陆地上 ET_0 的变化取决于自身表面辐射、温度、湿度和风速的变化,其补偿机制主要是降水,而陆地的降水变化很大程度上决定于海洋实际蒸发的变化(与海洋 ET_0 变化相等),因而陆地 ET_0 与降水变化的对比关系本质上是陆地 ET_0 与海洋 ET_0 变化的对比(Fu et al.,2014)。当气候发生变化时,海洋可以通过自身巨大的热容量(使表面温度变化不至于太剧烈),上空云的反馈(缓和表面辐射的变化)、通过蒸发调节表面相对湿度以及与深层海洋之间的热量交换等,调节其表面 ET_0 的变化。相比而言,陆地的调节能力有限,其 ET_0 对气候变化更加敏感,最终造成陆地上降水变化不足以补偿 ET_0 的变化。

6.2.4 沙尘气溶胶对地表干旱程度的影响

沙尘是一种以散射性为主的气溶胶,可以减少大气顶和地面的净辐射通量,造成地表温度降低。如图 6.15 所示,沙尘气溶胶可以减少大部分地区的大气顶和地表净辐射通量,尤其是干旱、半干旱地区以及下游地区。从全球平均来看,沙尘气溶胶造成的辐射效应在大气顶和地面分别为 $-0.62\ \mathrm{W \cdot m^{-2}}$ 和 $-2.83\ \mathrm{W \cdot m^{-2}}$。

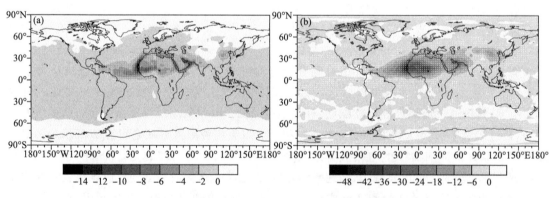

图 6.15 沙尘气溶胶在大气顶(a)和地面(b)的辐射效应(单位:$\mathrm{W \cdot m^{-2}}$),
其中"·"代表结果通过了显著性水平为 0.05 的 t 检验

沙尘气溶胶造成全球年平均温度降低 0.49 K。从空间分布来看,除了北欧和中美小部分地区外,沙尘气溶胶造成全球大部分地区地表温度降低(图 6.16a),尤其是在干旱、半干旱地区,如在撒哈拉沙漠,沙尘气溶胶造成的地面降温可以达到 4 K。沙尘的降温效应主要和其直接辐射效应有关,其散射和吸收效应均使到达地面的太阳辐射减少。但在一些地区,如中美洲的升温可能与这些地区的云对沙尘直接辐射效应的反馈有关系,暗示了沿海地区云反馈的重要性。

　　沙尘气溶胶引起全球年平均降水减少 0.058 mm・d^{-1},其直接原因是地表蒸发的降低,尤其是在北半球热带海洋上(图 6.17a)。与温度变化相比,沙尘气溶胶引起的降水变化在空间分布上更加不均匀(图 6.16b),说明降水对沙尘气溶胶的反馈过程比温度更加复杂。但从全球年平均降水变化的空间分布形势可以发现,沙尘气溶胶造成的降水变化在赤道北侧以减少为主,而在赤道南侧以增加为主(图 6.16b)。与之相对应,沙尘气溶胶对分布在两半球低纬度的干旱、半干旱地区的降水影响也有比较明显的对比,如造成北非西部和东部、伊朗高原到印度西北部等干旱、半干旱地区年平均降水减少,而造成南美洲东部、非洲西南部和澳大利亚部分干旱、半干旱地区年平均降水增加。

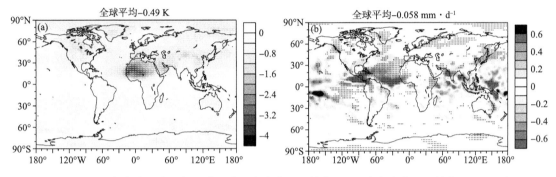

图 6.16　沙尘气溶胶造成的年平均地表温度变化(a)(单位:K)和降水变化(b)(单位:mm・d^{-1}),图中“・”代表结果通过了显著性水平为 0.05 的 t 检验

　　为了解释沙尘气溶胶造成的年平均降水变化在赤道两侧分布不对称的现象,图 6.17 给出了沙尘气溶胶对纬向平均地表蒸发、经向环流、纬向平均空气的绝对湿度和云量的影响。从图 6.17(a)可以看出,沙尘气溶胶在几乎所有纬度均造成平均蒸发降低,这是其造成全球平均降水减少的直接原因。同时,沙尘气溶胶对蒸发的抑制在北半球,尤其是在北半球的中、低纬度,较南半球明显,如在 15°N(即萨赫勒地区所在的纬度)附近,沙尘气溶胶造成的纬向平均蒸发降低可达 0.20 mm・d^{-1},这在很大程度上与沙尘气溶胶造成的地表降温在北半球中、低纬度较其他地区明显有关。

　　沙尘气溶胶造成的北半球低纬度地表降温明显于南半球,加强了南—北方向的温度梯度。不对称的温度变化导致 20°S—25°N 低层北风加强(或南风减弱),而高层南风加强(或北风减弱),在垂直方向上,南半球低纬度地区的上升气流增强(或下沉气流减弱),而北半球相应地区的下沉气流增强(或上升气流减弱)。这意味着沙尘气溶胶造成了北半球 Hadley 环流加强,而南半球 Hadley 环流的减弱。

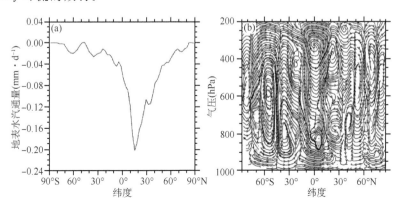

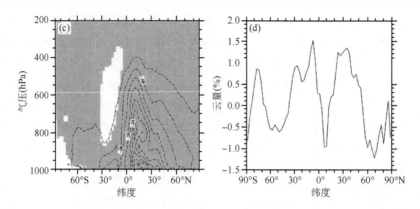

图 6.17　沙尘气溶胶引起的纬向平均蒸发率变化(a,单位:mm·d^{-1});经向环流的变化(b);绝对湿度变化(c,单位:g·kg^{-1});高+中+低云量变化(d,%)。图(b)和(c)中阴影代表结果通过了显著性水平为 0.05 的 t 检验

在沙尘气溶胶引起的蒸发与环流变化的共同影响下,绝对湿度在赤道与 30°N 之间的减少量相比其他任何纬度带都要明显(图 6.17c),如在北半球热带地区的对流层低层,绝对湿度的最大减少量达到了 0.4 g·kg^{-1};而总云量(高+中+低云云量)在赤道北侧狭窄的纬度范围内减少明显,而在赤道南侧则有所增加(图 6.17d)。

从陆地平均来看,沙尘气溶胶可以造成降水减少 0.052 mm·d^{-1},同时造成 ET_0 减少0.23 mm·d^{-1}。同总人为气溶胶一样,相对所造成的降水减少,沙尘气溶胶更多地抑制了ET_0,因而从地表水分供求关系的角度看不会引起陆地平均地表干旱程度的增加。从 AI 变化的空间分布可以看出,沙尘气溶胶可以造成撒哈拉沙漠中部、中国西北部、中亚、北美西部和大部分南半球的干旱、半干旱地区 AI 增加,即地表干旱降低,却也引起北非的东、西海岸、阿拉伯半岛和从伊朗高原到印度北部等干旱、半干旱地区地表 AI 略有减小,即干旱程度略有增加(图 6.18a)。

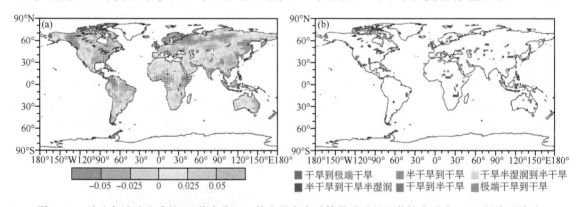

图 6.18　沙尘气溶胶造成的 AI 的变化(a),其中黑点表示结果通过了显著性水平为 0.05 的统计检验;干旱、半干旱地区的范围变化(b)(见彩图)

从 6.2 节中 AI 的定义式可知,AI 的变化取决于降水和 ET_0 的相对变化。以撒哈拉沙漠中部为例,沙尘气溶胶可以通过抑制气流上升使该地区降水减少(图 6.16b),同时又可以通过减少地表净辐射、降低地表温度等从而减少该地区对水分的需求 ET_0(图 6.19),因后者的减少量大于前者而产生的综合效应使 AI 增加,即地表干旱程度降低。相似的降水、ET_0 和 AI的变化还发生在了中国的西北部、中亚等地区。而在美国西部地区沙尘气溶胶造成的降水和

ET_0变化都有利于 AI 的增加,即干旱程度的降低。

图 6.18b 给出了沙尘气溶胶造成的极端干旱、干旱、半干旱和干旱半湿润四种气候类型间任意相邻两者之间的转化。从中可以看出,在北美西部、南美东南部、北非南部和北部、南非部分地区、澳大利亚中东部、中亚和中国北部部分地区,沙尘气溶胶使极端干旱、干旱、半干旱地区向更加湿润的气候类型转化;而在红海两岸、非洲东部、中亚部分地区、中国西部和北部部分地区,沙尘气溶胶使干旱半湿润、半干旱和干旱地区向更加干旱的气候类型转化。

本节也统计了沙尘气溶胶造成的半干旱向干旱半湿润,以及干旱半湿润向半干旱气候类型转化的格点数,分别为 25 个和 6 个。因此,从全球来看沙尘气溶胶不会使得干旱、半干旱地区面积扩张。值得注意的是,沙尘气溶胶可能会使得红海两岸的部分干旱地区向极端干旱转化,同时扩大中国北部和西部的部分地区和索马里半岛的干旱、半干旱地区面积。

用 Köppen-Geiger 的经典气候类型划分方法可以得到类似的结论。虽然沙尘气溶胶并不会造成全球范围的干旱化和干旱、半干旱地区范围的扩张,但这并不表示防治沙漠化的工作是无用的。沙尘气溶胶可以造成高纬度地区原本并不干旱的地区地表干旱程度增加(图 6.18a)。另外,沙尘气溶胶可以作为云凝结核改变云的性质从而影响全球气候(Rosenfeld *et al.*,2001;Foster *et al.*,2007),关于这点还需要进一步的研究。因此,研究沙漠化成因和相应的治理方法依然是气候研究学者的一个紧迫的任务。

ET_0 是水循环中一个重要的变量,通过它可以定量知道一定气候条件下,植物要良好地生长最多需要多少水分供应。通过前面的讨论也可知,在许多地区,ET_0 的变化对 AI 的变化起了非常重要的作用。图 6.19 给出了沙尘气溶胶造成的 ET_0 变化。从中可以看到,除了一些零星的地区,如北非的东海岸,其他地区 ET_0 均有所减小。ET_0 的变化取决于 2 m 温度、地表有效能量、2 m 空气相对湿度和风速的共同作用(公式 6.1)。为了定量了解沙尘气溶胶影响 ET_0 的机制,我们用和表 6.1 和 6.2 相似的计算方法探索沙尘气溶胶通过影响不同变量对 ET_0 变化的贡献(表 6.3)。很明显,从陆地平均来看,总的 ET_0 变化并不是 2 m 温度、净辐射、2 m 空气相对湿度和风速贡献的简单线性相加。而且,沙尘气溶胶最主要是通过影响地表净辐射影响 ET_0,其次是通过影响地表 2 m 温度和空气相对湿度,而通过改变风速对 ET_0 的影响作用很小。需要说明的是,本节在求地表有效能量时与表 6.1 和 6.2 中略有不同。根据

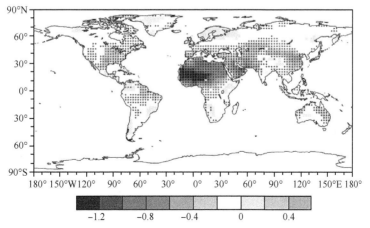

图 6.19　沙尘气溶胶造成的 ET_0 变化,单位:mm·d^{-1},其中的"·"表示
结果通过了显著性水平为 0.05 的统计检验

ET_0的计算公式(公式 6.2),地表有效能量 R_n-G 可以用感热+潜热通量代替,也可以直接表示为地表净辐射 R_n 和土壤热通量 G 的差异。这里采用了后者,G 的计算方法为:

$$G_i = 0.07(T_{i+1} - T_{i-1}) \tag{6.5}$$

式中,G_i代表第 i 月的平均土壤热通量;T_{i-1} 和 T_{i+1} 分别代表前、后一月的平均温度。该方法来自 Allen 等(1998)。通过检验发现,不论用哪种方法,沙尘气溶胶主要通过改变地表能量收支,其次通过改变地表温度,再次通过影响地表相对湿度从而引起 ET_0 变化的结论均是成立的。

表 6.3　沙尘气溶胶通过影响地表温度、净辐射、相对湿度和风速对 ET_0 变化的贡献($mm \cdot d^{-1}$)

变量	ET_0变化
2 m 温度	-0.079
地表净辐射	-0.114
2 m 相对湿度	-0.068
2 m 风速	-0.018
总量	-0.279

6.3　人为气溶胶对东亚夏季风的影响

6.3.1　试验设计

本节利用耦合了混合层海洋模式的 BCC_AGCM2.0_CUACE/Aero 进行了四次模拟试验,来分析平衡态气候对气溶胶变化的响应。四次试验模式设置完全相同,仅仅是采用不同的排放源数据:①采用工业革命前的全球气溶胶排放(PI);②采用目前条件下的全球气溶胶排放(PD);③东亚区域采用目前条件下气溶胶排放,其他区域保持工业革命前排放水平(PDEA);④东亚区域保持工业革命前排放水平,其他区域采用目前条件下气溶胶排放(PDNEA)。沙尘、海盐等自然排放在模式中在线计算。这四次试验分别积分 80 年,取后 50 年作平均分析。因此,试验②③④与试验①之间的差,即 PD−PI、PDEA−PI、PDNEA−PI,分别代表了全球、东亚局地以及东亚之外人为气溶胶排放变化的影响。

6.3.2　东亚夏季风(EASM)系统对人为气溶胶变化的响应

图 6.20 显示了自工业革命以来人为气溶胶排放变化造成的东亚季风区波长 550 nm AOD 夏季平均变化的分布。全球人为气溶胶及其前体物的排放增加造成东亚季风区夏季平均 AOD 显著增加,增加大值区出现在中国西南部、中部和东部及其下风方向,增加值基本位于 0.1 以上(图 6.20a)。从图 6.20b 和 c 可以看出,东亚夏季平均 AOD 的增加主要是来自东亚局地人为气溶胶排放增加的贡献,尤其是中国陆地区域及其周边洋面上。东亚之外人为气溶胶排放增加主要增加东亚 30°N 以北夏季平均的 AOD,特别是中国西北(图 6.20c),这可能是由于东欧和西亚排放的气溶胶的传输和局地气溶胶浓度对气象场的反馈共同造成。全球人为气溶胶排放增加造成东亚季风区夏季平均 AOD 增加了 1.67 倍,其中东亚局地和东亚外区域人为气溶胶排放增加分别贡献了 60% 和 30%(表 6.4)。

图 6.21 显示了东亚季风区晴空和全天夏季平均地表净短波辐射通量和地表感热通量的

变化。晴空地表短波净辐射通量的变化仅仅是由气溶胶的直接辐射强迫引起的,而全天地表短波净辐射通量的变化则代表了气溶胶-云-辐射相互作用的共同影响。人为气溶胶浓度的增加导致其对太阳辐射的直接吸收和散射作用增强,使到达地面的太阳辐射减少。全球人为气溶胶排放变化引起的东亚季风区夏季平均晴空地表净短波辐射通量的变化与 AOD 的变化基本一致。晴空地表辐射通量的减少主要分布在中国中部和东部,其值基本在 -12 W·m^{-2} 以上;其次,在西北太平洋和中国南海,辐射通量也有不同程度的减少(图 6.21a)。东亚区域夏季晴空地表辐射通量的减少仍旧主要是由于局地气溶胶排放增加引起,东亚之外气溶胶排放的变化加剧了大部分区域晴空地表辐射通量的减少(图 6.21d 和 g)。但是,东亚外部气溶胶排放的变化造成中国南海和西太平洋晴空地表净辐射通量略有增加,这是由于水汽的减少和海洋表面感热通量增加造成(图 6.21i)。全球人为气溶胶的增加引起东亚季风区平均的夏季晴空地表净短波辐射通量减少 5.4 W·m^{-2},其中东亚和东亚外部气溶胶的变化分别贡献了78％和11％(表 6.4)。

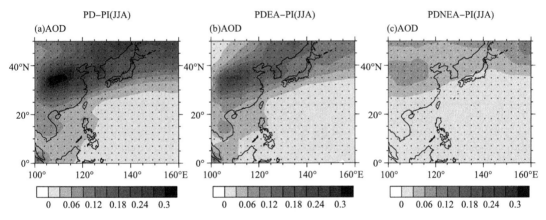

图 6.20　人为气溶胶排放变化造成的东亚季风区波长 550 nm AOD 的夏季平均变化。
图中的黑点代表 t 检验通过 95％信度水平的区域
(a)PD$-$PI,(b)PDEA$-$PI,(c)PDNEA$-$PI

除了直接影响太阳辐射外,气溶胶还可以作为云凝结核(CCN)或冰核(IN)改变云的性质或云量,进而间接扰动地气系统能量收支,因此全天和晴空夏季平均地表净辐射通量的变化具有明显的差异(图 6.21)。如图 6.21b 所示,全球人为气溶胶排放增加引起 20°N 以北的东亚季风区夏季全天地表平均净短波辐射通量明显减少,大部分区域的减少值大于 9 W·m^{-2},长江下游地区的地表辐射通量的最大减小值甚至超过 20 W·m^{-2},这主要是由于气溶胶增加导致的直接到达该区域的太阳辐射的减少以及云水含量、云反照率和云量的增加造成(图略);然而,在 5°～20°N 尽管气溶胶浓度增加,但是净短波辐射通量也有所增加,这主要是由于该区域中低云量的减少使得更多的太阳短波辐射到达地面。与晴空辐射通量变化不同的是,东亚外人为气溶胶排放变化虽然造成东亚区域 AOD 增加较小(图 6.21c),但是它造成的 20°N 以北全天地表辐射通量的减少与东亚局地人为气溶胶排放变化的影响相当,这主要因为它造成该区域总云量明显增加(图略),从而反射了更多的太阳辐射。此外,东亚外气溶胶排放变化在 20°N 以南区域的地表净短波辐射通量的增加中起了主要作用(图 6.21h)。这主要是因为在 20°N 以南,东亚之外气溶胶变化引起更多海表感热通量的增加(图 6.21i)。全球人为气溶胶的增加造成东亚季风区平均的夏季全天地表净短波辐射通量减少 $5.0\ \mathrm{W \cdot m^{-2}}$，其中东亚和东亚之外气溶胶的变化分别贡献了 74% 和 14%（表 6.4）。

表 6.4　东亚季风区(EAMR)不同试验之间各物理量的夏季平均差异(括号中的数值表示东亚或东亚外气溶胶排放变化引起的变量变化在 1850—2000 年总的变化中所占比重,即: $V_{PDEA-PI}$ 或者 $V_{PDNEA-PI}$ 除以 ΔV_{PD-PI})

	PI	PD−PI	PDEA−PI	PDNEA−PI
AOD_{550nm}	0.06	0.1	0.06(60%)	0.03(30%)
$N_d(10^{10}\mathrm{m^{-2}})$	4.3	1.8	1.3(72%)	0.4(22%)
$LWP(\mathrm{g \cdot m^{-2}})$	115.2	11.2	6.7	2.5
$R_{eff}(\mu m)$	8	−0.9	−0.7(78%)	−0.3(33%)
$CLD_{tot}(\%)$	70.8	−0.7	−0.9	−0.1
$FSNT(\mathrm{W \cdot m^{-2}})$	303.1	−4.8	−3	−1.4
$FSNTC(\mathrm{W \cdot m^{-2}})$	386.2	−5.5	−3.5(64%)	−1.6(29%)
$FSNS(\mathrm{W \cdot m^{-2}})$	203.1	−5	−3.7(74%)	−0.7(14%)
$FSNSC(\mathrm{W \cdot m^{-2}})$	289.5	−5.4	−4.2(78%)	−0.6(11%)
$T_s(\mathrm{K})$	299.2	−2.1	−0.7(33%)	−1.5(71%)
$P_s(\mathrm{hPa})$	970.1	0.4	0.3	0.2
$V_{850}(\mathrm{m \cdot s^{-1}})$	1.8	−0.3	−0.15	−0.15
$P_{tot}(\mathrm{mm \cdot d^{-1}})$	7.6	−0.9	−0.5	−0.5

注: N_d 为柱云滴数浓度; LWP 为云液水路径; R_{eff} 为云顶云滴有效半径; CLD_{tot} 为总云量; FSNT 和 FSNTC 分别为大气顶全天和晴空净短波辐射通量; FSNS 和 FSNSC 分别为地表全天和晴空净短波辐射通量; T_s 为地表温度; P_s 为表面气压; V_{850} 为 850 hPa 的经向风速; P_{tot} 为总降水率。

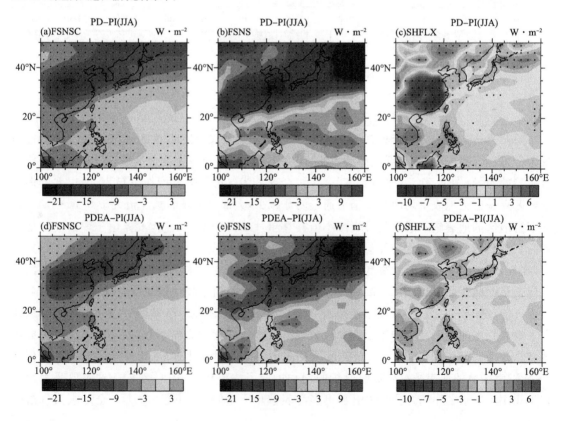

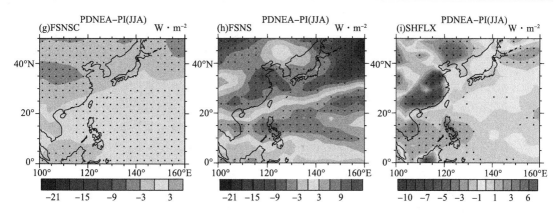

图 6.21　人为气溶胶排放变化造成的东亚季风区晴空(a)(d)(g),全天(b)(e)(h)夏季平均地表净短波辐射通量和地表感热通量(c)(f)(i)变化的分布(单位:W・m⁻²)。(a)(b)(c)PD－PI,(d)(e)(f)PDEA－PI,(g)(h)(i)PDNEA－PI。正值代表方向向下。图中黑点代表 t 检验通过 95%信度水平的区域

　　人为气溶胶排放增加首先引起辐射场的变化(图 6.21),并将进一步引起热力场和动力场发生变化。图 6.22 显示了人为气溶胶排放变化引起的东亚季风区夏季平均表面温度、气压以及风矢量的变化。人为气溶胶排放增加造成东亚季风区整个区域表面出现不同程度的降温。表面降温具有明显的南北差异,随纬度增加降温明显增强,这与 AOD 变化的分布具有很好的一致性。其中,在 20°N 以北区域表面降温基本在 1.5 K 以上,最大降温值超过 4 K(图6.22a)。虽然全天地表净短波辐射通量在 10°~20°N 增加(图 6.21b),但是地表温度仍然降低,这是因为局地温度变化不仅仅受辐射变化的影响,在很大程度上还受热传输的影响(Wang et al.,2015)。气溶胶排放增加造成 10°~20°N 存在的下沉气流以及北风距平(图 6.23a)使冷空气从高层向低层传输的同时也从高纬向低纬输送,从而造成降温。表面冷却进一步加强垂直下沉运动,使得表面空气辐散,表面气压增加。因此,在 10°~40°N,全球气溶胶排放增加造成东亚季风区夏季出现明显正的气压距平(图 6.22b)。全球气溶胶排放增加造成在东亚季风区陆地上地表温度和气压的变化明显大于海洋的变化,这样导致海陆之间温压差减小,从而使得东亚夏季风减弱。从图 6.22c—f 可以看出,气溶胶排放变化对东亚季风区地表温度和气压的影响中,东亚之外人为气溶胶排放变化起了主要的贡献,这主要是由于东亚外气溶胶排放变化造成的热传输变化更大(图略)。其中,东亚局地和东亚外的气溶胶变化对区域平均表面温度的变化分别贡献了 33%、71%(表 6.4)。

　　图 6.22b,d 和 f 显示了人为气溶胶排放变化造成的东亚季风区夏季平均地面风场变化。从图中可以看出,人为气溶胶强迫造成中国东部、南部以及周围海域出现明显的北风、东北风距平(图 6.22b),这表明了一个减弱的东亚夏季风环流。由图 6.22d 和 f 可以看出,东亚局地与东亚外人为气溶胶排放变化对东亚夏季风的减弱作用几乎相当,在中国南海、西太平洋等区域后者的作用甚至更强。表 6.5 提供了不同试验的东亚夏季风指数(EASMI),且该指数是根据 Wang 等(1999)提到的方法计算的。人为气溶胶排放的增加造成东亚夏季风指数明显减小,同样显示了减弱的东亚夏季风环流。值得注意的是,PPDEA 和 PDNEA 试验的 EASMI数值相当,甚至后者更小一点,这也更进一步支持了我们的结论。

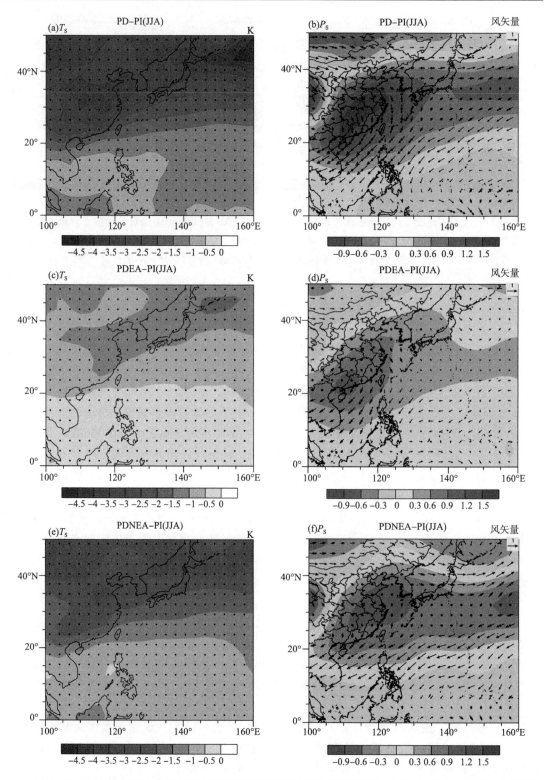

图 6.22　人为气溶胶排放变化造成的东亚季风区夏季平均地表温度(a)(c)(e)(单位:K)和地表气压(单位:hPa)及风矢量(单位:m·s⁻¹)(b)(d)(f)的变化。(a)(b)PD－PI,(c)(d)PDEA－PI,(e)(f)PD-NEA－PI。图中的黑点代表 t 检验通过 95% 信度水平的区域

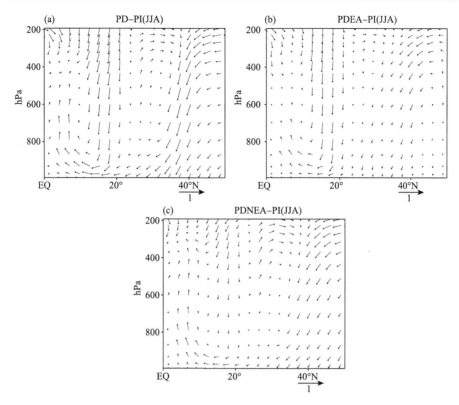

图 6.23　人为气溶胶排放变化造成的东亚季风区夏季纬向平均经向环流(v, $-10^2 \times \omega$)变化,其中 v 是经向速度(单位:m · s^{-1}),ω 是垂直速度(单位:Pa · s^{-1})。(a)PD−PI,(b)PDEA−PI,(c)PDNEA−PI。正值代表向北传输

表 6.5　不同试验的东亚夏季风指数(EASMI)

	PI	PD	PDEA	PDNEA
东亚夏季风指数	12.50	11.30	11.72	11.61

注:该指数定义为 U_{850}(5°～15°N,100°～130°E)−U_{850}(20°～30°N,110°～140°E),其中 U_{850} 表示 850 hPa 的纬向风(Wang et al., 1999)。

　　人为气溶胶排放的变化影响了东亚季风区辐射场、温度场以及环流场的变化,进而影响了降水的变化。图 6.24 显示了东亚季风区夏季平均总降水率、大尺度降水率和对流降水率对人为气溶胶排放变化的响应。由于东亚夏季风减弱,东亚季风区大部分地区总降水减少。其中,全球人为气溶胶增加造成 10°～20°N 总降水减弱最显著,其次是中国的中部和东北部,最大值达到 2.5 mm · d^{-1}(图 6.24a)。总降水的减少与云量和水汽的减少、垂直上升运动的减弱等密切相关。结合图 6.24d 和 g 可以看出,东亚局地和东亚外气溶胶排放变化造成 10°～20°N 总降水的减少基本相当,中国东部陆地上总降水的减少主要是由东亚局地气溶胶变化引起,而东亚外气溶胶变化造成了相反的效果,主要原因是东亚外气溶胶排放变化造成中国东部陆地层云云量有所增加,从而使得大尺度降水增加超过了对流性降水的减少(图 6.24h 和 i)。总的人为气溶胶变化造成东亚季风区夏季平均总降水减少了 12%,其中局地和非局地气溶胶排放的变化各贡献了一半的降水减少(表 6.4)。

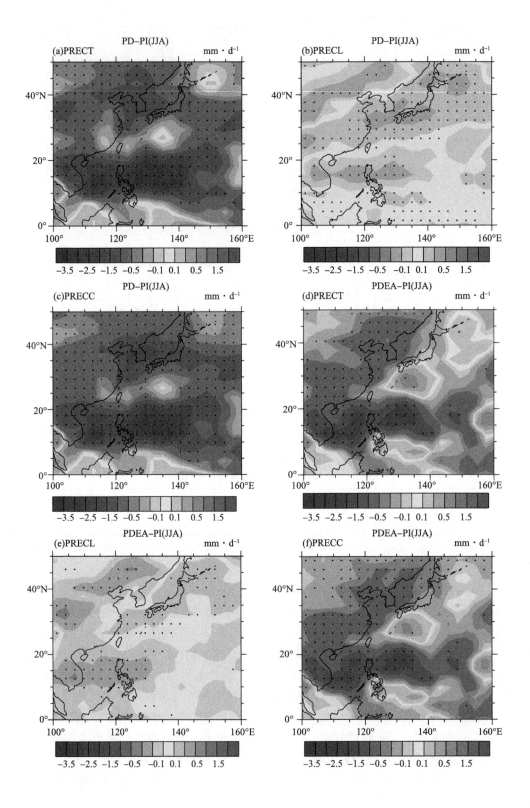

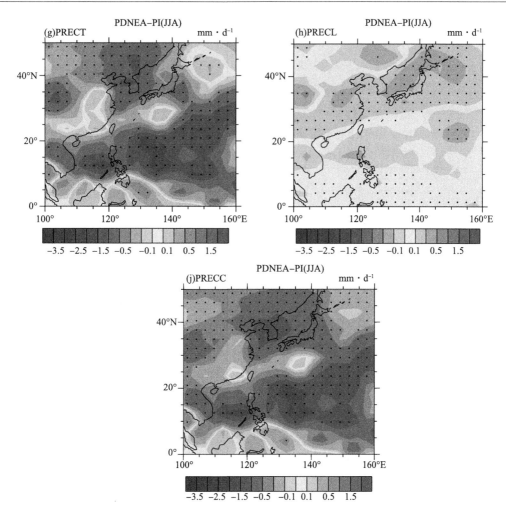

图 6.24　人为气溶胶变化造成的东亚季风区夏季平均总降水率(a)(d)(g),大尺度降水率(b)(e)
(h)和对流降水率(c)(f)(i)变化(mm · d⁻¹)。(a)(b)(c)PD—PI,(d)(e)(f)PDEA—PI,(g)(h)(i)PD-
NEA—PI。正值代表向北传输。图中的黑点代表 t 检验通过 95% 信度水平的区域

　　东亚以外人为气溶胶排放对东亚区域气溶胶变化的贡献远小于局地气溶胶排放的贡献,
但是它对东亚季风区夏季平均地表温度、表面气压等的影响甚至大于东亚局地气溶胶排放变
化的影响。二者对东亚夏季风环流的减弱作用相当,在中国南海、西太平洋等区域前者的减弱
作用甚至更强。尽管东亚外人为气溶胶排放变化对东亚气溶胶浓度变化贡献不大,但是我们
的结果强调了非局地气溶胶变化在人为气溶胶对东亚夏季风系统影响中的重要性。

6.4　未来减排气溶胶对气候的影响

　　本节设计了两次模拟试验来分析平衡态气候对未来气溶胶变化的响应。两次模拟的模式
设置完全相同,仅仅是采用了不同的气溶胶排放:①2000 年的气溶胶排放(Lamarque et al.,
2010)(简称 PD);②RCP4.5 情景给出的 2100 年气溶胶的排放(一个中低强迫的排放情景)
(简称 FU)。表 6.6 给出了 2000 年(PD)和 RCP4.5 情景下在 2100 年(FU)全球 SO₂、BC 和

OC 的排放总量以及模拟的各种气溶胶柱含量的全球年均值。在 RCP4.5 情景中,21 世纪末 SO_2 的排放总量从 107.4 $Tg \cdot a^{-1}$ 减少到 22.2 $Tg \cdot a^{-1}$,BC 的排放总量从 7.8 $Tg \cdot a^{-1}$ 减少到 4.3 $Tg \cdot a^{-1}$,OC 的排放总量从 35.8 $Tg \cdot a^{-1}$ 减少到 20.0 $Tg \cdot a^{-1}$。因此,预估到 21 世纪末硫酸盐、BC 和 OC 柱含量的全球年平均值分别减少 68%、50% 和 35%;预估的可见光波段气溶胶光学厚度的全球年平均值减少了 30%。

表 6.6　2000 年和 RCP4.5 情景下 2100 年全球 SO_2、BC 和 OC 的排放总量以及模拟的各种气溶胶柱含量的全球年均值和在 550nm 的光学厚度(AOD_{550nm})

	PD	FU
排放总量($Tg \cdot a^{-1}$)		
SO_2	107.4	22.2
BC	7.8	4.3
OC	35.8	20.0
柱含量($mg \cdot m^{-2}$)		
硫酸盐	3.7	1.2
BC	0.17	0.085
OC	1.7	1.1
沙尘	46.4	38.3
海盐	12.4	12.5
$AOD_{550\,nm}$	0.10	0.07

图 6.25 给出了模拟的 FU 和 PD 之间气溶胶年平均柱含量差异的全球分布。在 2100 年,除了海盐气溶胶之外,其他气溶胶的柱含量均有不同程度的减少,减少最明显的区域主要位于它们的排放源区上空。硫酸盐柱含量减少最明显的区域位于北半球中高纬度,特别是中国和美国东部、东南亚和西欧,最大值为 -16 $mg \cdot m^{-2}$。由于 BC 和 OC 的同源性,二者柱含量减少明显的区域基本一致,主要出现在东亚、南亚、西欧、北美东部、南美和非洲中部。沙尘和海盐的排放由模式在线计算,因此人为气溶胶的减少造成的风场、降水、环流等的变化会对沙尘和海盐在大气中的柱含量造成影响。在 2100 年,在撒哈拉沙漠、西亚和中国北方地区沙尘的柱含量减少了 $40 \sim 160$ $mg \cdot m^{-2}$;在中纬度洋面上空海盐柱含量明显增加,大部分区域增加超过 2 $mg \cdot m^{-2}$,但是在热带洋面上空海盐柱含量有所减少。

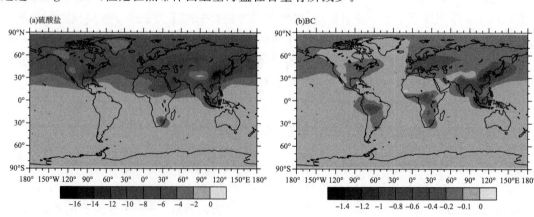

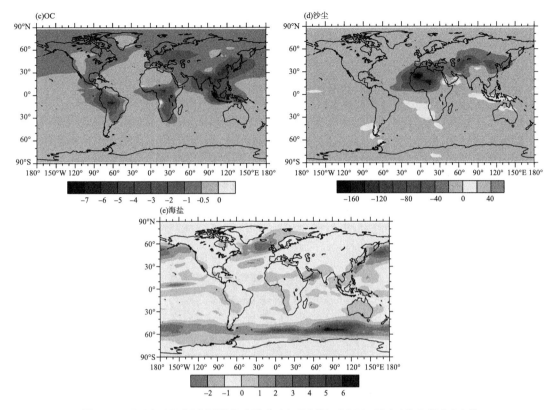

图 6.25　FU 与 PD 相减得到的硫酸盐(a),BC(b),OC(c),沙尘(d)和海盐(e)的
气溶胶柱含量的年平均差值全球分布(单位:mg·m^{-2})

图 6.26 显示了与 2000 年相比 2100 年气溶胶年平均有效辐射强迫的分布。在 2100 年,除了少数区域外,气溶胶浓度的下降在大气顶造成明显的正有效辐射强迫。在东亚、西欧、北美等气溶胶高排放区域,有效辐射强迫值基本在 4~10 W·m^{-2}。大气中气溶胶浓度的减少会增加到达地表的太阳辐射通量,从而在地表也产生明显的正辐射强迫。地表与大气顶有效辐射强迫的分布基本一致。本节计算的从 2000 年到 2100 年大气顶和地表气溶胶有效辐射强迫的全球年平均值分别为 +1.45 W·m^{-2} 和 +1.67 W·m^{-2}。与温室气体增加在大气中产生

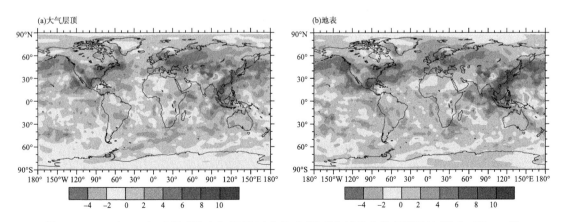

图 6.26　FU 与 PD 相减得到的大气层顶(a)和地表(b)的气溶胶有效辐射强迫(单位:W·m^{-2})

正的强迫不同,由于吸收性气溶胶的减少,人为气溶胶的减少在大气中产生负的有效辐射强迫($-0.22\ \mathrm{W\cdot m^{-2}}$)。大气顶正的有效辐射强迫和大气中负的有效辐射强迫的结合意味着水循环更强的响应(Kloster et al.,2010;Rotstayn et al.,2013)。

6.4.1　气溶胶减排对东亚夏季风系统的影响

图 6.27 为相对于 2000 年在 2100 年东亚季风区夏季 550 nm 气溶胶光学厚度分布的变化。从图中可以看出,在 2100 年,由于人为气溶胶排放的减少,东亚夏季气溶胶光学厚度整体上呈现出明显的减小。气溶胶光学厚度减小最显著区域出现在中国东部、中部和西南这些人类活动显著、气溶胶排放高的地区,最大值接近 0.3。在韩国、日本及西北太平洋上空,气溶胶的光学厚度减少在 $0.09\sim0.18$。此外,在中国南海和西太平洋气溶胶光学厚度也有一定程度的减小。与 2000 年相比,在 2100 年东亚季风区夏季平均的气溶胶光学厚度减少了约 56%(表 6.6)。

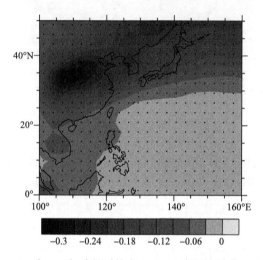

图 6.27　FU 与 PD 相减得到的在 550 nm 波长处夏季平均气溶胶
光学厚度的差值。图中黑点标记代表信度检验超过 95%

图 6.28 给出了 2100 年相对于 2000 年人为气溶胶排放减少造成的东亚夏季云性质的变化。在 2100 年,气溶胶的减少使得大气中云凝结核减少,从而造成除了西太平洋上部分区域之外的东亚大部分区域夏季云滴数浓度均明显减少(图 6.28a)。云滴数浓度变化的分布与气溶胶光学厚度变化的分布基本一致。其中,中国西南四川盆地柱云滴数浓度减少最大超过 $4.5\times10^{-10}\ \mathrm{m^{-2}}$,中国东部柱云滴数浓度减少基本在 $2\times10^{-10}\sim3\times10^{-10}\ \mathrm{m^{-2}}$。云滴数浓度的减少会造成云水含量的减少和云滴有效半径的增加(Forster et al.,2007)。从图 6.28b 可以看到,在 $20°\sim50°\mathrm{N}$ 的东亚季风区云水含量均呈现不同程度的减少,其中在中国长江中下游区域云水含量减少最大超过 $40\ \mathrm{g\cdot m^{-2}}$;但是在 $10°\sim20°\mathrm{N}$ 的中国南海和西太平洋上空云水含量有所增加,这主要是由于水云云量的增加造成(图 6.28d)。从图 6.28c 可以看到,除了在北赤道附近太平洋上空之外,东亚季风区云顶云滴有效半径均有所增加,最大增加值超过 $1.2\ \mu\mathrm{m}$,且在陆地上空云滴有效半径的增加明显大于海洋上空。

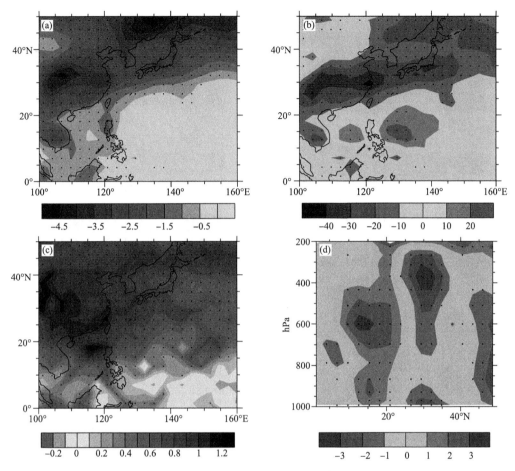

图 6.28　FU 与 PD 相减得到的夏季平均云滴柱浓度(a,单位:10^{10} m^{-2}),云水路径(b,单位:g · m^{-2}),云顶云滴有效半径(c,单位:μm)和 100°E 到 140°E 间云量的纬向平均(％)的差值(d)。图中黑点标记代表信度检验超过 95％

气溶胶含量的变化及其引起的云物理性质的变化会造成辐射通量发生改变。图 6.29a 给出了相对于 2000 年在 2100 年人为气溶胶排放减少造成的东亚夏季晴空地表净短波辐射通量的变化(正值代表向下的方向)。人为气溶胶浓度的减少造成其对短波辐射通量的吸收和散射也随之减少,从而导致晴空地表的净短波辐射显著增加。由于人为气溶胶排放主要位于陆地上空,气溶胶排放的变化造成海陆表面净短波辐射通量的变化有明显的差异。在东亚季风区大部分区域,晴空地表净短波辐射通量增加在 2～16 W · m^{-2},尤其是在中国中部和东部大部分区域晴空短波通量增加超过 8 W · m^{-2}。在海洋表面晴空净短波辐射通量增加要明显弱于陆地表面,其值基本在 4 W · m^{-2} 以内。

气溶胶的变化同时还能通过影响云的性质来影响辐射。从图 6.29b 地表全天净短波辐射通量的变化可以看出,在 20°N 以北的东亚区域,地表全天净短波辐射通量增加基本在 3 W · m^{-2} 以上,在中国长江下游区域辐射通量增加甚至超过 18 W · m^{-2};但是,在 20°N 以南的洋面上,由于云水含量和对流层中低层云量的增加(图 6.28b 和 d),更多的太阳辐射被反射回去,使得地表全天净短波辐射通量有所减少。由于气溶胶减少,东亚季风区夏季平均的大气顶和地表的全天净短波辐射通量分别增加了约 3.9 W · m^{-2} 和 4.0 W · m^{-2}(表 6.7)。

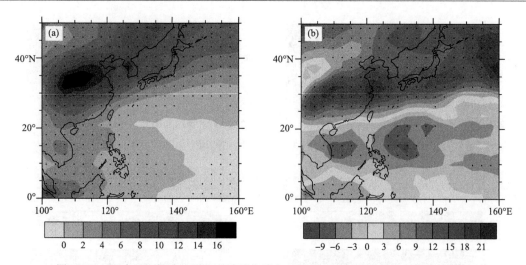

图 6.29　FU 与 PD 相减得到的夏季平均晴空(a)和全天空(b)下的地表短波净辐射
通量(单位:W·m^{-2})的差值。图中黑点标记代表信度检验超过 95%

表 6.7　2000 年和 RCP4.5 情景下 2100 年各种物理量在东亚地区夏季平均的差异

	FU	PD	差异
AOD$_{550\ nm}$	0.07	0.16	$-0.09(-56\%)$
$N_d(10^{10} m^{-2})$	4.6	6.1	$-1.5(-25\%)$
LWP(g·m^{-2})	118.0	126.4	$-8.4(-6.6\%)$
$R_{eff}(\mu m)$	7.8	7.1	$0.7(10\%)$
CLD$_{tot}$(%)	70.7	70.1	$0.6(0.86\%)$
FSNTC(W·m^{-2})	385.7	380.7	$5.0(1.3\%)$
FSNT(W·m^{-2})	302.2	298.3	$3.9(1.3\%)$
FSNSC(W·m^{-2})	289.0	284.1	$4.9(1.7\%)$
FSNS(W·m^{-2})	202.1	198.1	$4.0(2.0\%)$
T_s(K)	298.8	297.1	$1.7(0.57\%)$
V_{850}(m·s^{-1})	1.8	1.5	$0.3(20\%)$
P_{tot}(mm·d^{-1})	7.4	6.7	$0.7(10\%)$

注:N_d 为云滴柱浓度;LWP 是云水路径;R_{eff} 是云顶的云滴有效半径;CLD$_{tot}$ 是整层云覆盖量;FSNTC 和 FSNT 分别是清空
和全部天空下大气层顶的短波净辐射通量;FSNSC 和 FSNS 分别是清空和全部天空下地表的短波净辐射通量;T_s 是地表温
度;V_{850} 是在 850 hPa 高度处的径向风速;P_{tot} 是全部降水量。括号中的量是 FU 和 PD 两组试验各物理量的相对变化率。

　　图 6.30 给出了东亚季风区夏季地表温度和表面气压对气溶胶变化的响应。在 20°N 以北
东亚季风区,夏季地表净辐射通量增强,导致表面温度明显增加。温度的升高使得大气含水能
力增强,大气相对湿度降低,云量有所减少(图 6.28d),这也导致到达地表的辐射通量增加,从
而进一步加剧了地表增暖。相对明显的增暖发生在 30°~40°N 的中国东部,最大增暖超过
2.5 K。值得注意的是,在 20°N 以南的海洋表面,虽然到达表面的净短波辐射通量有所减少,
但是表面温度仍有所升高。这主要是因为地表温度的变化除了受局地辐射通量的影响外,还
受到大尺度热传输的影响。在对流层中低层,人为气溶胶的减少造成低纬度大量的暖湿空气
向北传输,这导致其在热带洋面上产生一个增暖效应(图 6.31b)。气溶胶的减少造成东亚季

风区夏季地表平均温度升高 1.7 K(表 6.7)。地表温度升高还会造成表面蒸发增强。伴随着对流层低层向北运动和对流层垂直上升运动的增强(图 6.31a),热带洋面上更多的水汽向北和大气中输送(图 6.31c),从而进一步加剧了大气的增暖(图 6.31d)。减少的人为气溶胶排放产生了一个更暖的对流层。这种响应类型与 Ming 等(2009)及 Ganguly 等(2012)得到的增加的人为气溶胶产生更冷的对流层的结论一致。较强的增暖出现在 500 hPa 以上的对流层中上层,这是由几个因子共同作用产生,包括大气顶净短波辐射通量的增加、对流层对流活动的增强和向上层对流层更多的热传输(图 6.29 和 6.31);另外,对流层中上层的空气密度远远小于对流层下层,吸收相同热量的情况下,对流层中上层升温更明显。表面增暖导致垂直上升运动增强,地表气流辐合,气压降低(图 6.30b)。我们知道,东亚夏季风的形成主要是由于海陆热力和气压差异造成。人为气溶胶的减少造成的陆地增暖和气压降低要明显高于海洋,从而增强了海陆热力和气压性质对比,导致东亚夏季风增强。

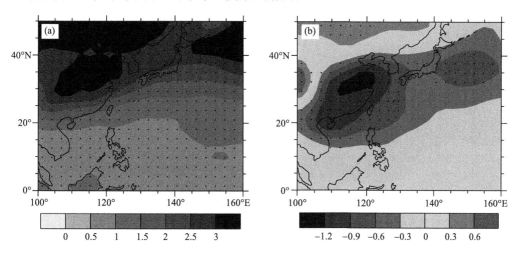

图 6.30　FU 与 PD 相减得到的夏季平均地表温度(a,单位:K)和地表气压(b,单位:hPa)的差值。图中黑点标记代表信度检验超过 95%

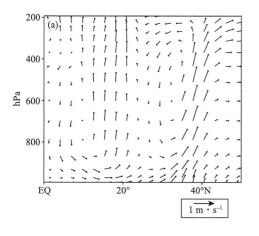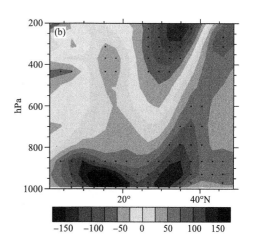

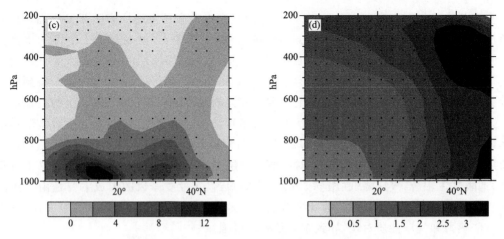

图 6.31　FU 与 PD 相减得到的夏季平均由 $(v, -10^2 \times \omega)$ 表达的经向环流(a)[这里 v 表示经向速度(单位：$m \cdot s^{-1}$)，ω 代表垂直速度(单位：$Pa \cdot s^{-1}$)]，经向热力输送(b，单位：$K \cdot m \cdot s^{-1}$)，经向水汽输送(c，单位：$m \cdot s^{-1} \cdot g \cdot kg^{-1}$)和 100°E 到 140°E 间的大气温度(d，单位：K)的差值。在(b)和(c)中正值代表向北传输。图中黑点标记代表信度检验超过 95%

　　东亚夏季风在 850 hPa 风场上有一个典型的特征。在东亚季风区，夏季盛行西南和南风，将南边海洋上的暖湿空气向北输送，从而带来大量的降水。从图 6.32a 夏季 850 hPa 风场的变化可以看到，由于气溶胶的减少，中国东部和南部及其周边洋面上明显被西南和南风距平所占据，这表明了一个增强的东亚夏季风环流。表 6.7 显示东亚季风区夏季平均径向风速增强了约 20%。

　　东亚副热带急流是东亚夏季风一个重要的组成成分，它在中国东部引起抬升，带来顺变涡动，锚定东亚夏季风雨带(Sampe *et al.*,2010)。在 20 世纪，东亚夏季风的减弱与东亚副热带急流的南移密切相关(Song *et al.*,2014)。从图 6.32b 可以看到，气溶胶的减少造成东亚夏季副热带急流向北移动，这也反映了东亚夏季风环流的增强。

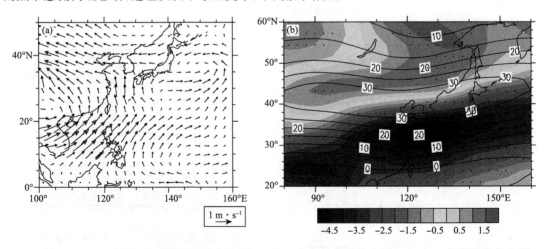

图 6.32　FU 与 PD 相减得到的夏季平均 850 hPa 高度处的风速(a)和 200 hPa 高度处的纬向风(阴影部分)(b，单位：$m \cdot s^{-1}$)的差值，图(b)中的轮廓线代表在实验 PD 中的 200 hPa 高度处夏季平均纬向风(单位：$m \cdot s^{-1}$)。图中黑点标记代表信度检验超过 95%

　　图 6.33 给出了 2100 年相对于 2000 年人为气溶胶排放减少造成的东亚夏季总降水率、对流降水率和大尺度降水率的变化。由于东亚夏季风环流的增强,东亚大部分区域夏季降水明显增加。总降水率增加最明显的区域出现在 $10°\sim20°N$ 的洋面上,最大值超过 $2.5\ mm \cdot d^{-1}$(图 6.33a)。这主要是因为该区域云量、水汽和垂直上升运动增加等多个因素造成(图 6.28d 和 6.31)。在 $30°N$ 以北的中国陆地、韩国和日本上空,降水也有明显的增加。我们发现,东亚季风区降水率的变化主要由对流降水率的变化决定,而大尺度降水率的变化与云量的变化基本一致(图 6.28d 和 6.33c)。东亚季风区夏季平均总降水率增加了 10%(表 6.7)。本研究的结论与 Levy 等(2013)使用 GFDL CM3 结合 RCP4.5 排放得到的 21 世纪末人为气溶胶及其前体物排放减少造成东亚降水增加的结论一致。

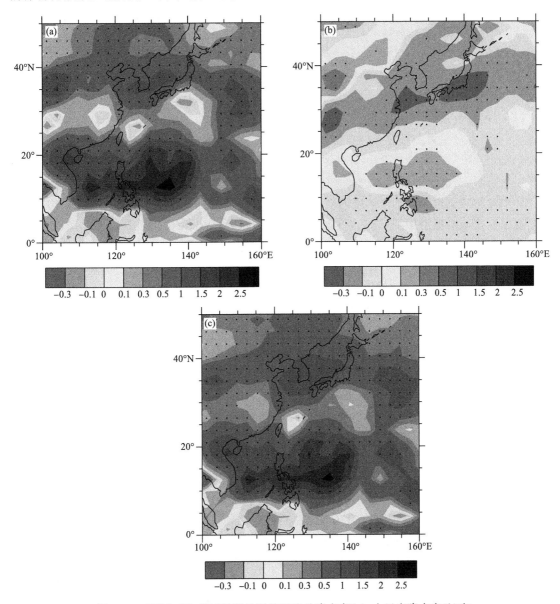

图 6.33　FU 与 PD 相减得到的夏季平均总降水率(a)、大尺度降水率(b)和对流降水率(c,单位:mm · d^{-1})的差值。图中黑点标记代表信度检验超过 95%

6.4.2　气溶胶综合减排对地-气系统净辐射通量的影响

该节给出了未来气溶胶综合减排以及仅减排黑碳气溶胶分别对地-气系统净辐射通量的影响。利用 BCC_AGCM2.0.1_CUACE/Aero,共运行了 6 个试验。各个试验使用相同的模式设置,但是采用了不同的气溶胶排放数据。试验 1(SIM1):参考试验,使用 2000 年的 SO₂、BC、OC 排放量(Lamarque *et al.*,2010),代表了当前条件下气溶胶的影响。试验 2(SIM2):RCP2.6 给出 2100 年 BC 的排放量,SO₂ 和 OC 与试验 1 相同。试验 3(SIM3):RCP2.6 给出的 2100 年 BC 的排放量,RCP8.5 给出的 2100 年 SO₂ 和 OC 的排放量。试验 4(SIM4):RCP2.6 给出的 2100 年 SO₂、BC 和 OC 的排放量。试验 5(SIM5):RCP2.6 给出的 2100 年 BC 的排放量,SO₂ 和 OC 的排放量等于它们各自在 2000 年与 BC 的排放量的比例乘以 RCP2.6 2100 年 BC 的排放量。试验 6(SIM6):RCP4.5 给出的 2100 年 SO₂、BC 和 OC 的排放量。

表 6.8 和表 6.9 给出了不同试验中各种气溶胶的全球年均排放、柱含量以及它们之间气溶胶辐射效应的差别。在 RCP2.6 情景中,通过各种措施,使得 BC 的全球排放总量从目前的 7.8 Tg·a⁻¹ 减少到 21 世纪末的 3.3 Tg·a⁻¹。与当前情况(SIM1)相比,假设仅仅将 BC 的排放减少到 21 世纪末的排放量(SIM2),模拟的 BC 的全球年平均柱含量将从 0.17 mg·m⁻² 减少到 0.08 mg·m⁻²(表 6.8)。大气中 BC 浓度的减少使得总的气溶胶对大气顶太阳辐射的直接吸收减弱,造成大气顶气溶胶的全球年平均直接辐射冷却效应增强了 0.07 W·m⁻²。同时,BC 浓度的减少也减弱了气溶胶的半直接效应,使得更少的云量被蒸发,造成全球年平均净云辐射强迫的绝对值增加了 0.11 W·m⁻²(表 6.9)。与 SIM1 相比,在 SIM2 中硫酸盐浓度的略微减少可能弥补一部分 BC 减少造成的净冷却效应。最终,根据 RCP2.6 的情景,仅仅将 BC 的排放减少到 21 世纪末的排放水平将造成大气顶气溶胶的净冷却效应的全球年平均值增强 0.12 W·m⁻²(表 6.9)。

SO₂、BC、OC 等往往具有一些共同的排放源(Lamarque *et al.*,2010)。在减少 BC 排放的同时,SO₂、OC 等的排放也会相应地减少。因此,在 SIM3—SIM6 中,我们结合 RCP2.6、RCP4.5 和 RCP8.5 的排放情景,分别采用四种不同的方式将 SO₂、BC 和 OC 的排放同时减少到 21 世纪末的排放水平,计算了总的气溶胶的减少的综合效应对其辐射效应的影响。在这四个试验中,到 21 世纪末 SO₂ 的全球排放总量将减少到 12.9~25.7 Tg·a⁻¹,BC 的全球排放总量将减少到 3.3~4.3 Tg·a⁻¹,OC 的全球排放总量将减少到 20.0~25.3 Tg·a⁻¹(表 6.8)。因此,硫酸盐、BC 和 OC 在大气中的柱含量都将有不同程度的减少,到 21 世纪末它们分别将减少 63%~72%、51%~55% 和 25%~31%。

在 SIM3—SIM6 中,虽然吸收性的 BC 的含量明显减少,但是散射性的硫酸盐和 OC 的减少使得大气顶总的气溶胶的全球年平均直接辐射冷却效应减弱了 0.25~0.3 W·m⁻²。此外,硫酸盐和 OC 也是一种吸湿性的气溶胶,能够活化成为云凝结核,它们浓度的减少会造成云凝结核的明显减少,从而减弱云的反照率。相比 SIM1,在 SIM3—SIM6 中全球年平均净云辐射强迫的绝对值减少了 0.8~1.1 W·m⁻²,明显超过了气溶胶直接效应的变化,这与 Chen 等(2010)得到的结论一致。最终,与当前气溶胶的影响(SIM1)相比,SO₂、BC 和 OC 排放同时减少到 21 世纪末的排放水平将会造成大气顶气溶胶的净冷却效应的全球年平均值减弱 1.7~2.0 W·m⁻²(表 6.9)。

表 6.8　全球范围内的三种气溶胶年平均排放量和五种气溶胶的年平均浓度

	SIM1	SIM2	SIM3	SIM4	SIM5	SIM6
排放总量($Tg \cdot a^{-1}$)						
SO_2	107.4	107.4	25.7	12.9	19.8	22.2
BC	7.8	3.3	3.3	3.3	3.3	4.3
OC	35.8	35.8	23.9	25.3	24.9	20.0
柱含量($mg \cdot m^{-2}$)						
硫酸盐	3.5	3.4	1.3	0.98	1.1	1.2
BC	0.17	0.079	0.078	0.077	0.078	0.084
OC	1.6	1.6	1.2	1.2	1.2	1.1
沙尘	39.9	39.9	39.9	40.6	42.7	42.8
海盐	14.2	14.2	14.0	14.0	14.0	14.1

表 6.9　相对于试验 1,试验 2～6 中全球年平均的大气顶气溶胶直接以及
半直接和间接效应的变化(正值代表进入,单位:$W \cdot m^{-2}$)

	SIM1	$\triangle$SIM2	$\triangle$SIM3	$\triangle$SIM4	$\triangle$SIM5	$\triangle$SIM6
DRF	−2.01	−0.07	+0.27	+0.28	+0.25	+0.3
CRF	−21.2	−0.11	+0.8	+1.1	+0.91	+0.88
FNT	−0.66	−0.12	+1.7	+2.0	+1.8	+1.8

注:DRF,CRF 和 FNT 在 SIM1 列中分别代表 SIM1 模拟出的气溶胶的直接辐射效应、净云辐射强迫和大气层顶净辐射通量。在 $\triangle$SIM2—$\triangle$SIM6 列中的量代表这些变量与 SIM1 中的相应变量的差值。CRF 的变化代表了气溶胶半直接和间接效应的综合影响。

　　从全球年平均分布来看,与当前情况相比,假设仅仅减少 BC 的排放量(SIM2),在 BC 的主要排放源区,如东亚、南亚、非洲和南美中部、北美东部、西欧等地区,BC 的柱含量都存在明显的减少(图 6.34),导致在大气顶总的气溶胶对太阳辐射的直接吸收减弱,产生明显的直接辐射冷却效应,特别是在中国、欧洲和北美东部,最大冷却超过 1 $W \cdot m^{-2}$(图 6.35a)。总的气溶胶吸收能力的减弱使得其对云量的蒸发也随之减弱,导致这些区域云滴数浓度也有所增加,在中国东部、印度北部和地中海区域,年平均云滴数浓度增加最大超过 0.6×10^{10} m^{-2}(图 6.36a)。最终,仅减少 BC 排放在大部分区域大气顶年平均气溶胶的净冷却效应增强均超过了 2 $W \cdot m^{-2}$(图 6.37a)。

　　在 SIM3—SIM6 中,东亚、西欧、北美东部、南美和非洲中部等地区的硫酸盐、BC 和 OC 的柱含量都有不同程度的减少,在大部分区域它们分别减少了约 $2.0\sim5.0$ $mg \cdot m^{-2}$(S)、$0.2\sim1.0$ $mg \cdot m^{-2}$ 和 $2.0\sim6.0$ $mg \cdot m^{-2}$(图 6.34)。散射和吸收性气溶胶的同时减少明显减弱了大气顶总的气溶胶的直接冷却效应(图 6.35b—e)。与 SIM1 相比,在北半球陆地上的大部分区域,气溶胶的直接冷却效应减弱均在 1 $W \cdot m^{-2}$ 以上。同时,硫酸盐和 OC 的减少也导致这些区域的云凝结核明显减少,从而云滴数浓度也相应地减少(图 6.36b—e)。在西欧、北美和中国东部,年平均云滴数浓度减少最大超过 5×10^{10} m^{-2}。最终,在北半球大部分的人为气溶胶高排放区域,总的气溶胶排放的减少造成气溶胶在大气顶的净冷却效应减弱均在 $2.0\sim10.0$ $W \cdot m^{-2}$(图 6.35b—e)。

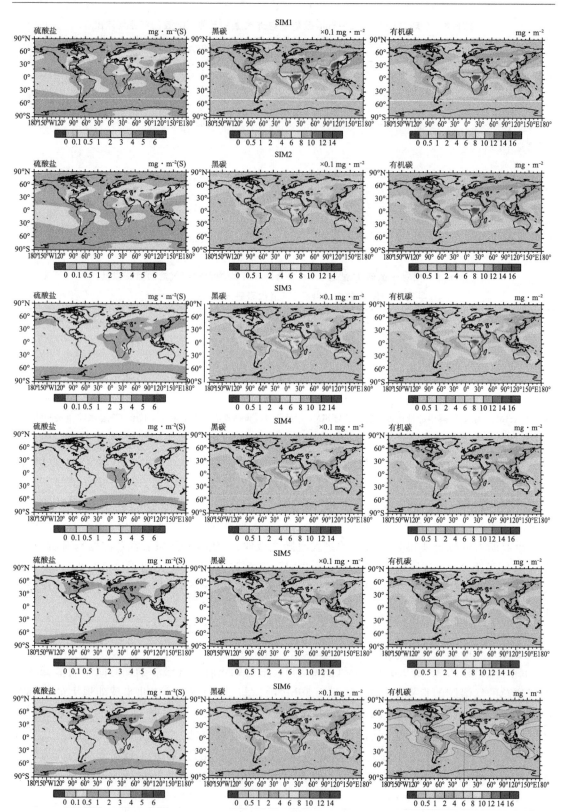

图 6.34　试验 SM1—SIM6(从上至下)模拟所得硫、黑碳、有机碳三种要素(左到右)
全球年平均气溶胶柱浓度的分布(单位:mg·m⁻²)

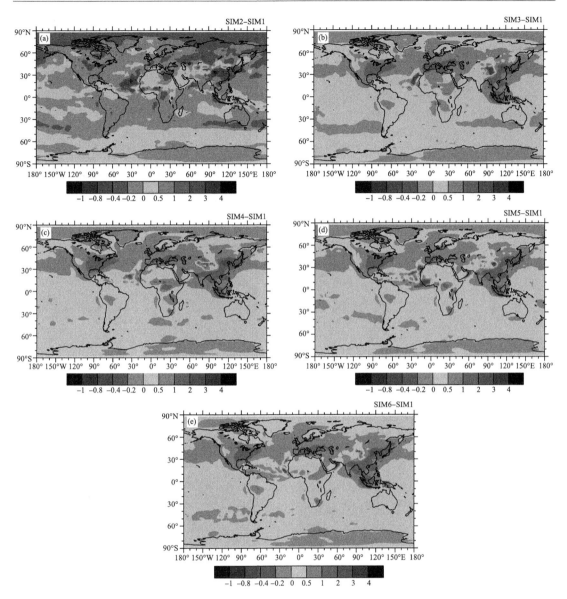

图 6.35　模拟所得全球年平均气溶胶直接效应差异的分布(a—e,单位:W・m⁻²)

(a)SIM2-SIM1,(b)SIM3-SIM1,(c)SIM4-SIM1,(d)SIM5-SIM1,(e)SIM6-SIM1

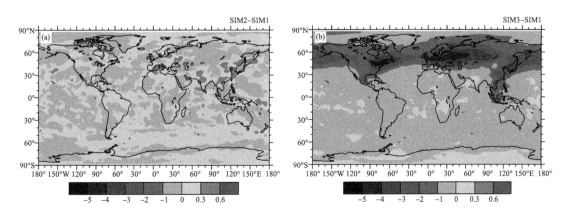

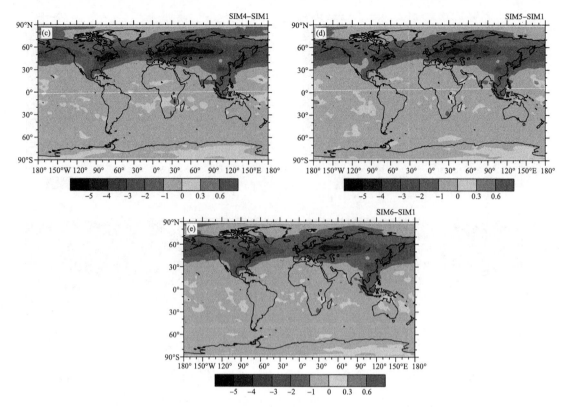

图 6.36　模拟所得全球年平均柱云滴数浓度差异的分布(a—e,单位:10^{10} m^{-2})

(a)SIM2-SIM1,(b)SIM3-SIM1,(c)SIM4-SIM1,(d)SIM5-SIM1,(e)SIM6-SIM1

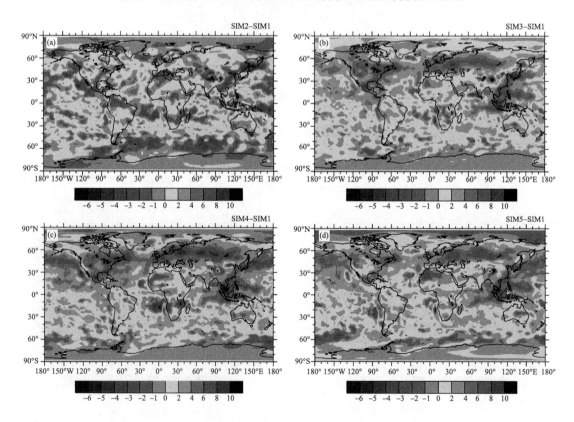

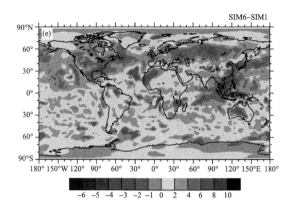

图 6.37　模拟所得全球年平均气溶胶净效应差异的分布(a—e,单位:W・m⁻²)

(a)SIM2-SIM1,(b)SIM3-SIM1,(c)SIM4-SIM1,(d)SIM5-SIM1,(e)SIM6-SIM1

参考文献

黄建平,季明霞,刘玉芝,等,2013.干旱半干旱区气候变化研究综述[J].气候变化研究进展,**9**(1):9-14.

赵树云,2015.气溶胶的有效辐射强迫及对全球气候特别是地表干旱程度的影响研究[D].北京:中国气象科学研究院.

赵树云,智协飞,张华,等,2014.气溶胶-气候耦合模式系统 BCC_AGCM2.0.1_CAM 气候态模拟的初步评估[J].气候与环境研究,**19**(3):265-277.

Allen R G,Pereira L S,Raes D,*et al*.,1998. Crop evapotranspiration-Guidelines for computing crop water requirements-FAO Irrigation and drainage paper 56[J]. FAO,Rome,**300**(9):D05109.

Bollasina M A,Ming Y,Ramaswamy V,2011. Anthropogenic aerosols and the weakening of the South Asian summer monsoon[J]. *Science*,**334**(6055):502-505.

Broccoli A J,Dahl K A,Stouffer R J,2006. Response of the ITCZ to Northern Hemisphere cooling[J]. *Geophysical Research Letters*,33(1),doi:10.1029/2005GL024546.

Budyko M I,1974. Climate and Life[M]. Academic Press,508.

Chen W T,Lee Y H,Adams P J,*et al*.,2010. Will black carbon mitigation dampen aerosol indirect forcing? [J]. *Geophysical Research Letters*,**37**(9),doi:10.1029/2010GL042886.

Cook B I,Smerdon J E,Seager R,*et al*.,2014. Global warming and 21st century drying[J]. *Climate Dynamics*,**43**(9-10):2607-2627.

Emanuel W R,Shugart H H,Stevenson M P,1985. Climatic change and the broad-scale distribution of terrestrial ecosystem complexes[J]. *Climatic change*,**7**(1):29-43.

Feng S,Fu Q,2013. Expansion of global dryland under a warming climate[J]. *Atmos. Chem. Phys*,**13**(10):081-10.

Foster P,Ramaswamy V,Artaxo P,*et al*.,2007. Changes in atmospheric constituents and in radiative forcing. In Climate Change 2007:The Physical Science Basis. Contribution of Working Group I to the Fourth Assessment Report of the International Panel on Climate Change[Solomon S,Qin D,Manning M,*et al*., (eds)]. Cambridge University Press:Cambridge,UK and New York,NY.

Fraedrich K,Sielmann F,2011. An equation of state for land surface climates[J]. *International Journal of Bifurcation and Chaos*,**21**(12):3577-3587.

Fu Q,Feng S,2014. Responses of terrestrial aridity to global warming[J]. *Journal of Geophysical Research*:

Atmospheres,**119**(13):7863-7875,doi:10. 2002/2014JD021608

Ganguly D,Rasch P J,Wang H,*et al*. ,2012. Climate response of the South Asian monsoon system to anthropo-
　　genic aerosols [J]. *Journal of Geophysical Research*: Atmospheres, **117** (D13), doi: 10.
　　1029/2012JD017508.

Gao X,Giorgi F, 2008. Increased aridity in the Mediterranean region under greenhouse gas forcing estimated
　　from high resolution simulations with a regional climate model[J]. *Global and Planetary Change*,**62**(3):
　　195-209.

Huang J,Guan X,Ji F,2012. Enhanced cold-season warming in semi-arid regions[J]. *Atmospheric Chemistry
　　and Physics*,**12**(12):5391-5398.

Huang J,Lin B,Minnis P,*et al*. ,2006. Satellite-based assessment of possible dust aerosols semi-direct effect on
　　cloud water path over East Asia[J]. *Geophysical Research Letters*,**33**(19),doi:10. 1029/2006GL026561.

Huang J,Minnis P,Yan H,*et al*. ,2010. Dust aerosol effect on semi-arid climate over Northwest China detected
　　from A-Train satellite measurements[J]. *Atmospheric Chemistry and Physics*,**10**(14):6863-6872.

Jiang Y,Liu X,Yang X Q,*et al*. ,2013. A numerical study of the effect of different aerosol types on East Asian
　　summer clouds and precipitation[J]. Atmospheric Environment,**70**:51-63.

Kloster S,Dentener F,Feichter J,*et al*. ,2010. A GCM study of future climate response to aerosol pollution re-
　　ductions[J]. *Climate Dynamics*,**34**(7-8):1177-1194,doi:10. 1007/s00382-009-0573-0.

Kottek M,Grieser J,Beck C,*et al*. ,2006. World map of the Köppen-Geiger climate classification updated[J].
　　Meteorologische Zeitschrift,**15**(3):259-263.

Köppen W,1900. Versuch einer Klassifikation der Klimate,vorzugsweise nach ihren Beziehungen zur Pflanzen-
　　welt[J]. *Geographische Zeitschrift*,**6**:593-611,657-679.

Kristjánsson J E,Iversen T,Kirkevåg A,*et al*. ,2005. Response of the climate system to aerosol direct and indi-
　　rect forcing:Role of cloud feedbacks[J]. *Journal of Geophysical Research*:Atmospheres,**110**(D24),doi:
　　10. 1029/2005JD006299.

Lamarque J F,Bond T C,Eyring V,*et al*. ,2010. Historical(1850—2000)gridded anthropogenic and biomass
　　burning emissions of reactive gases and aerosols:methodology and application[J]. *Atmospheric Chemistry
　　and Physics*,**10**(15):7017-7039,doi:10. 5194/acp-10-7017-2010.

Levy H,Horowitz L W,Schwarzkopf M D,*et al*. ,2013. The roles of aerosol direct and indirect effects in past
　　and future climate change[J]. *Journal of Geophysical Research*:Atmospheres,**118**(10):4521-4532.

Li J,Huang J,Stamnes K,*et al*. ,2014. Distributions and radiative forcing of various cloud types based on active
　　and passive satellite datasets-Part 1:Geographical distributions and overlap of cloud types[J]. *Atmospheric
　　Chemistry & Physics Discussions*,**14**:10463-10514.

McVicar T R,Roderick M L,Donohue R J,*et al*. ,2012. Global review and synthesis of trends in observed ter-
　　restrial near-surface wind speeds:Implications for evaporation[J]. *Journal of Hydrology*,**416**:182-205.

Ming Y,Ramaswamy V,2009. Nonlinear climate and hydrological responses to aerosol effects[J]. *Journal of
　　Climate*,**22**(6):1329-1339.

Reynolds J F,Smith D M S,Lambin E F,*et al*. ,2007. Global desertification:building a science for dryland de-
　　velopment[J]. *Science*,**316**(5826):847-851.

Rosenfeld D,Rudich Y,Lahav R,2001. Desert dust suppressing precipitation:A possible desertification feed-
　　back loop[J]. *Proceedings of the National Academy of Sciences*,**98**(11):5975-5980.

Rotstayn L D,Collier M A,Chrastansky A,*et al*. ,2013. Projected effects of declining aerosols in RCP4. 5:un-
　　masking global warming? [J]. *Atmospheric Chemistry and Physics*,**13**(21):10883-10905,doi:10. 5194/
　　acp-13-10883-2013.

Sampe T,Xie S P,2010. Large-scale dynamics of the Meiyu-Baiu Rainband:environmental forcing by the westerly jet[J]. *Journal of Climate*,23(1):113-134.

Schlesinger W H,Reynolds J F,Cunningham G L,*et al.*,1990. Biological feedbacks in global desertification [J]. *Science*,**247**(4946):1043-1048.

Solomon S,Qin D,Manning M,*et al.*,2007. Technical Summary. In:Climate Change 2007:The Physical Science Basis. Contribution of Working Group I to the Fourth Assessment Report of the Intergovernmental Panel on Climate Change. [Solomon S, Qin D, Manning M,*et al.*,(eds.)]. Cambridge University Press,Cambridge,United Kingdom and New York,NY,USA.

Song F,Zhou T,Qian Y,2014. Responses of East Asian summer monsoon to natural and anthropogenic forcing in the 17 latest CMIP5 models [J]. *Geophysical Research Letters*, **41** (2): 596-603, doi: 10. 1002/2013GL058705.

Takemura T,Nozawa T,Emori S,*et al.*,2005. Simulation of climate response to aerosol direct and indirect effects with aerosol transport-radiation model[J]. *Journal of Geophysical Research*:Atmospheres,**110** (D2),doi:10. 1029/2004JD005029.

UNEP,1992. World Atlas of Desertification. Edward Amoid:London.

Wang B,Fan Z,1999. Choice of South Asian summer monsoon indices[J]. *Bulletin of the American Meteorological Society*,**80**(4):629-638.

Wang Q,Wang Z,Zhang H,2017. Impact of anthropogenic aerosols from global,East Asian,and non-East Asian sources on East Asian summer monsoon system[J]. *Atmospheric Research*,**183**:224-236.

Wang Z,Zhang H,Zhang X,2016. Projected response of East Asian summer monsoon system to future reductions in emissions of anthropogenic aerosols and their precursors[J]. *Climate Dynamics*,**47**(5-6): 1455-1468.

Wang Z L,Zhang H,Zhang X Y,2015. Simultaneous reductions in emissions of black carbon and co-emitted species will weaken the aerosol net cooling effect[J]. *Atmospheric Chemistry and Physics*,**15**(7): 3671-3685.

Willmott C J,Feddema J J,1992. A more rational climatic moisture index[J]. *The Professional Geographer*,**44** (1):84-88.

Zhang H,Wang Z,Wang Z,*et al.*,2012. Simulation of direct radiative forcing of aerosols and their effects on East Asian climate using an interactive AGCM-aerosol coupled system[J]. *Climate Dynamics*,**38**(7-8): 1675-1693.

第 7 章　BCC_AGCM2.0_CUACE/Aero 双向耦合模式系统发展

第 1 至 6 章的许多工作是基于国家气候中心自主研发的气溶胶/大气化学–辐射–气候双向耦合模式系统 BCC_AGCM2.0_CUACE/Aero 完成的。该模式已被多次用来研究气溶胶的浓度、光学性质、辐射强迫和气候效应，并参与了国际气溶胶比较计划（如：AeroCom），得到了国际同行广泛认可。BCC_AGCM2.0_CUACE/Aero 由国家气候中心第二代大气环流模式 BCC_AGCM2.0 和中国气象科学研究院气溶胶理化模式 CUACE/Aero 组成。前面章节虽然对 BCC_AGCM2.0_CUACE/Aero 有一些简单的介绍，但都不够系统。因此，本章从模式结构、物理方案、模拟效果的评估等方面详细地介绍该模式。

7.1　大气环流模式 BCC_AGCM2.0

国家气候中心的大气环流模式 BCC_AGCM2.0 是在美国 NCAR 的全球集合大气模式 CAM3 基础上发展的。该模式以欧拉谱动力核为基础，采用 42 波三角截断的水平方案（T42，近似于 $2.8° \times 2.8°$），垂直方向采用混合 σ–压力坐标系，共 26 层，模式顶层为 2.9 hPa。相对于 NCAR/CAM3 模式，BCC_AGCM 2.0 引入了新的参考大气和参考面气压，在对流参数化（Zhang et al.，2005）、雪盖参数化（Wu et al.，2004）、干对流调整（颜宏，1987）、洋面潜热通量调整等方面作了改进（董敏 等，2009）。通过对以上参数化方案的改进，BCC_AGCM2.0 很好地再现了目前的气候状态，相比 CAM3，模拟效果有了整体上的改进（Wu et al.，2010）。

Zhang 等（2014）将一种相关 k–分布辐射方案（称为 BCC_RAD；Zhang et al.，2006a，2006b）引入 BCC_AGCM 中。该辐射方案计算精度相对精确的逐线积分误差不超过 3％，同时也大幅提高了辐射计算效率，这对于 GCM 模拟是很重要的。短波包含 9 个带、共 26 个 k–分布积分点，长波包含 8 个带、共 41 个积分点。利用 HITRAN 2000 光谱数据计算了 22 种气压、3 种大气温度条件下的 k–分布参数；这 22 种气压分别为 0.01、0.0158、0.0215、0.0251、0.0464、0.1、0.158、0.215、0.398、0.464、1.0、2.15、4.64、10.0、21.5、46.4、100.0、220.0、340.0、460.0、700.0 hPa 和 1013.0 hPa，三种温度分别为 200、260 K 和 320 K。在气候模式中，对于任意气压和温度情况的 k–分布以线性插值方法得到。考虑了 H_2O、CO_2、O_3、N_2O、CH_4、CFC-11、CFC-12 等 7 种温室气体和 O_2 的吸收作用，以及云和气溶胶的散射和吸收过程。表 7.1 列出了光谱带的划分及每个光谱带内考虑的吸收气体种类、积分样点数。

表 7.1　模式光谱带的划分及每个光谱带考虑的吸收气体种类、积分样点数

谱带	谱宽(cm^{-1})	气体	k-分布间隔数
1	10～250	H_2O	4
2	250～550	H_2O	4
3	550～780	H_2O, CO_2	11
4	780～990	H_2O	5
5	990～1200	H_2O, O_3	5
6	1200～1430	H_2O, N_2O, CH_4	5
7	1430～2110	H_2O	5
8	2110～2680	H_2O, CO_2, N_2O	3
9	2680～5200	H_2O	5
10	5200～12,000	H_2O	5
11	12,000～22,000	H_2O, O_3	3
12	31,000～33,000	—	0
13	31,000～33,000	O_3	2
14	33,000～35,000	O_3	2
15	35,000～37,000	O_3	2
16	37,000～43,000	O_3, O_2	4
17	43,000～49,000	O_3, O_2	2
总计			67

在 BCC_RAD 辐射模块中包含两种气溶胶光学程序接口,分别针对固定气溶胶浓度数据和 CUACE 耦合气溶胶模块,两种接口也可通过一个编译选项来分别选用。气溶胶光学性质包括消光系数、单次散射比、非对称参数,对每种气溶胶的这 3 个光学属性分别存储。吸湿增长的气溶胶有硫酸盐、海盐和亲水性有机碳,在吸湿增长计算中相对湿度采用模式计算的实际值。黑碳和有机碳的光学属性与 OPAC 数据集(Hess et al.,1998)中煤烟和溶水气溶胶的光学属性相同。沙尘的光学属性则对每个粒径分档应用 Mie 散射方法来计算。硫酸盐的 Mie 计算假定其由硫酸铵组成,且按尺度对数形式分布。干粒子平均半径取为 0.05 μm,几何方差为 2.0。平流层火山气溶胶假定由 75% 硫酸和 25% 水组成,按尺度对数形式分布,有效半径取为 0.426 μm,方差为 1.25。具体可见卫晓东(2011)、Wei 等(2011)和 Zhang 等(2012)。

针对 BCC_RAD 光谱带划分方法,对冰云光学性质(消光系数、单次散射比、非对称因子等)进行了重新计算。根据 Fu(1996)的冰云粒子形状和谱分布数据、结合 Yang 等(2005)的相函数数据和 Baum 等(2005a,b)的不同形状冰云的混合方法计算得到上述光学性质(Zhang et al.,2015);冰云有效半径用 Wyser(1998)的温度和云水路径函数方法代替气候模式中原有的单一的温度函数方法。

对于次网格云结构(水平云水分布和云垂直重叠)的处理,在 BCC_RAD 中引入了一个次网格云产生器(Räisänen et al.,2004)和蒙特卡洛独立气柱方法(McICA)进行优化。在 McICA 框架下,云和辐射过程是各自独立的,云的结构调整和辐射模式的改进都更为简便,因此,为 BCC_AGCM 在未来的发展提供了更为广阔的空间和应用前景。

云微物理方面,国家气候中心大气环流模式 BCC_AGCM2.0 原来使用的是 Rasch 等(1998)的 bulk 层云微物理方案(简称 RK98 方案)。RK98 方案仅将云滴和云冰的质量浓度作

为预报变量,在模式中云滴数浓度和有效半径仅为给定值(Collins *et al.*,2004),这种局限性使得 BCC_AGCM2.0_CUACE/Aero 对气溶胶间接效应的评估产生很大的不确定性。因此,Wang 等(2014)在 BCC_AGCM2.0 中用 Morrison 和 Gettelman(2008)发展的双参数云微物理方案(简称 MG08 方案)替换了原来的 RK98 方案,结合在线模拟的动态的气溶胶质量浓度,实现了 BCC_AGCM2.0_CUACE/Aero 对云水和云冰的质量浓度和数浓度的同时预报,进而能够根据预报的云滴数浓度计算得到云滴有效半径,为定量评估气溶胶的间接效应奠定了基础。

7.2　气溶胶/大气化学模式 CUACE/Aero

气溶胶/大气化学模式 CUACE/Aero 是由中国气象科学研究院大气成分研究所在 Gong 等(2002;2003)的基础上开发。该模式是一个按粒径分档的多成分的气溶胶模式,它包含了气溶胶的排放、传输、化学转化、与云的相互作用、干沉降、云中和云下清除等过程。目前,该模式包含了五种气溶胶类型:硫酸盐、黑碳、有机碳、沙尘和海盐。气溶胶的排放源来自 AERO-COM(Aerosol Comparisons between Observations and Models),包括了自然和人为气溶胶的表面排放率(Dentener *et al.*,2006):黑碳和有机碳(van der Werf *et al.*,2004;Bond *et al.*,2004),SO_2 和硫酸盐(van der Werf *et al.*,2004;Cofala *et al.*,2005),DMS[海洋数据来自 Kettle 等(2000);大气-海洋传输数据来自 Nightingale 等(2000)]。其他的排放数据来自 ED-GAR(the Emission Database for Global Atmospheric Research)3.2(Olivier *et al.*,2002)。

模式中海盐方案来自 Gong 等(2002):

$$\frac{\mathrm{d}F}{\mathrm{d}r} = 1.373u_{10}^{3.41} r^{-A}(1+0.057r^{3.45}) \times 10^{1.607e^{-B^2}} \tag{7.1}$$

式中,$\mathrm{d}F/\mathrm{d}r$(个·m^{-2}·s^{-1}·$\mu\mathrm{m}^{-1}$)表示了每微米颗粒半径内每平方米海表海盐颗粒的产生率;$A=4.7(1+\Theta r)^{-0.017r^{-1.44}}$;$B=(0.433-\log r)/0.433$;$\Theta$ 是控制次微米颗粒粒径分布的可调参数。

沙尘方案采用 Marticorena 等(1995)的方法。对于光滑的表面,临界摩擦速度可以表述为:

$$u_{tS}^*(r_s) = \begin{cases} \dfrac{0.129K}{(1.928Re^{0.092}-1)^{0.5}} & (0.03 < Re \leqslant 10) \\ 0.129K\{1-0.0858\exp[-0.0617(Re-10)]\} & (Re > 10) \end{cases} \tag{7.2}$$

式中,$Re=a(2r_s)^X+b$,$a=1331\ \mathrm{cm}^{-X}$,$b=0.38$,$X=1.56$,$K=\left(\dfrac{2\rho_p gr_s}{\rho_a}\right)\left[1+\dfrac{0.006}{\rho_p g(2r_s)^{2.4}}\right]^{0.5}$,$\rho_p$ 和 ρ_a 分别是沙尘和空气密度,g 是重力加速度,r_s 是沙尘颗粒半径。考虑到不易侵蚀成分的影响,Marticorena 等(1995)订正了临界摩擦速度:

$$u_{tR}^*(r_s) = u_{tS}^* \left\{1 - \frac{\ln(z_m/z_{0S})}{\ln[0.35(10/z_{0S})^{0.8}]}\right\} \tag{7.3}$$

式中,z_m 是不同陆表的初始粗糙度(cm),z_{0S} 是未被覆盖表面的粗糙度(10^{-3} cm)。临界摩擦速度也是土壤湿度的函数(Fécan *et al.*,1998):

$$\frac{u_t^*}{u_{tR}^*} = \begin{cases} 1 & (w < w') \\ [1+1.21(w-w')0.68]^{0.5} & (w > w') \end{cases} \tag{7.4}$$

式中，w 和 w' 分别是周围和临界体积土壤湿度。在单位半径间隔内沙尘的水平排放通量可以用下式表示(Marticorena et al.，1995)：

$$dF_h(r_s) = E \frac{\rho_a}{g} u^{*3}(1+R)(1-R^2)S_{rel}(r_s)dr_s \qquad (7.5)$$

式中，E 是易蚀表面与总表面的比率，$S_{rel}(r_s)$ 是半径在 r_s 到 $r_s + dr_s$ 颗粒覆盖的面积，$R = u_t^*/u^*$。水平通量不能直接在模式中使用，还需要垂直通量和它的粒径分布。在 r_s 到 $r_s + dr_s$ 范围内，沙尘的垂直通量 $dF_{kin}(r_s)$ 按照 Alfaro 等(1997)及 Alfaro 等(2001)的方法给出：

$$dF_{kin}(r_s) = \beta dF_h(r_s) \qquad (7.6)$$

式中 $\beta = 16300$ cm·s^{-1}。最终，沙尘颗粒的数浓度(N)和质量通量(F)可以表述为：

$$N = \frac{\beta}{e} \int_{r_s} p dF_h(r_s) \qquad (7.7)$$

$$F = (\pi \rho_p d^3/6)N \qquad (7.8)$$

式中，$e = \rho_p \pi/12(2r_s)^3(20u^*)^2$，$p$ 的值由 Alfaro 等(1997)给出，d 是颗粒直径。

目前，有两种方法用来描述模式中气溶胶的颗粒分布：模态表述和分档表述。在模态表述中，每种气溶胶被给定一种统计的模态分布函数(Binkowski et al.，1995；Ghan et al.，2001)。在分档表述中，气溶胶的粒径分布被近似为一系列连续非重叠的分离的档(Gong et al.，1997；Jacobson，1997；Meng et al.，1998)。气溶胶的粒径分布使用了分档近似的方法在被应用到包含多成分相互作用的过程中具有更好的灵活性，如气溶胶的凝结、冷凝和化学过程。采用粒径分档方法另一个的优点是能够根据模式的粒径分档，更准地计算出在不同粒径范围下各种气溶胶的浓度及其光学性质，从而能更准确地得到气溶胶的辐射强迫及其对气候的影响。在该模式中，在半径 0.005~20.48 μm，气溶胶粒径谱被分为 12 档：0.005~0.01 μm、0.01~0.02 μm、0.02~0.04 μm、0.04~0.08 μm、0.08~0.16 μm、0.16~0.32 μm、0.32~0.64 μm、0.64~1.28 μm、1.28~2.56 μm、2.56~5.12 μm、5.12~10.24 μm、10.24~20.48 μm。气溶胶颗粒在每档的有效半径取该档的平均半径。模式考虑了水溶性气溶胶的吸湿增长，吸湿后的半径等于与周围空气相对湿度处于平衡状态时的半径，由 Köhler 方程计算得到。模式包含了考虑了云微物理过程的云模块，用来模拟云滴活化、气溶胶-云-雨滴相互作用以及云化学。在每个粒径档中，除了新排放的非吸湿性气溶胶(黑碳和沙尘)之外，所有的气溶胶被假定为内部混合，然后经过一个积分步长后变为外部混合。在每个时步，计算外部混合成分的数浓度，以便计算气溶胶的活化和辐射强迫(Ayash，2007)。

模式中，气溶胶的质量守恒方程被表述为：

$$\frac{\partial \chi_{ip}}{\partial t} = \frac{\partial \chi_{ip}}{\partial t}\bigg|_{transprot} + \frac{\partial \chi_{ip}}{\partial t}\bigg|_{sources} + \frac{\partial \chi_{ip}}{\partial t}\bigg|_{clear\ air} + \frac{\partial \chi_{ip}}{\partial t}\bigg|_{dry} + \frac{\partial \chi_{ip}}{\partial t}\bigg|_{in-cold} + \frac{\partial \chi_{ip}}{\partial t}\bigg|_{below-cloud}$$

$$(7.9)$$

方程(7.9)中，干颗粒要素 p 在粒径 i 范围内的质量混合比的变化率由六部分组成：传输、源排放、物理和化学转化、干沉降、云内清除和云下清除。二次气溶胶包含了一些气溶胶的前体物在清除过程中通过化学转化而成。气溶胶的平流、垂直输送和对流过程由大气环流模式完成。

7.2.1　硫化学

该模式包含了一个在线的硫化学模块，H$_2$S、DMS、SO$_2$ 和 H$_2$SO$_4$ 等气体为预报变量，而 OH、O$_3$、H$_2$O$_2$、NO$_3$ 和 NH$_3$ 等气体的浓度为给定的离线化学浓度，来自化学传输模式 MO-

ZART/NCAR(Brasseur *et al.*,1998;Hauglustaine *et al.*,1998)。表 7.2 给出了模式中气态硫化物向硫酸盐转化的化学反应方程。采用离线的氧化剂浓度的好处是可以节省计算时间，但是离线浓度忽略了 H_2O_2 和 SO_2 之间的强联系性，这可能在 H_2O_2 浓度较低的北半球冬季特别重要(Gong *et al.*,2002)。此外,采用离线浓度也可能导致化学模式与大气环流模式的气象场不一致,可能给模拟结果带来一定的误差。

表 7.2　CUACE/Aero 中硫化学反应方程

化学反应	速率系数[①] $(cm^3 \cdot molecule^{-1} \cdot s^{-1})$	参考文献
$DMS, H_2S \rightarrow SO_2$		
$DMS + OH \rightarrow SO_2 + \cdots$	$9.6 \times 10^{-12} \exp(-234/T)$	Atkinson 等(1989)
$DMS + OH \rightarrow 0.75SO_2 + 0.25MSA + \cdots$	$\dfrac{1.7 \times 10^{-42} \exp(7810/T)[O_2]}{1 + 5.5 \times 10^{-31} \exp(7460/T)[O_2]}$	Atkinson 等(1989)
$DMS + NO_3 \rightarrow SO_2 + HNO_3$	$1.9 \times 10^{-13} \exp(500/T)$	Pham 等(1995)
$H_2S + OH \rightarrow SO_2 + \cdots$	$6.3 \times 10^{-12} \exp(-80/T)$	DeMore 等(1992)
$SO_2 \rightarrow Sulfate$		
$SO_2 + OH \rightarrow H_2SO_4 + \cdots$	$\left\{ \dfrac{k_0(T)[M]}{1 + k_0(T)[M]/k_\infty(T)} \right\} 0.6^{(1 + [\log k_0(T)[M]/k_\infty(T)]^2)^{-1}}$	DeMore 等(1992)

①T 为温度(K),$[O_2]$ 为 O_2 密度(molecule · cm^{-3}),$[M]$ 为空气密度(molecule · cm^{-3})。

7.2.2　碰并增长

CUACE/Aero 仅仅考虑了颗粒的二体碰撞,碰撞方程采用了 Seinfeld 等(1998)的方法:

$$\frac{dN_k}{dt} = \frac{1}{2} \sum_{j=1}^{k-1} K_{j,k-j} N_j N_{k-j} - \sum_{j=1}^{\infty} K_{k,j} N_j \tag{7.10}$$

式中,$K_{k,j}$ 是第 k 与 j 档颗粒之间的碰并系数,N_k 是第 k 档颗粒的数浓度。模式中考虑了三种碰并过程,即布朗碰并、湍流碰并和重力碰并。在 CUACE/Aero 中,还采用了一个非迭代的半隐式的数值方法(Jacobson *et al.*,1994)用来计算气溶胶颗粒的碰并率和档内的传输。这种方案采用了在每一时步粒子体积(或质量)保持守恒的物理思想。如果在每个档内气溶胶被假定为内部混合,那么由于碰并造成的每档体积的变化和每种成分质量浓度的变化相应地被计算。

7.2.3　成核和冷凝

一旦可冷凝的成分(如:H_2SO_4)通过化学反应,形成其气态物,那么它们将参与两个计算过程:成核和冷凝,这两个过程依赖于颗粒粒径、相对湿度和温度。由于成核,造成的气态 H_2SO_4 质量混合比的变化率可以由下式表述:

$$\frac{\partial \chi_{H_2SO_4}}{\partial t} = -C_1 \chi_{H_2SO_4}{}^{C_2} \tag{7.11}$$

式中,C_1 和 C_2 为常数,来自 Kulmala 等(1998)的成核参数化方案。通过成核过程产生的硫酸盐质量被放置在模式模拟的最小粒径档中。由于冷凝,造成的气态 H_2SO_4 质量混合比的变化率被表述为:

$$\frac{\partial \chi_{H_2SO_4}}{\partial t} = -C_3 \chi_{H_2SO_4} \tag{7.12}$$

式中,C_3 为常数,来自于修改的 Fuchs-Sutugin 方程(Fuchs et al.,1971)。冷凝过程不改变颗粒物的数浓度,但是增加个别颗粒的质量,结果使得这些颗粒被移到更大的档中。成核和冷凝过程均在气态计算,因此,最终的质量平衡方程为:

$$\frac{\partial \chi_{H_2SO_4}}{\partial t} = P_{H_2SO_4} - C_3 \chi_{H_2SO_4} - C_1 \chi_{H_2SO_4}{}^{C_2} \tag{7.13}$$

式中,$P_{H_2SO_4}$ 是气态 H_2SO_4 的产生率。方程(7.13)没有解析解,但是能够通过普通的差分方程求解解决。这就使得在模式每个格点都需要一个重复的步骤,消耗大量的计算时间。为了简化该方案,方程(7.13)被近似地表述为:

$$\frac{\partial \chi_{H_2SO_4}}{\partial t} = P_{H_2SO_4} - C_3 \chi_{H_2SO_4} - C_1 \chi_{H_2SO_4} \chi_{H_2SO_4}^0{}^{C_2-1} \tag{7.14}$$

式中,$\chi_{H_2SO_4}^0$ 是 H_2SO_4 初始质量混合比。为了确保近似方法尽可能地接近真实方案,把每一个时步划分为 10 个次时步,每个 $\chi_{H_2SO_4}^0$ 是前一个次时步的解。因为方程(7.14)能够得到解析解,所以计算时间极大地减少。方程(7.14)还有以下解:

$$\chi_{H_2SO_4}(t) = \frac{e^{-\Omega t}\left[(e^{\Omega t}-1)P_{H_2SO_4} + \Omega \chi_{H_2SO_4}^0\right]}{\Omega} \tag{7.15}$$

式中

$$\Omega = C_3 + C_1 \chi_{H_2SO_4}^0{}^{C_2-1}$$

成核和冷凝的趋势通过方程(7.15)计算。表 7.3 给了不同条件下 C_1 和 C_2 的值。除了温度和相对湿度,SO_2 和 H_2SO_4 的初始浓度也将影响该方法。

表 7.3　成核方程中的常数值

	233 K		298 K	
	10% RH	100% RH	10% RH	100% RH
C_1	1.7×10^{23}	4.8×10^{16}	3.2×10^{51}	7.6×10^{46}
C_2	4.1	2.5	8.5	6.5

7.2.4　干沉降

干沉降的速度依赖于颗粒物的粒径大小、地表性质和气象条件,因此 Zhang 等(2001)修改了 Gong 等(1997)发展的海洋上颗粒物的干沉降速度的方案,使其适用于多成分的气溶胶颗粒。为了处理气溶胶气态前体物的干沉降速度,ADOM 的干沉降方案(Padro et al.,1991)被引入 CUACE/Aero,用于处理 SO_2 的沉降问题。

对于气体和颗粒干沉降的计算,大尺度环流模式往往不能提供足够详细的陆表使用类别数据(LUC),因此在 CUACE/Aero 中增加了一个高分辨(1°×1°)的全球陆表类别数据,该数据来自于 EDC DAAC(EROS Data Center Distributed Active Archive Center)。表 7.4 中定义了 15 种陆表使用类型和 5 个季节。根据大尺度模式的分辨率,陆表类别数据被应用到每个模式格点中,最后通过权重获取大尺度模式格点上的沉降速度。对于空气中的颗粒物,沉降速度作为颗粒粒径的函数被计算,并被用来计算颗粒物的沉降趋势。图 7.1 给出了季节类别 1 的不同表面类别的颗粒物的干沉降速度。从图 7.1 可以看出,由于拥有更大的粗糙长度和摩擦速度,森林和城市上空的颗粒物干沉降速度比其他类别大,且颗粒物的半径越大,干沉降速度也越大。

表 7.4　CUACE/Aero 中陆表使用和季节类别

序号	描述	物理高度(cm)
陆表覆盖类型(LUC)		
1	常绿针叶林	2000
2	常绿阔叶林	4000
3	季节性针叶林	2000
4	季节性阔叶林	2000
5	针阔叶混合林	3000
6	草地	20
7	庄家	20
8	沙漠	0.2
9	苔藓	0.2
10	灌木与片状林地	100
11	长植物的湿地	2
12	冰盖、冰河	0.01
13	内陆河与内陆湖	0.001
14	海洋	0.001
15	城市	1000
季节种类(SC)		
1	仲夏,长有繁茂植被	
2	秋季,庄家未收割	
3	晚秋,有霜冻,但尚未降雪	
4	冬季,地面上有雪,温度零度以下	
5	向春季的过渡期,长有短期一年生植物	

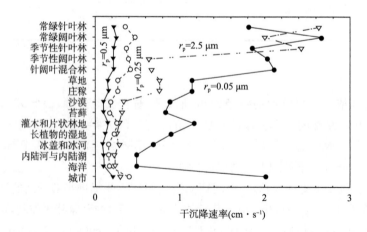

图 7.1　不同表面类别的颗粒物的干沉降速度(参考高度:10 m;颗粒物密度:2000 kg·m^{-3};
20 m 高度风速:5 m·s^{-1})(Gong *et al*.,2003)

7.2.5　云下清除

降水导致的云下清除是云基和地面之间大气中气溶胶的清除过程之一。下降过程中的气溶胶颗粒通过布朗运动、湍流扩散、惯性影响、扩散电泳、热泳和电场效应等过程被俘获。根据 Slinn(1984)的方案,单位体积气溶胶的移除率为:

$$\left. \frac{\partial \chi_{ip}}{\partial t} \right|_{\text{Below-clouds}} = f_{\text{cld}} \times \Psi(r_i) \times \chi_{ip}(r_i) \tag{7.16}$$

式中,r_i 是第 i 档的平均半径,f_{cld} 是云覆盖量。Ψ 是清除率(Gong et al.,1997)。

7.2.6　云内过程

CUACE/Aero 的云内过程包含三个部分:云滴活化、气溶胶-云-雨滴相互作用、云化学。气溶胶的间接效应通过这些过程影响气候,相继地气溶胶和云滴的粒径分布和化学成分也发生改变。在大气中,由于气溶胶颗粒的凝结增长形成云。云的形成依赖于气溶胶的数浓度、成分和过饱和度,同时过饱和度又依赖于空气的垂直运动。目前,处理云-气溶胶相互作用的途径有从详细的微物理模式(Pruppacher et al.,1997),到以微物理为基础的参数化方案(Ghan et al.,1995),还有以观测为基础的经验公式(Jones et al.,1994;Menon et al.,2002)。在长期的气候和空气质量模式模拟中表明,经验公式和以微物理为基础的参数化方案均对 CUACE/Aero 适用。

目前,CUACE/Aero 利用 Jones 等(1994)的经验公式,通过气溶胶的数浓度获得云滴数浓度:

$$N_{\text{drop}} = 3.75 \times 10^8 [1 - \exp(-2.5 \times 10^{-9} N_a)] \tag{7.17}$$

式中,N_a 是半径在 $0.05 \sim 1.50\ \mu m$ 气溶胶的数浓度(单位:m^{-3})(Martin et al.,1994)。然后,云滴数浓度被提供给以真实的微物理过程为基础的云模块(Lohmann et al.,1996),来处理云-气溶胶的相互作用。方程(7.17)也存在很多弊端,它没有考虑气溶胶的粒径分布、成分和气象条件,仅通过有限的场观测获得,这也是今后该模式需要改进的地方。

气溶胶与云相互作用集中在影响气溶胶分布的过程:降水的形成和气溶胶颗粒的清除。降水的形成除了与液态水含量有关外,还和云滴数浓度有关(Beheng,1994),降水过程将云滴中的气溶胶质量转化成降水。根据 Giorgi 等(1986)的方法,雨沉降趋势可以用以下公式表述:

$$\left. \frac{\partial \chi_{ip}}{\partial t} \right|_{\text{In-cloud}} = -\lambda \times \chi_{ip}(r_i) \tag{7.18}$$

式中,λ 是局地移除率(s^{-1}),由局地水汽凝结率计算得到(Giorgi et al.,1986)。当在模式某一层降水蒸发,从降水相态向云或干气溶胶相态转化的气溶胶质量百分比被假定等于该层蒸发率和降水率的比率。

云中硫酸盐的产生方案考虑了层云和对流云中 O_3 和 H_2O_2 的氧化作用(von Salzen et al.,2000)。由于计算时间的限制,模式中不可能考虑 H_2O_2 的循环,因此通过气态反应生成的 H_2O_2 通过一个简单的参数化方案获得:

$$\left. \frac{\partial \chi_{H_2O_2}}{\partial t} \right|_{\text{production}} = -\tau^{-1} \times (\chi_{H_2O_2} - \chi_{H_2O_2}^b) \tag{7.19}$$

式中,给定的背景浓度 $\chi_{H_2O_2}^b$ 来自化学模式 MOZART 的模拟结果(Brasseur et al.,1998)。

7.3　模式耦合基本思路

图 7.2 给出了气溶胶-气候耦合模式的基本框架。耦合的基本思路为:首先,将大气环流模式模拟的温、压、风、湿等气象场数据传递给气溶胶模式,驱动气溶胶模式。然后,结合气溶胶的表面排放数据,借助大气环流模式的平流、对流、扩散等参数化方案对气溶胶进行传输。同时,传输到大气中的气溶胶参与气溶胶模式中的各种物理和化学过程,从而获得大气中气溶胶的浓度。最后,气溶胶模式模拟的气溶胶浓度返回到大气环流模式的辐射过程和云微物理过程中,结合计算的气溶胶的物理和光学性质,影响辐射、云和气候系统。

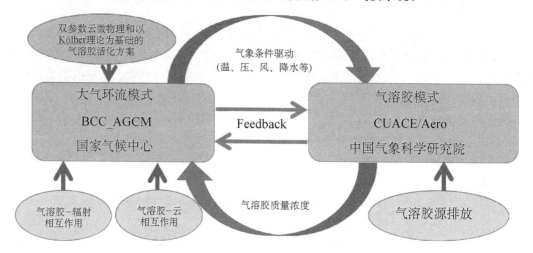

图 7.2　气溶胶-气候耦合模式的基本框架

7.4　对耦合模式模拟性能的评估

该节首先给出了未采用双参数云微物理方案之前 BCC_AGCM2.0_CUACE/Aero 的模拟结果与观测值的比较,然后与采用双参数云微物理方案后模式的模拟结果进行了比较。Zhang 等(2012)使 CUACE/Aero 和 BCC_AGCM2.0 实现了双向耦合,王志立(2011)和赵树云等(2014)对该气溶胶-气候耦合模式的气溶胶和气候模拟能力进行了综合评估,发现该模式系统对五种典型种类气溶胶(硫酸盐、黑碳、有机碳、沙尘和海盐)的模拟不论是在大气总含量上,还是空间分布上均是比较合理的,尤其是对硫酸盐、沙尘和海盐气溶胶的模拟相比 BCC_AGCM2.0 原来所用的来自大气化学传输模式(MATCH)的离线月平均气溶胶浓度(Collins et al.,2001,2002)有了很大的提高。如图 7.3 所示,在南印度洋远离大陆的阿姆斯特丹岛站,BCC_AGCM2.0_CUACE/Aero 模拟的总气溶胶光学厚度(AOD)不论是在绝对值上,还是在季节变化趋势上均与来自气溶胶自动观测网(AERONET)的结果有很好的一致性。相比而言,用 MATCH 所给的离线气溶胶浓度资料模拟的 AOD 偏小而且趋势正好相反。

BCC_AGCM2.0_CUACE/Aero 对气候态变量的模拟也基本与观测/再分析资料一致。并且在对气溶胶模拟改进比较明显的北非、阿拉伯半岛以及南半球中纬度海洋上,耦合模式对辐射和温度的模拟比用离线的气溶胶资料误差明显减小,对热带地区,如印度和孟加拉湾、赤道南侧的降水模拟也有明显的改进作用。

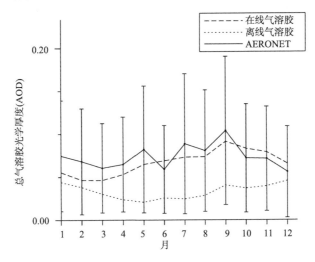

图 7.3　在阿姆斯特丹岛站（77.6°E,37.8°S）,BCC_AGCM2.0_CUACE/Aero
模拟的（短划线）和由 MATCH 气溶胶资料模拟的（虚线）AOD 与 AERONET 观测
结果（实线,误差棒代表观测结果的标准差）的对比

　　在不断发展与改进的过程中,BCC_AGCM2.0_CUACE/Aero 已经多次用于研究气溶胶的辐射强迫和气候效应。如 Wang 等（2010）利用 BCC_AGCM2.0 模拟了气溶胶的间接效应对全球气候的影响,不过当时用的还是 MATCH 的离线气溶胶浓度资料；Zhang 等（2012）利用 BCC_AGCM2.0_CUACE/Aero 模拟了气溶胶的直接辐射强迫对东亚季风的影响；Wang 等（2013a;b）利用该模式模拟了云滴中包裹黑碳产生的辐射强迫与气候效应,以及形状因素对沙尘气溶胶直接辐射强迫的影响；Zhao 等（2015）利用该模式系统模拟了沙尘气溶胶对干旱、半干旱地区气候的影响。

7.4.1　耦合模式对气溶胶的模拟

7.4.1.1　模拟的气溶胶浓度与观测值的比较

　　为了评估模式对气溶胶浓度的模拟性能,该部分给出了模拟的各种气溶胶浓度与多种观测资料的比较。图 7.4 给出了模拟的硫酸盐气溶胶月平均浓度与 IMPROVE（Interagency Monitoring of PROtected Visual Environments program）观测计划 9 个站点的比较。IM-PROVE 观测网络成立于 1985 年,由位于美国的接近 140 个站点组成,主要针对气溶胶、空气质量和光学参数等方面的观测。所有站点对气溶胶的观测均为一周两次（周三和周日）,每次为持续 24 h 观测。本文所取的数据观测时间基本上在 1995—2004 年,但是也有个别站点的观测时间较短。从图中可以看出,对于大部分站点,模拟的硫酸盐气溶胶浓度和观测值基本一致,模式也很好地再现了硫酸盐气溶胶浓度的季节变化。模拟值和观测值均表现为硫酸盐气溶胶浓度的峰值出现在夏季,冬季最低,这可能是因为夏季空气温度和湿度都比较高,有利于 SO_2 光化学反映生成硫酸盐。但是对于一些美国中部和西部的站点（图 7.4g 和 h）和城市站点 Washington D. C.（图 7.4i）,模式虽然很好地模拟出了硫酸盐浓度的季节变化,但模拟值明显低于观测值。在中国,大部分的观测站点显示硫酸盐气溶胶的浓度冬季要大于夏季,与图

2.11 给出的观测结果正好相反,这是因为硫酸盐主要通过湿沉降清除,中国冬季降雨量少,硫酸盐气溶胶的湿清除小,导致其浓度较高(高丽洁 等,2004)。

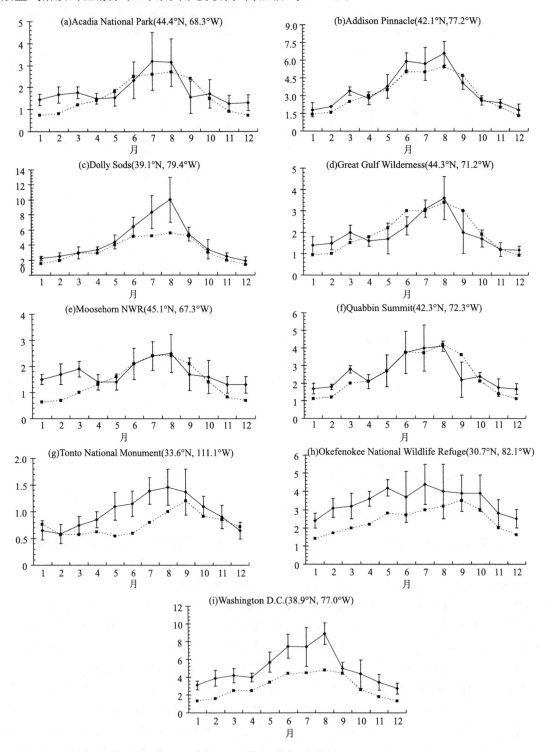

图 7.4　模拟的硫酸盐气溶胶月平均浓度与观测值的比较(单位:μg·m⁻³)(观测资料来自 IMPROVE,图中实线为观测值,竖线为标准偏差,虚线为模拟值)

图 7.5 为模拟的硫酸盐气溶胶年平均浓度与观测值比较的散点图。观测资料来自于 IM-PROVE 的 61 个站点和 EMEP(European Monitoring and Evaluation Programme)的 71 个站点的观测资料。EMEP 观测网络成立于 1979 年,主要是针对欧洲地区空气污染研究的观测,所有站点对气溶胶的观测均为每天持续 24 h 的观测。

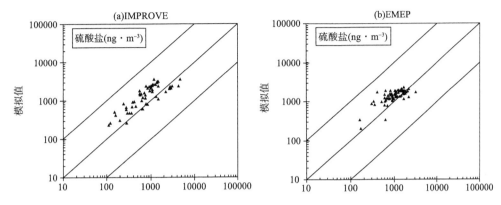

图 7.5　模拟的硫酸盐气溶胶年平均浓度与观测值比较的散点图(单位:ng·m⁻³)
(观测资料来自 IMPROVE 和 EMEP,虚线为 10:1 和 1:10 的比率)

从图中可以看出,模拟的硫酸盐气溶胶年平均浓度总体上要略高于观测值,模拟值偏大的站点多位于美国东部地区和欧洲的西北部,但是 71% 的站点模拟值和观测值在两倍偏差以内。

图 7.6 给出了模拟的有机碳气溶胶月平均浓度与 IMPROVE 观测计划 10 个站点的比较。从图中可以看出,在大部分站点模拟的有机碳气溶胶浓度和观测值基本一致,模式也很好地再现了有机碳气溶胶浓度的季节变化,但是对于一些站点(如 Badlands National Park、Dolly Sods、Moosehorn NWR、Wind Cave 和 Washington D. C.),模拟的有机碳气溶胶冬季浓度比观测值偏低,而在 Great Gulf Wilderness 站点模拟的有机碳浓度明显高于观测值。

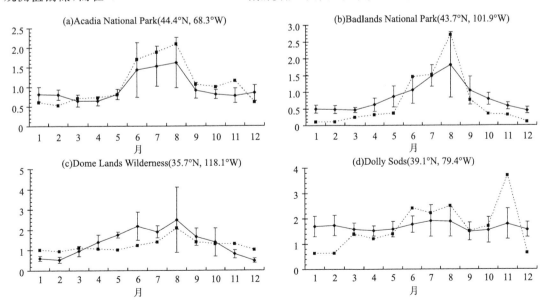

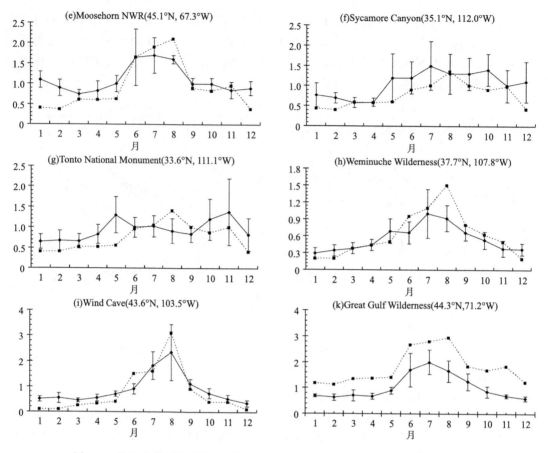

图 7.6　模拟的有机碳气溶胶月平均浓度与观测值的比较(a—k,单位:$\mu g \cdot m^{-3}$)
(观测资料来自 IMPROVE,图中实线为观测值,竖线为标准偏差,虚线为模拟值)

　　图 7.7 为模拟的有机碳气溶胶年平均浓度与观测值比较的散点图。从图 7.7a 模拟值与 IMPROVE 61 个观测站点的比较可以看出,模拟的有机碳气溶胶浓度与观测值的量级基本一致。总体上看,模拟的有机碳气溶胶年平均浓度比观测值略偏小,但 87% 的站点在两倍偏差以内。但是在一些远距离站点、乡村站点和海洋上的站点,模拟值要明显小于观测值(图 7.7b 和 c),这可能是由于模式对有机碳气溶胶的远距离传输偏弱。

　　乡村、远距离和海洋上站点的信息如表 7.5 和表 7.6 所示。

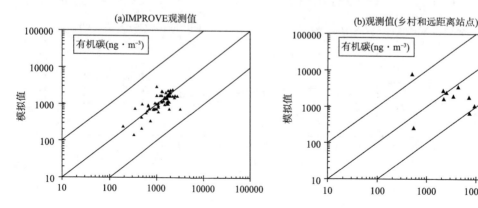

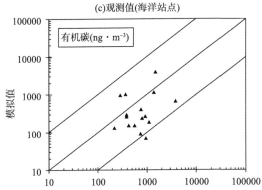

图 7.7　模拟的有机碳气溶胶年平均浓度与观测值比较的散点图

(a)IMPROVE 站点,(b)乡村和远距离站点,(c)海洋上站点(虚线为 10∶1 和 1∶10 的比率)

表 7.5　模拟和观测的有机碳气溶胶浓度在乡村和远距离站点的比较(单位:ng · m^{-3})

站点名	纬度	经度	时间	观测值	模拟值	文献
Allegheny Mountain	39°N	79°W	8 月	2190	2788	Japar et al.(1986)
Anadia,Portugal	40.3°N	8.4°W	8 月	3506	1903	Castro et al.(1999)
Aspvreten,Sweden	58.8°N	17.4°E	6—7 月	2200	1622	Zappoli et al.(1999)
Aveiro,Portugal	40°N	8°W	年平均	7400	657	Nunes and Pio(1993)
Central Africa	2°~12°N	17°~19°E	11—12 月	13021	10423	Ruellan et al.(1999)
Guayaquil,Ecuador	2.2°S	79.9°W	6 月	510	7916	Andreae et al.(1984)
Ivory Coast Savannah	6.2°N	5.1°W	年平均	9200	1052	Wolff and Cachier(1998)
K-puszta,Hungary	46.9°N	19.5°E	7—8 月	7300	1779	Molnar et al.(1999)
Laurel Hill	40°N	79°W	8 月	2510	2391	Japar et al.(1986)
El Yunque peak	18.3°N	65.8°W	4 月	552	258	Chesselet et al.(1981)
Hotel Everest View	27.5°N	86.4°E	12—1 月	4400	3568	Davidson et al.(1986)

表 7.6　模拟和观测的有机碳气溶胶浓度在海洋上站点的比较(单位:ng · m^{-3})

站点名	纬度	经度	时间	观测值	模拟值	文献
Areao,Portugal	40.5°N	8.8°W	年平均	3830	657	Pio et al.(1996)
			夏季	1410	1122	Castro et al.(1999)
			冬季	940	263	
Atlantic Ocean	29°~41°N	7°~15°W	6—7 月	800	233	Novakov et al.(2000)
Sargasso Sea	30°N	50°W	7 月	435	150	Chesselet et al.(1981)
Bermuda	32.2°N	64.5°W	1—2 月	570	151	Wolff et al.(1986)
			5 月	288	937	Hoffman and Duce(1974)
			6 月	370	986	Hoffman and Duce(1977)
			8 月	770	403	Wolff et al.(1986)
Cape San Juan	18.5°N	66.1°W	2—5 月	391	290	Novakov et al.(1997)
Chichi-jima,Japan	27°N	142°E	12 月	743	90	Ohta and Okita(1984)
Enewetak Atoll	11°N	162°E	4—5 月	970	69	Chesselet et al.(1981)
Hachijo-jima,Japan	33.1°N	139.8°E	12—1 月	1113	182	Ohta and Okita(1984)
Oahu,Hawaii,USA	21.4°N	147.7°W	6—8 月	390	258	Hoffman and Duce(1977)
San Nicolas Island,USA	33.2°N	119.3°E	6—9 月	1530	3908	Chow et al.(1994)
Tutuila Island,American Sam	14.3°S	170.6°W	6—8 月	220	130	Hoffman and Duce(1977)

　　图 7.8 给出了模拟的黑碳气溶胶月平均浓度与 IMPROVE 观测计划 6 个站点的比较。从图中可以看出,模式明显低估了黑碳气溶胶的浓度,模式也显示了比较弱的黑碳气溶胶浓度的季节变化。在大部分的站点,模拟的黑碳气溶胶的浓度甚至不到观测值的二分之一。图 7.9 给出了模拟的黑碳气溶胶年平均浓度与观测值比较的散点图。从图 7.9a 与 IM-PROVE61 个观测站点的比较可以看出,模拟的黑碳气溶胶浓度的量级与观测值基本一致,但在大部分站点,模拟值明显小于观测值,过低估计约一到两倍。与模拟的有机碳气溶胶的浓度相似,模式对黑碳气溶胶的远距离传输也偏弱,在一些远距离站点、乡村站点和海洋上的站点,模拟的黑碳气溶胶浓度也明显小于观测值,在个别站点模拟值比观测值甚至小了一个量级(图 7.9b 和 c)。我们模式使用的黑碳气溶胶的排放源偏小,且模式中没有包含二次有机气溶胶,可能是导致模式模拟的碳类气溶胶浓度偏小的主要原因。其次,模式粗糙的分辨率,也可能造成模拟的气溶胶浓度偏低。

　　乡村、远距离和海洋上站点的信息如表 7.7 和表 7.8 所示。

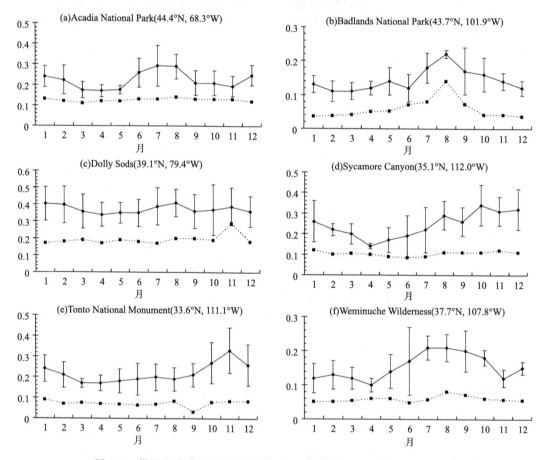

图 7.8　模拟的黑碳气溶胶月平均浓度与观测值的比较(单位:$\mu g \cdot m^{-3}$)
(观测资料来自 IMPROVE,图中实线为观测值,竖线为标准偏差,虚线为模拟值)

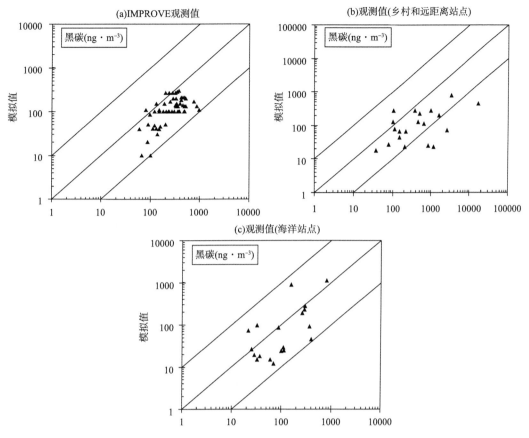

图 7.9　模拟的黑碳气溶胶年平均浓度与观测值比较的散点图

(a)IMPROVE 站点,(b)乡村和远距离站点,(c)海洋上站点(虚线为 10∶1 和 1∶10 的比率)

表 7.7　模拟和观测的黑碳气溶胶浓度在乡村和远距离站点的比较(单位:ng·m⁻³)

站点名	纬度	经度	时间	观测值	模拟值	文献
Abisko,Sweden	68.3°N	18.5°E	3—4 月	206	23	Noone and Clarke(1988)
Anadia,Portugal	40.3°N	8.4°W	8 月	1594	200	Castro et al.(1999)
Aspvreten,Sweden	58.8°N	17.4°E	6—7 月	100	125	Zappoli et al.(1999)
Bridgewater,Canada	44.4°N	64.5°W	8—11 月	2600	72	Chylek et al.(1999)
Central Africa	2°~12°N	17°~19°E	11—12 月	3363	792	Ruellan et al.(1999)
Chebogue Point	43°N	66°W	8—9 月	110	77	Chylek et al.(1999)
Edgbaston,UK	51°N	1°W	年平均	380	279	Smith et al.(1996)
Hemsby,England	52.4°N	1.4°E	年平均	104	278	Yaaqub et al.(1991)
K-puszta,Hungary	46.9°N	19.5°E	7—8 月	500	228	Molnár et al.(1999)
Lahore,Pakistan	31°N	74°E	年平均	17200	448	Smith et al.(1996)
Nylsvley Natural Reserve	24.7°S	28.4°E	5 月	850	25	Puxbaum et al.(2000)
Orogrande,New Mexico	34.3°N	106°W	12—1 月	149	44	Pinnick et al.(1993)
Rautavaara,Finland	63.5°N	28.3°E	12 月	650	110	Raunemaa et al.(1994)
San Pietro Capofiume	44.7°N	11.6°E	8—9 月	1000	278	Zappoli et al.(1999)
Tabua,Portugal	33°N	17°W	7—8 月	1167	23	Castro et al.(1999)

续表

站点名	纬度	经度	时间	观测值	模拟值	文献
Mt. Krvavec, Slovenia	46.3°N	14.5°E	12 月	150	67	Bizjak et al. (1999)
			7 月	450	128	
Mt. Mitchell, North Carolina	35.7°N	82.3°W	年平均	217	65	Bahrmann and Saxena (1998)
Spitsbergen, Norway	78.9°N	11.9°E	10—5 月	78	27	Heintzenberg and Leck (1994)
Wrangle Island, Russia	71°N	179.6°W	3—5 月	38	18	Hansen et al. (1991)

表 7.8　模拟和观测的黑碳气溶胶浓度在海洋上站点的比较(单位:ng·m^{-3})

站点名	纬度	经度	时间	观测值	模拟值	文献
Areao, Portugal	40.5°N	8.8°W	冬季	370	92	Castro et al. (1999)
Atlantic Ocean	29°~41°N	7°~15°W	6—7 月	400	45	Novakov et al. (2000)
Atlantic Ocean (North)	52°~79°N	21°W~20°E	7—9 月	88	86	Polissar (1992)
Atlantic Ocean (Northeast)	50°~80°N	20°E~50°W	10—11 月	112	29	O'Dowd et al. (1993)
Sargasso Sea	30°N	50°W	7 月	60	15	Chesselet et al. (1981)
Cheju Island, Korea	33.3°N	127.2°E	12—3 月	300	272	Kim et al. (2000)
			7—10 月	290	231	
			7—8 月	266	188	
Pacific Ocean	10°N	165°E	7 月	25	26	Parungo et al. (1994)
	8°~18°S	175°E	9 月	101	24	Kaneyasu and Murayama (2000)
	8°S~25°N	175°E	9—10 月	33	15	
	22°~8°N	175°E	4—5 月	70	12	
	5.7°S	175°E	9—10 月	29	19	
	6.0°N	175°E	9—10 月	37	18	
	5.3°S	175°E	5—6 月	22	72	
China Sea	10°N	113°E	6 月	33	96	Parungo et al. (1994)
San Nicolas Island, USA	119.3°E	33.15°N	6—9 月	160	886	Chow et al. (1994)
			11—12 月	810	1101	
Fuji Island, Japan	15.7°S	175°E	9 月	113	25	Kaneyasu and Murayama [2000]

　　表 7.9 给出了中国地区模拟和观测的黑碳气溶胶浓度的比较。在北京上甸子、云南迪庆站点,模拟的黑碳气溶胶浓度与观测值比较接近,但是在中国东部和南部地区的临安、四川、香港等站点,模拟值明显小于观测值,特别是临安和四川站,模拟值约为观测值的三分之一或四分之一,这可能与模式使用的排放源偏小和模式低的分辨率有关。

表 7.9　中国区域模拟和观测的黑碳气溶胶浓度的比较(单位:μg·m^{-3})

站点	时间(年)	观测值	模拟值	文献
北京上甸子(117.12°E,40.65°N)	1999—2000	0.2~3.3	1.5	
浙江临安(119.73°E,30.3°N)	1991.9—1991.10	2.3	0.53	
瓦里关(100.9°E,36.28°N)	1994—1995	0.05~0.6	0.1	
四川温江(103.8°E,30.97°N)	1999—2000	1.8~12.1	0.57	

续表

站点	时间(年)	观测值	模拟值	文献
拉萨(91°E,29.6°N)	1998.6—1998.10	0.3~4.8	0.26(1 月)	
			0.32(4 月)	
			0.6(7 月)	
			0.4(10 月)	秦世广等(2001)
香港鹤嘴(114.25°E,22.2°N)	2002 冬季	0.8±0.3	0.2	Duan et al.(2007)
	2002 夏季	1.4±0.9	0.15	
连云港(119.16°E,34.59°N)	2003 夏季	3.8	1.4	Zhang et al.(2005)
通辽(122.49°E,41.59°N)	2003 夏季	2	0.7	
云南迪庆(100°E,27.8°N)	2004.8—2005.3	0.34±0.18	0.3	屈文军等(2006)

7.4.1.2　模拟的气溶胶光学性质与观测值的比较

为了评估模式对气溶胶光学性质的模拟性能,我们将模拟的 550 nm 气溶胶的光学厚度、单次散射比、非对称因子与 AERONET(Aerosol Robotic Network)和 CARSNET(China Aerosol Robot Sun-photometer NETwork)地基遥感观测资料进行了比较。AERONET 是由 NASA 和 PHOTONS 建立的全球气溶胶地基遥感观测网络,CARSNET 是由中国气象局大气成分观测与服务中心建立的中国气溶胶观测网络。对于 AERONET 资料,选取了 18 个站点,分别位于全球各个大洲和海洋上,表 7.10 给出了各站点的信息。表 7.11 给出了选取的 CARSNET 6 个站点的位置信息。为了便于模拟和观测的气溶胶光学厚度的比较,我们选取 AERONET 在 500 nm 和 670 nm 观测的光学厚度、在约 440 nm 和 676 nm 观测的单次散射比和非对称因子,选取 CARSNET 在 440 nm 和 670 nm 观测的光学厚度,然后将其插值到 550 nm 的值。

表 7.10　选取的 AERONET 站点的信息

区域	站点名	经度	纬度	时间(年)
亚洲	Beijing	116.4°E	40.0°N	2001—2009
	Gosan	126.2°E	33.3°N	2001—2008
	Osaka	135.6°E	34.7°N	2001—2008
	Dhadnah	56.3°E	25.5°N	2004—2007
	Dalanzadgad	104.4°E	43.6°N	1997—2007
非洲	IER_Cinzana	5.9°W	13.3°N	2004—2009
	Saada	8.2°W	31.6°N	2004—2009
	La_laguna	16.3°W	28.5°N	2006—2009
欧洲	Venise	12.5°E	45.3°N	1999—2009
	Davos	9.8°E	46.8°N	2006—2008
	Laegeren	8.4°E	47.5°N	2003—2009
北美洲	Ames	93.8°W	42.0°N	2004—2007
	Bondville	88.4°W	40.0°N	1996—2008
	Sevilleta	106.9°W	34.4°N	1994—2009
南美洲	Balbina	59.5°W	1.9°S	1999—2002
	Santiago	70.7°W	33.5°S	2001—2002

续表

区域	站点名	经度	纬度	时间（年）
海洋	Dunedin	170.0°E	45.9°S	2006—2008
	Lanai	156.9°W	20.7°N	1996—2004

表 7.11　选取的 CARSNET 站点的信息

站点名	经度	纬度	时间（年）
北京南郊	116.5°E	39.8°N	2006.1—2007.12
临安	119.73°E	30.3°N	2007
浦东	121.5°E	31.3°N	2008.2—2009.1
敦煌	94.7°E	40.15°N	2006.1—2007.12
额济纳旗	101.1°E	42.0°N	2006.1—2007.12
拉萨	91.1°E	9.7°N	2007

　　图 7.10 给出了模拟的 550 nm 气溶胶光学厚度的月变化与 AERONET 18 个观测站点值的比较。图 7.10a—c 为东亚区域模拟与观测的气溶胶光学厚度的比较。在 Beijing(116.3°E, 40°N)和 Gosan(126.2°E,33.3°N)站,模式模拟的总的气溶胶的光学厚度的季节变化与 AERONET 观测值基本一致,二者均显示光学厚度在春夏季节比较大,模拟值略高于观测值的最低限;但是在日本的 Osaka(135.6°E,34.7°N),模式模拟值在春季和夏季偏低,这可能由于气溶胶从中国的传输偏弱造成。

　　图 7.10d—h 比较了主要受沙尘气溶胶影响的站点。从位于西亚的 Hamin(54.3°E,23°N)站的比较可以看出,模式很好地模拟出了气溶胶光学厚度的季节变化,显示了峰值在 6—8 月,但是在 7 月模式的模拟值过大,且过低估计了冬季的值。在蒙古的 Dalanzadgad(104.4°E, 43.6°N)和非洲的 3 个站点 IER_Cinzana(5.9°W,13.3°N)、Saada(8.2°W,31.6°N)和 La_laguna(16.3°W,28.5°N)(图 7.10f—h),模拟的气溶胶的光学厚度及其季节变化都与观测值非常一致,只是在 La_laguna(16.3°W,28.5°N)站的春季,模拟值略微高于观测值的最高限。

　　图 7.10i—k 主要比较了欧洲的三个站点:Venise(12.5°E,45.3°N)、Davos(9.8°E,46.8°N)和 Laegeren(8.4°E,47.5°N),它们主要受硫酸盐气溶胶的影响。从图中可以看出,模拟的 Davos 站的气溶胶的光学厚度的季节变化和量级与观测值比较一致;在 Venise 和 Laegeren 站,模拟值接近观测值的较低限。在欧洲地区,模拟值与观测值出现偏差的部分原因还归咎于模式中没有考虑二次有机气溶胶。

　　北美洲的气溶胶主要以硫酸盐和沙尘为主。从北美的 Ames(93.8°W,42°N)、Bondville(88.4°W,40°N)和 Sevilleta(106.9°W,34.4°N)站点的比较可以看出,在 11 月至 3 月模式模拟的气溶胶的光学厚度与观测值比较一致,在其他月份模拟值接近观测值的最低限(图 7.10l—n),模拟的光学厚度的季节变化也不明显。南美洲气溶胶的光学厚度主要由黑碳和有机碳贡献,模式模拟值明显偏小(图 7.10o 和 p),这是由模式模拟的黑碳和有机碳气溶胶的浓度偏低造成。其次,碳类气溶胶的排放源也非常复杂,很难获取准确的数据,这也可能给模拟结果带来一定的偏差。

　　此外,本节还比较了海洋上两个站点 Dunedin(170.5°E,45.9°S)和 Lanai(156.9°W,20.7°N)的气溶胶的光学厚度(图 7.10q 和 r)。模式很好地模拟出了这些站点气溶胶光学厚度的季节变化,但是过高估计了 Dunedin 站 5—7 月、9 月和 11 月的值,过低估计了 Lanai 站 4 月和 5 月的值,其他月份的值均在观测值的范围内。

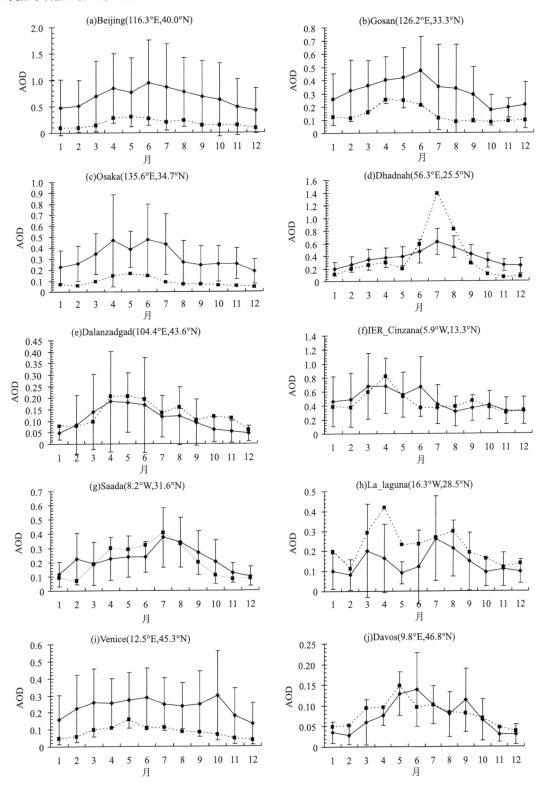

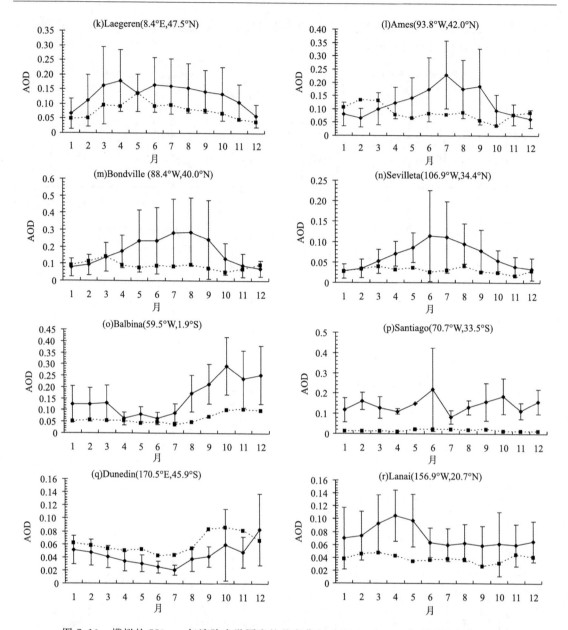

图 7.10　模拟的 550 nm 气溶胶光学厚度的月变化与 AERONET 18 个观测站点值的比较

（实线为 AERONET 值，竖线为标准偏差，虚线为模拟值）

　　图 7.11 给出了模拟的 550 nm 气溶胶光学厚度的月变化与 CARSNET 6 个站点观测值的比较。模拟的气溶胶光学厚度接近北京（116.5°E，39.8°N）和敦煌（94.7°E，40.15°N）两个站点观测值的最低限。在额济纳旗（101.1°E，42°N）站点，无论是数值大小，还是季节变化，模拟的光学厚度都与观测值比较接近。但是，在临安（119.73°E，30.3°N）、浦东（121.5°E，31.3°N）和拉萨（91.1°E，29.7°N），模拟的光学厚度明显低于观测值，这可能部分归咎于模式中没有包含硝酸盐和铵盐气溶胶。

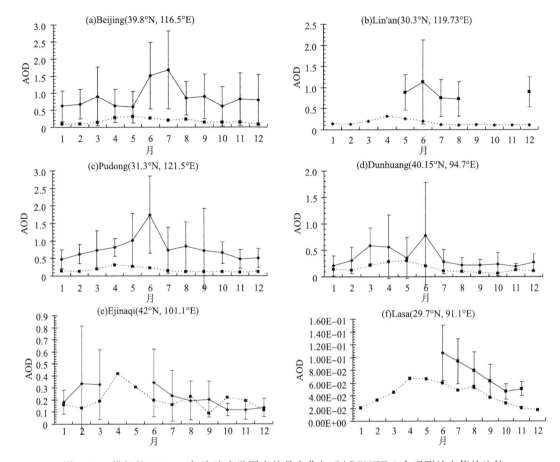

图 7.11　模拟的 550 nm 气溶胶光学厚度的月变化与 CARSNET 6 个观测站点值的比较

（实线为 CARSNET 值，竖线为标准偏差，虚线为模拟值）

　　图 7.12 是模拟的 550 nm 气溶胶年平均单次散射比和非对称因子与 AERONET 52 个站点比较的散点图。从图 7.12a 单次散射比的比较可以看出，模拟值总体上比观测值要大，这可能是因为模式过低模拟了吸收性黑碳气溶胶的浓度造成的，但在大部分站点模拟值和观测值的差别都在 0.04 以内。模拟的气溶胶单次散射比与观测值的平均偏差为 4%，但是在西北欧

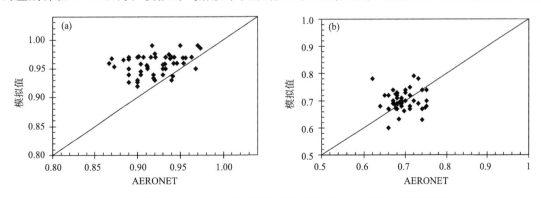

图 7.12　模拟的 550 nm 气溶胶年平均单次散射比（a）和非对称因子（b）

与 AERONET 52 个站点比较的散点图

和南美的一些站点,偏差超过了 7%。从图 7.12b 非对称因子的比较可以看出,模拟的非对称因子与观测值比较一致,其散点大多集中在 1:1 比率线附近,模拟值与观测值的平均偏差为 5%,但是在非洲的个别站点,误差较大,超过了 10%。站点位置和比较如表 7.12 所示。

模拟的气溶胶光学性质与相应观测值的偏差是由多方面的因素造成的,包括排放源的误差,观测仪器本身的误差、模式分辨率的限制和模式中物理过程的参数化方案,等等。此外,模式中没有包含硝酸盐、铵盐和二次有机气溶胶,也是造成模拟值和观测值出现偏差的原因之一。

表 7.12　模拟的气溶胶单次散射比和非对称因子的年平均值与 AERONET 观测站点的比较

站点	经度	纬度	单次散射比		非对称因子	
			观测值	模拟值	观测值	模拟值
Banizoumbou	2.7°E	13.5°N	0.94	0.93	0.748	0.674
Capo Verde	157.1°W	16.7°N	0.97	0.95	0.75	0.70
Dhadnah	56.3°E	25.5°N	0.92	0.94	0.7	0.7
IER_Cinzana	5.9°W	13.3°N	0.92	0.93	0.74	0.67
Dahkla	164.1°W	23.7°N	0.90	0.94	0.72	0.70
Agoufou	178.5°W	15.3°N	0.9	0.93	0.75	0.68
Lampedusa	12.6°E	35.5°N	0.932	0.959	0.68	0.71
Blida	2.9°E	36.5°N	0.87	0.96	0.69	0.71
Ilorin	4.3°E	8.32°N	0.94	0.94	0.71	0.67
Skukuza	31.6°E	25.0°S	0.89	0.95	0.66	0.67
Ouagadougou	178.6°W	12.2°N	0.92	0.93	0.74	0.67
GSFC	103.1°W	16.7°N	0.94	0.97	0.69	0.69
Maricopa	68.0°W	33.1°N	0.912	0.95	0.68	0.67
COVE	104.3°W	36.9°N	0.94	0.97	0.67	0.69
Stennis	90.4°W	30.4°N	0.953	0.969	0.67	0.69
Bondville	91.6°W	40.1°N	0.89	0.97	0.674	0.686
CARTEL	108.1°W	45.4°N	0.87	0.97	0.68	0.69
Bejing	116.4°E	40.0°N	0.9	0.926	0.677	0.671
Dalanzadgad	104.4°E	43.6°N	0.933	0.95	0.69	0.68
Gosan	126.2°E	33.3°N	0.95	0.96	0.68	0.71
XiangHe	117.0°E	39.8°N	0.9	0.92	0.68	0.7
Hamim	54.3°E	23.0°N	0.93	0.94	0.71	0.68
Osaka	135.6°E	34.7°N	0.911	0.956	0.68	0.71
Kanpur	80.2°E	26.5°N	0.90	0.93	0.697	0.661
Kaashidhoo	73.5°E	5.0°N	0.91	0.97	0.71	0.72
MALE	73.5°E	4.2°N	0.933	0.97	0.7	0.7
Nes_Ziona	34.8°E	31.9°N	0.93	0.95	0.699	0.698
Anmyon	126.3°E	36.5°N	0.912	0.954	0.69	0.70
Lanai	23.1°W	20.7°N	0.97	0.99	0.73	0.78
Azores	151.4°W	38.5°N	0.94	0.96	0.71	0.75
Mauna_Loa	24.2°W	19.5°N	0.95	0.99	0.62	0.78

续表

站点	经度	纬度	单次散射比		非对称因子	
			观测值	模拟值	观测值	模拟值
Bermuda	115.3°W	32.4°N	0.97	0.98	0.70	0.74
Ascension_Island	165.6°W	8.0°S	0.96	0.97	0.7	0.73
Nauru	166.9°W	0.5°S	0.93	0.957	0.74	0.63
Bethlehem	28.3°W	28.2°S	0.91	0.96	0.64	0.68
Amsterdam_Island	77.6°W	37.8°S	0.92	0.99	0.72	0.79
Ispra	8.6°E	45.8°N	0.92	0.97	0.66	0.72
Venise	12.5°E	45.3°N	0.943	0.97	0.68	0.72
Hamburg	10.0°E	53.6°N	0.92	0.976	0.67	0.74
Laegeren	8.4°E	47.5°N	0.963	0.97	0.68	0.72
IFT-Leipzig	12.4°E	51.4°N	0.921	0.97	0.68	0.73
Evora	172.1°W	38.6°N	0.9	0.97	0.68	0.73
El_Arenosillo	173.3°W	37.1°N	0.89	0.97	0.69	0.70
Davos	9.8°W	46.8°N	0.89	0.97	0.68	0.72
Moldova	28.8°E	47.0°N	0.88	0.96	0.67	0.70
SANTA_CRUZ	116.8°W	17.8°S	0.91	0.94	0.66	0.60
Surinam	124.8°W	5.8°N	0.954	0.96	0.62	0.73
Barbados	120.4°W	13.2°N	0.9	0.97	0.75	0.74
Santiago	109.3°W	33.5°S	0.873	0.954	0.65	0.72
Ragged_Point	120.6°W	13.2°N	0.902	0.971	0.74	0.74
Guadeloup	118.5°W	16.3°N	0.94	0.975	0.75	0.74
Belterra	125.0°W	2.6°S	0.89	0.94	0.684	0.633

7.4.2　耦合模式对气候态变量的模拟

7.4.2.1　全球年平均值的比较

表 7.13 给出了耦合模式模拟的气候场的全球年平均值,并与观测结果进行了比较。

在大气顶,BCC_AGCM2.0_CUACE/Aero 模拟的向上长波通量与 ERBE 的观测结果基本一致,但是模拟的净短波通量比 ERBE 的观测值高 1.32 W·m^{-2},模式过高估计了大气对太阳辐射通量的吸收。在地表,模式模拟的净短波通量和净长波通量分别为 159.0 W·m^{-2} 和 59.5 W·m^{-2},均比 Kiehl 等(1997)观测的净短波通量 168.0 W·m^{-2} 和净长波通量 66.0 W·m^{-2},以及 ISCCP FD 的净短波通量 165.89 W·m^{-2} 低,但是比 ISCCP FD 的净长波通量 49.41 W·m^{-2} 高。模拟结果偏低的原因主要归咎于模式对 All-sky 条件下极地和热带区域表面太阳通量的过低估计(Wu et al.,2010)。但是,模拟的地表净辐射通量的收支(99.5 W·m^{-2})仍与 ECMWF 观测的净辐射通量的收支(102 W·m^{-2})接近。虽然模拟的感热和潜热通量的年平均值与观测结果存在一定误差,但是模拟的感热和潜热通量的和(99.4 W·m^{-2})接近于观测结果(100.75 W·m^{-2})。

从云量的模拟可以看出,BCC_AGCM2.0_CUACE/Aero 对高云和低云的模拟效果不是太好。与观测值相比,模式明显过低估计了高云和低云云量,这也是目前气候模式普遍存在的问题,但是模式模拟的长波云强迫和短波云强迫与 ERBE 的观测值比较一致。

　　BCC_AGCM2.0_CUACE/Aero 模拟的地表温度、降水率和 500 hPa 位势高度的全球年平值均与观测值均比较接近,模拟效果较好。总的来说,模式的模拟效果比较好,但是对有些气候场的模拟还存在一定的误差,需要进一步的改进。

表 7.13　BCC_AGCM2.0_CUACE/Aero 模拟的气候场全球年平均值及其与观测值的比较

变量	观测	BCC_AGCM2.0_CUACE/Aero
大气顶		
净短波通量(W·m^{-2})	234.00[1]	235.32
向上长波通量(W·m^{-2})	233.95[1]	233.35
地表		
净短波通量(W·m^{-2})	168[2];165.89[11]	159.0
净长波通量(W·m^{-2})	66[2];49.41[11]	59.5
潜热通量(W·m^{-2})	84.95[3]	78.08
感热通量(W·m^{-2})	15.795[4]	21.32
地表温度(K)	287.68[4]	288.12
其他变量		
总云量(%)	62.5[6];66.715[5]	58.94
高云云量(%)	13.02[5]	36.70
中云云量(%)	20.05[5]	21.37
低云云量(%)	28.03[5];43.8[10]	37.51
长波云强迫(W·m^{-2})	30.355[1]	29.12
短波云强迫(W·m^{-2})	−54.163[1]	−53.63
总云水路径(g·m^{-2})	122.35[7]	137.49
降水率(mm·d^{-1})	2.69[8];2.61[9]	2.68
500 hPa 位势高度(km)	56.56[3]	56.42

①ERBE(Harrison *et al.*,1990;Kiehl and Trenberth,1997);②Kiehl and Trenberth(1997);③ECMWF(Kallberg *et al.*,2004);④NCEP(Kistler *et al.*,2001);⑤ISCCP(visible/infrared cloud amount;Rossow and Schiffer,1999);⑥ISCCP(Rossow and Zhang,1995);⑦Moderate resolution imaging spectroradiometer(MODIS;King *et al.*,2003);⑧CMAP precipitation(Xie and Arkin,1996);⑨GPCP(Adler *et al.*,2003);⑩Warren *et al.*,(1988);⑪ISCCP FD(Zhang *et al.*,2004)。

7.4.2.2　全球纬向平均值的比较

　　图 7.13 给出了模拟的全球年平均的地表净短波辐射通量和大气顶净短波辐射通量的纬向平均分布及其与观测资料的比较。从图 7.13a 可以看出,纬向平均的地表净短波辐射通量的大值区位于热带地区,最大值超过了 200 W·m^{-2},随着纬度的增高,地表净辐射通量迅速减小,两极的净辐射通量约为 20 W·m^{-2}。经过与 ISCCP 地表净辐射通量的观测值比较可以看出,BCC_AGCM2.0_CUACE/Aero 在热带地区和北半球高纬度地区的模拟值有些偏小,最大差别大约在 23 W·m^{-2} 左右,在其他纬度模拟值与观测值基本吻合。从图 7.13b 可以看出,大气顶净短波辐射通量纬向平均值的分布趋势与地表净短波辐射通量的分布基本一致,大值区也位于热带地区,接近 310 W·m^{-2},且 BCC_AGCM2.0_CUACE/Aero 模拟的大气顶净短波辐射通量与 ERBE 的观测资料非常一致。

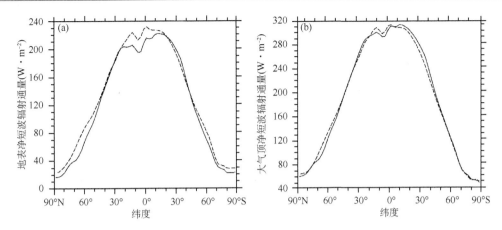

图 7.13 模拟与观测的全球年平均的地表净短波辐射通量(a)和大气顶净短波辐射通量(b)的纬向平均分布的比较(单位:W·m⁻²)(实线为模拟值,a 中虚线为 ISCCP FD 的观测值,b 中虚线为 ERBE 的观测值)

图 7.14 为模拟的全球年平均的地表净长波辐射通量和大气顶向上长波辐射通量的纬向平均分布及其与观测值的比较。从图 7.14a 可以看出,地表净长波辐射通量基本以赤道为轴呈对称分布,最大值位于 30°N 和 30°S 左右,以这两个纬度为波峰逐渐向低纬度和高纬度递减。BCC_AGCM2.0_CUACE/Aero 模拟的地表净长波辐射通量在纬向分布趋势上与 ISCCP 的观测值非常一致,但是模拟值明显偏大,最大差别达到 18 W·m⁻² 左右。从图 7.14b 可以看出,BCC_AGCM2.0_CUACE/Aero 模拟的大气顶向上长波辐射通量与 ERBE 的观测值非常一致,模拟效果比较好。

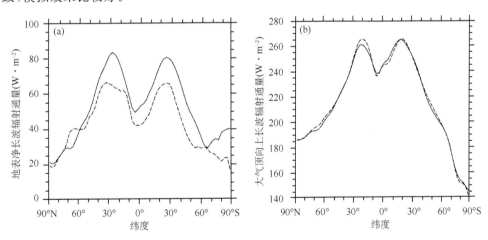

图 7.14 模拟与观测的全球年平均的地表净长波辐射通量(a)和大气顶向上长波辐射通量(b)的纬向平均分布的比较(单位:W·m⁻²)(实线为模拟值,a 中虚线为 ISCCP FD 的观测值,b 中虚线为 ERBE 的观测值)

图 7.15 给出了季节和年平均降水率的纬向平均分布。从图 7.15b 和 c 中可以看出,最大的降水率集中在热带地区,且具有明显的季节移动,如:北半球冬季(DJF)最大降水率位于赤道南侧,而夏季(JJA)位于赤道北侧。最大降水率的季节移动与赤道辐合带(ITCZ)的季节移动有关,这与观测结果也非常吻合。BCC_AGCM2.0_CUACE/Aero 模拟的降水率的主要特

征与 CMAP 观测值非常一致,但是在某些纬度仍存在一定的偏差。在冬季,模拟的降水率的峰值比观测结果偏大,且位置比观测值偏北约 3 个纬度。在赤道北侧,观测值显示的降水率第二峰值,模拟结果几乎没有。在夏季,尽管降水率的分布与 CMAP 的观测值一致,但是模式过低估计了降水率的最大值约 2.2 mm·d^{-1}。对于年平均降水率而言,在 40°S 和 60°N 之间以及 40°N 以北,模拟的降水率比观测值大,但在 40°S 和 40°N 之间地区,模式过低估计了降水率。

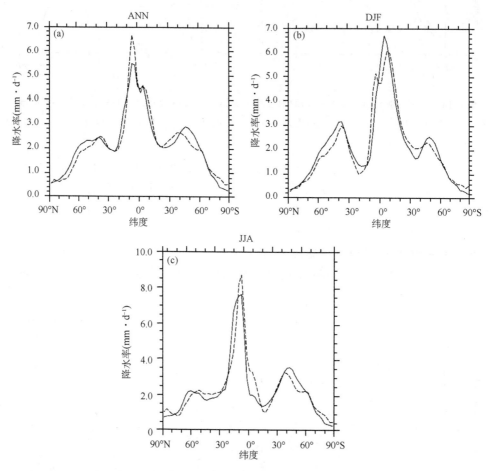

图 7.15　模拟与观测的全球年和季节平均降水率的纬向平均分布的比较(单位:mm·d^{-1})
[ANN(a)、DJF(b)和 JJA(c)分别代表了年、北半球冬季和北半球夏季平均;实线为模拟值,虚线为 CMAP 的观测值]

7.4.2.3　全球年平均分布的比较

图 7.16 和图 7.17 分别为模拟的和 NCEP 年平均地表温度和降水率的全球分布。从图7.16 地表温度的分布可以看出,BCC_AGCM2.0_CUACE/Aero 基本模拟出了地表温度的全球分布情况,但是在一些区域仍存在一定的偏差。模式过低模拟了中国北方、俄罗斯和北美洲北部的表面温度,过高估计了南极、非洲等地区的地表温度。模式模拟的降水率与观测值的差别主要集中在热带,过低估计了赤道上空的降水率,过高估计了赤道两侧的降水率;在陆地上,模式模拟的降水率在拉丁美洲、南美洲和中国东部有些偏低,在中国西南地区和北美洲西北

部,模拟值有些偏高(图 7.17)。

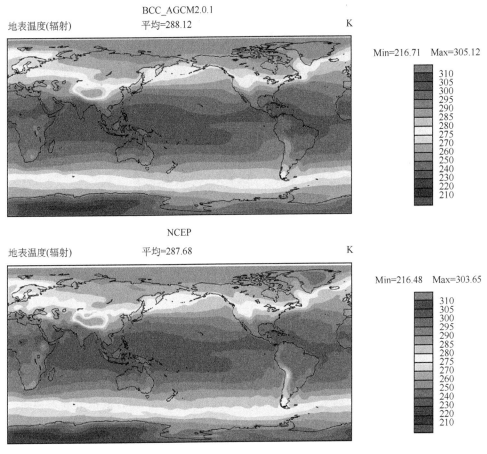

图 7.16　模拟与观测的年平均地表温度(单位:K)的全球分布的比较

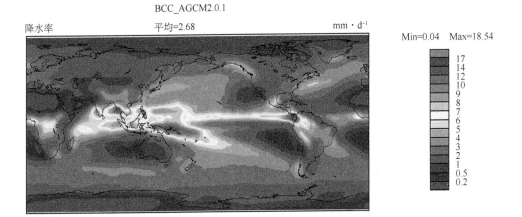

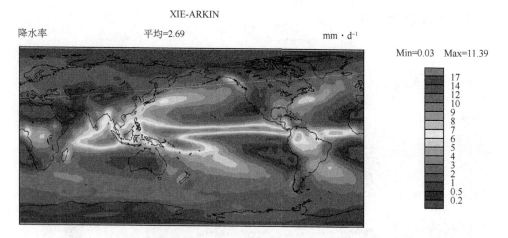

图 7.17　模拟与观测的年平均降水率(单位:mm·d⁻¹)的全球分布的比较

7.4.2.4　垂直分布的比较

图 7.18 和图 7.19 分别给出了 BCC_AGCM2.0_CUACE/Aero 模拟的和 ECMWF 年平均大气温度和相对湿度的纬向平均的纬度-高度剖面图。从图 7.18 温度的垂直分布可以看出,模式基本模拟出了大气温度的垂直分布状况,最大值集中在热带对流层低层,在热带对流层顶有一个冷中心,但是模式模拟的大气温度与 ECMWF 的值相比,在对流层顶存在一个明显的冷偏差,而在平流层存在明显的暖偏差,这也是目前大部分气候模式都存在的不足的地方。从图 7.19 相对湿度的垂直分布可以看出,模式模拟的相对湿度效果不是太好,在大部分区域,模式过高估计了大气的相对湿度,特别是在 70°S 和 80°S 之间,模拟的相对湿度比观测值偏高约 50%。

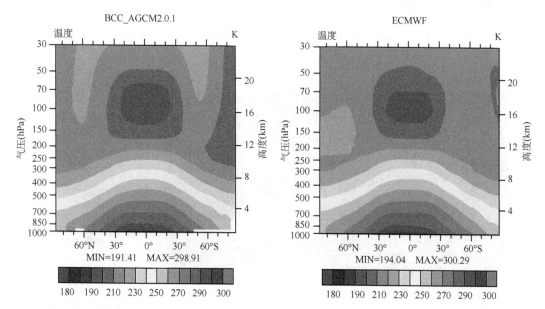

图 7.18　模拟与观测的年平均大气温度(单位:K)的纬向平均值的纬度-高度剖面图的比较

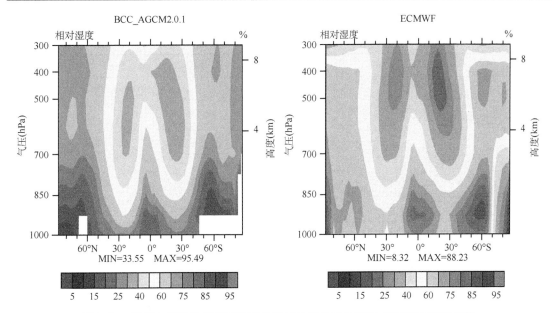

图 7.19　模拟与观测的相对湿度(％)的纬向平均值的纬度-高度剖面图的比较

7.4.2.5　云微物理过程改进后模式的模拟性能

Wang 等(2014)在 BCC_AGCM2.0_CUACE/Aero 中加入了双参数云微物理过程,替换了原模式采用的单参数云微物理方案。两者的区别在于前者可以根据在线模拟的气溶胶质量浓度和数浓度预报云滴和冰粒子的质量浓度、数浓度与有效半径(Morrison *et al.*,2008;Gettelman *et al.*,2008),而后者仅可以预报云滴和冰粒子的质量浓度,数浓度与云滴有效半径则为指定值(Rasch *et al.*,1998)。气溶胶-云相互作用过程的加入为全面研究气溶胶的辐射强迫和气候效应提供了条件。Wang 等(2014)对更换了云微物理方案的 BCC_AGCM2.0_CUACE/Aero 的模拟能力进行了全面的评估,发现该模式可以更加真实地模拟气溶胶的质量浓度和光学性质,对云的性质、降水以及大气顶的辐射平衡模拟也比更换之前更加接近卫星观测结果。

新模式模拟的硫酸盐、黑碳、有机碳、沙尘和海盐柱含量的全球年平均值分别为 3.2、0.17、1.6、43.0 mg·m^{-2} 和 14.1 mg·m^{-2},模拟的三种人为气溶胶的柱含量较旧模式结果均有所增大,但是与 AeroCom_Median 值更为接近(表 7.14)。气溶胶浓度增大的主要原因是由于新模式模拟的云水生命期比旧模式的结果明显要大,从而导致气溶胶在大气中停留的时间增加。较之旧模式的结果(0.08),新模式模拟的 550 nm 气溶胶光学厚度的全球年平均值为 0.11,与 AeroCom_Median 值 0.13 和相应的地基观测值 0.135(AERONET)和卫星观测值 0.151(MISR over land,MODIS over oceans)更加接近。

通过与 MODIS 和 MISR 卫星观测资料的对比发现,新模式模拟的气溶胶光学厚度的全球分布有了整体地改善(图 7.20)。特别是在北半球中纬度区域的人为气溶胶主要排放源区,新模式模拟的气溶胶光学厚度比原模式结果有所增大,但与卫星观测结果更加接近。但是,在一些区域,如热带洋面上、南亚、南美中部等,新模式的模拟结果仍旧偏低,有待于进一步改进。

表 7.14　模拟的全球年平均气溶胶柱含量和 550 nm 气溶胶光学厚度与气溶胶
国际比对计划(AeroCom)相关结果的比较

	BCC_MG08	BCC_RK98	AeroCom_Med	Max(Min)
$M(\mathrm{mg \cdot m^{-2}})$				
SU	3.2	1.8	3.9	5.3(1.8)
BC	0.17	0.14	0.39	1.0(0.09)
OC	1.6	1.3	2.4	3.6(0.64)
DU	43.0	44.6	39.1	57.8(8.8)
SS	14.1	14.5	12.6	27.5(3.0)
$\mathrm{AOD}_{550\ \mathrm{nm}}$	0.11	0.08	0.13	0.15(0.06)

注:BCC_MG08 为包含双参数云微物理过程的结果,BCC_RK98 为原模式的结果。AeroCom_Med、Max 和 Min 分别代表 AeroCom 中多模式集合结果的中间值、最大值和最小值(Kinne *et al.*,2005)。M:气溶胶柱含量;SU:硫酸盐;BC:黑碳;OC:有机碳;DU:沙尘;SS:海盐;AOD:气溶胶光学厚度。

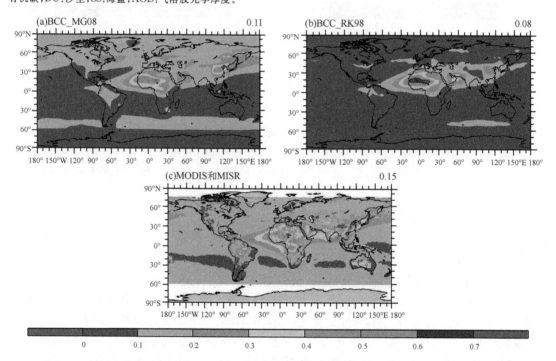

图 7.20　模拟与观测的年平均 550 nm 气溶胶光学厚度的全球分布(Van Donkelaar *et al.*,2010)
(a)BCC_MG08,(b)BCC_RK98,(c)MODIS 和 MISR

　　新模式模拟的云水含量明显小于原模式的结果,特别是在中纬度区域,纬向平均的云水路径减小了约 100 g·m⁻²以上,但是与卫星观测结果更加一致;对云辐射强迫的模拟在一定程度上也有所改进(图 7.21)。

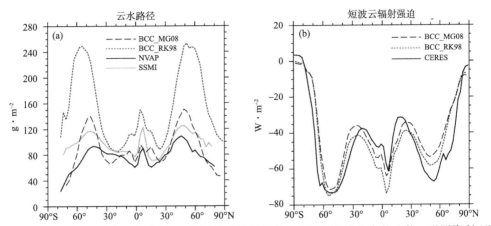

图 7.21　模拟与观测的云水路径(a)和短波云辐射强迫(b)纬向平均分布的比较。观测资料 NVAP
(National Aeronautics and Space Administration Water Vapor Project)(Randel *et al.*,1996);SSMI(Special
Sensor Microwave Imager)(Wentz,1997);CERES(Clouds and Earth's Radiant Energy System)
(http://ceres. larc. nasa. gov/)

7.5　参与国际气溶胶模式与观测比较计划(AeroCom)和 IPCC AR5 对气溶胶及其辐射强迫的评估

　　气溶胶-气候耦合模式系统 BCC_AGCM2.0_CUACE/Aero 还不断地参与国际上关于气溶胶的比较和评估计划(如:AeroCom)。AeroCom(http://aerocom. met. no/aerocomhome. html)最初于 2003 年由一群对全球气溶胶及其气候效应感兴趣的科学家们发起,主要关注气溶胶的源强、垂直廓线、吸湿性、成分组成、粒径分布等因素造成的模式结果的差异。该计划的主要目的是为了紧密地将观测资料与模式结合起来,增进我们对全球气溶胶性质及其气候效应的理解,进一步减小气溶胶-辐射相互作用、气溶胶-云相互作用的不确定性。目前,该计划得到的气溶胶的相关结果已被国际同行广泛认可。BCC_AGCM2.0_CUACE/Aero 于 2011 年加入 Aero-Com 计划,随后参与了多组试验的比对。图 7.22 和图 7.23 为 AeroCom 关于气溶胶直接辐

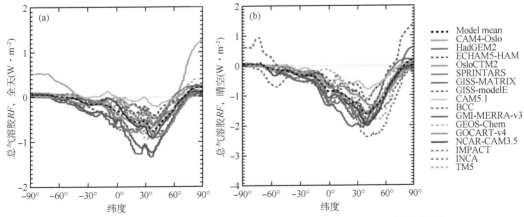

图 7.22　纬向平均的气溶胶直接辐射强迫(Myhre *et al.*,2013)(见彩图)

(a)全天,(b)晴空

射强迫和有机气溶胶收支的多模式比对结果(Myhre *et al.*,2013；Tsigaridis *et al.*,2014)。其中,辐射强迫结果为 IPCC 第五次评估报告对气溶胶辐射强迫的模拟奠定了基础。图中 BCC 即为我们模式的结果。

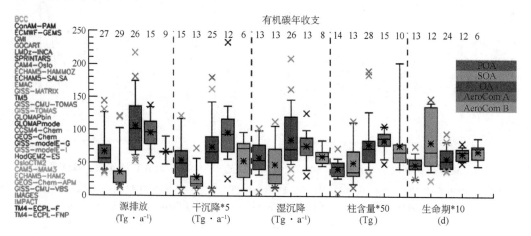

图 7.23　AeroCom 多模式关于有机气溶胶的收支(Tsigaridis *et al.*,2014)(见彩图)

IPCC 第五次评估报告还利用该模式和国际上多个模式获得的黑碳气溶胶浓度数据共同评估了目前模式对黑碳气溶胶垂直廓线的模拟性能。从图 7.24 可以看到,BCC_AGCM2.0_CUACE/Aero 对黑碳气溶胶浓度垂直廓线的模拟表现出了很好的性能。

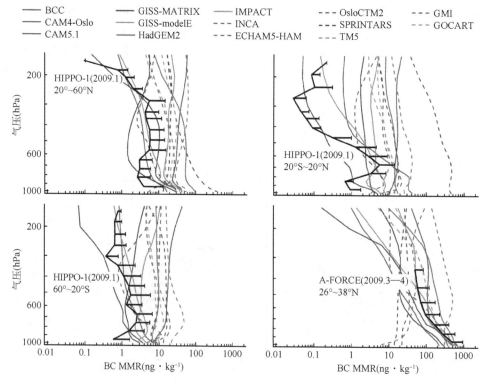

图 7.24　多模式模拟的黑碳气溶胶浓度的垂直廓线
与观测值的比较(引自 IPCC AR5 第七章图 7.15)(见彩图)

　　BCC_AGCM2.0_CUACE/Aero 还参与了 AeroCom 组织的利用福岛核电站排放的两种放射性气体137Cs 与133Xe 在大气中的演化探讨硫酸盐气溶胶在大气中的停留时间的比对试验。其原理是:在大气中137Cs 主要附着于硫酸盐气溶胶而重复了硫酸盐气溶胶在大气中的生命过程,而133Xe 却是一种惰性气体,不参与物理和化学转化,两种气体浓度的比值在大气中随时间的变化可以大概反映出硫酸盐气溶胶在大气中的停留时间(Kristiansen et al.,2012)。如图 7.25 所示,BCC_AGCM2.0_CUACE/Aero 模拟的硫酸盐气溶胶在大气中的停留时间约为 11.5 d,与观测结果得到的 12.8 d 非常接近,而参与比较的 19 个模式得到的硫酸盐气溶胶生命时间的中值为 8.9±4.7 d(Kristiansen et al.,2015)。众所周知,硫酸盐是最重要的人为气溶胶,在大气中的含量最多,且具有很好的吸湿性,可以作为云滴凝结核和冰核影响云的性质,在很大程度上决定了人为气溶胶整体的辐射强迫和气候效应。因此,对硫酸盐在大气中停留时间模拟的好坏直接影响到对人为气溶胶整体气候影响的模拟效果。

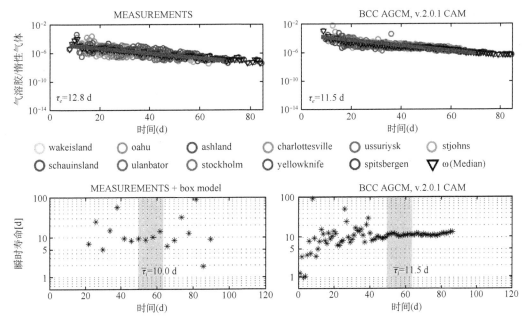

图 7.25　观测的(左列)与 BCC_AGCM2.0_CUACE/Aero 模拟的(右列)硫酸盐气溶胶在大气中的停留时间的对比。其中上排是与 11 个全面禁止核试验条约组织(CTBTO)站点观测的对比,下排是与全球总量的对比,横坐标是时间,0 代表 2011 年 3 月 11 日。来自 Kristiansen 等(2015)图 3 与图 5(见彩图)

参考文献

董敏,吴统文,王在志,等,2009.北京气候中心大气环流模式对季节内振荡的模拟[J].气象学报,67(6):912-922.

高丽洁,王体健,徐永福,等,2004.中国硫酸盐气溶胶及其辐射强迫的模拟[J].高原气象,23(5):612-619.

秦世广,汤洁,温玉璞,2001.黑碳气溶胶及其在气候变化研究中的意义[J].气象,27(11):3-7.

屈文军,张小曳,王亚强,等,2006.云南迪庆地区大气本底碳气溶胶的理化特征[J].中国环境科学,26(3):266-270.

王志立,2011.典型种类气溶胶的辐射强迫及其气候效应的模拟研究[D].北京:中国气象科学研究院.

卫晓东,2011.大气气溶胶的光学特性及其在辐射传输模式中的应用[D].北京:中国气象科学研究院.

颜宏,1987.复杂地形条件下嵌套细网格模式的设计(二)次网格物理过程的参数化[J].高原气象,6(2):64-139.

赵树云,智协飞,张华,等,2014.气溶胶-气候耦合模式系统 BCC_AGCM2.0.1_CAM 气候态模拟的初步评估[J].气候与环境研究,19(3):265-277.

Adler R F, Huffman G J, Chang A, et al., 2003. The version-2 global precipitation climatology project(GPCP) monthly precipitation analysis(1979-present)[J]. *Journal of hydrometeorology*, **4**(6):1147-1167.

Alfaro S C, Gaudichet A, Gomes L, et al., 1997. Modeling the size distribution of a soil aerosol produced by sandblasting[J]. *Journal of Geophysical Research*: Atmospheres, **102**(D10):11239-11249.

Alfaro S C, Gomes L, 2001. Modeling mineral aerosol production by wind erosion: Emission intensities and aerosol size distributions in source areas[J]. *Journal of Geophysical Research*: Atmospheres, **106**(D16):18075-18084.

Andreae M O, Andreae T W, Ferek R J, et al., 1984. Long-range transport of soot carbon in the marine atmosphere[J]. *Science of the Total Environment*, **36**:73-80.

Atkinson R, Baulch D L, Cox R A, et al., 1989. Evaluated kinetic and photochemical data for atmospheric chemistry: supplement III. IUPAC subcommittee on gas kinetic data evaluation for atmospheric chemistry [J]. *Journal of Physical and Chemical Reference Data*, **18**(2):881-1097.

Ayash T, 2007. Development of an interactive model for studying aerosol-climate interactions using the Canadian Aerosol Module-Canadian Climate Center General Circulation Model modeling framework[M]. Ph. D. Thesis, 207pp.

Bahrmann C P, Saxena V K, 1998. Influence of air mass history on black carbon concentrations and regional climate forcing in southeastern United States[J]. *Journal of Geophysical Research*: Atmospheres, **103** (D18):23153-23161.

Baum B A, Heymsfield A J, Yang P, et al., 2005a. Bulk scattering properties for the remote sensing of ice clouds. Part I: Microphysical data and models[J]. *Journal of Applied Meteorology*, **44**(12):1885-1895.

Baum B A, Yang P, Heymsfield A J, et al., 2005b. Bulk scattering properties for the remote sensing of ice clouds. Part II: Narrowband models[J]. *Journal of Applied Meteorology*, **44**(12):1896-1911.

Beheng K D, 1994. A parameterization of warm cloud microphysical conversion processes[J]. *Atmospheric Research*, **33**(1):193-206.

Binkowski F S, Shankar U, 1995. The regional particulate matter model:1. Model description and preliminary results[J]. *Journal of Geophysical Research*: Atmospheres, **100**(D12):26191-26209.

Bizjak M, Turšič J, Lešnjak M, et al., 1999. Aerosol black carbon and ozone measurements at Mt. Krvavec EMEP/GAW station, Slovenia[J]. *Atmospheric Environment*, **33**(17):2783-2787.

Bond T C, Streets D G, Yarber K F, et al., 2004. A technology-based global inventory of black and organic carbon emissions from combustion[J]. *Journal of Geophysical Research*: Atmospheres, **109**(D14), doi:10.1029/2003JD003697.

Brasseur G P, Hauglustaine D A, Walters S, et al., 1998. MOZART, a global chemical transport model for ozone and related chemical tracers:1. Model description[J]. *Journal of Geophysical Research*: Atmospheres, **103**(D21):28265-28289.

Castro L M, Pio C A, Harrison R M, et al., 1999. Carbonaceous aerosol in urban and rural European atmospheres: estimation of secondary organic carbon concentrations[J]. *Atmospheric Environment*, **33**(17):2771-2781.

Chesselet R, Fontugne M, Buat-Ménard P, et al., 1981. The origin of particulate organic carbon in the marine atmosphere as indicated by its stable carbon isotopic composition[J]. *Geophysical Research Letters*, **8**(4): 345-348.

Chow J C, Watson J G, Fujita E M, et al., 1994. Temporal and spatial variations of PM$_{2.5}$ and PM$_{10}$ aerosol in the Southern California air quality study[J]. *Atmospheric Environment*, **28**(12): 2061-2080.

Chylek P, Kou L, Johnson B, et al., 1999. Black carbon concentrations in precipitation and near surface air in and near Halifax, Nova Scotia[J]. *Atmospheric Environment*, **33**(14): 2269-2277.

Cofala J, Amann M, Klimont Z, et al., 2005. Scenarios of World Anthropogenic Emissions of SO$_2$, NO$_x$, and CO up to 2030[J]. International Institute for Applied Systems Analysis, Laxenburg, Austria.

Collins W D, Rasch P J, Boville B A, et al., 2004. Description of the NCAR community atmosphere model (CAM 3.0)[J]. Technical report NCAR/TN-464+STR, National Center for Atmospheric Research, Boulder, Colorado, 226.

Collins W D, Rasch P J, Eaton B E, et al., 2001. Simulating aerosols using a chemical transport model with assimilation of satellite aerosol retrievals: Methodology for INDOEX[J]. *Journal of Geophysical Research*: Atmospheres, **106**(D7): 7313-7336.

Collins W D, Rasch P J, Eaton B E, et al., 2002. Simulation of aerosol distributions and radiative forcing for INDOEX: Regional climate impacts[J]. *Journal of Geophysical Research*: Atmospheres, **107**(D19), doi: 10.1029/2000JD000032.

Davidson C I, Lin S F, Osborn J F, et al., 1986. Indoor and outdoor air pollution in the Himalayas[J]. *Environmental science & technology*, **20**(6): 561-567.

DeMore W B, Sander S P, Golden D M, et al., 1992. Chemical kinetics and photochemical data for use in stratospheric modeling [J]. *JPL Publ.*, 92-20.

Dentener F, Kinne S, Bond T, et al., 2006. Emissions of primary aerosol and precursor gases in the years 2000 and 1750 prescribed data-sets for AeroCom[J]. *Atmospheric Chemistry and Physics*, **6**(12): 4321-4344.

Duan J, Tan J, Cheng D, et al., 2007. Sources and characteristics of carbonaceous aerosol in two largest cities in Pearl River Delta Region, China[J]. *Atmospheric Environment*, **41**(14): 2895-2903.

Fécan F, Marticorena B, Bergametti G, 1998. Parametrization of the increase of the aeolian erosion threshold wind friction velocity due to soil moisture for arid and semi-arid areas[C]. *Annales Geophysicae*, **17**(1): 149-157.

Fuchs N A, Sutugin A G, 1971. Highly dispersed aerosols, in Topics in Current Aerosol Research, edited by Hidy G M and Brock J R, Pergamon, New York, 60pp.

Fu Q, 1996. An accurate parameterization of the solar radiative properties of cirrus clouds for climate models [J]. *Journal of Climate*, **9**(9): 2058-2082.

Gettelman A, Morrison H, Ghan S J, 2008. A new two-moment bulk stratiform cloud microphysics scheme in the Community Atmosphere Model, version 3(CAM3). Part II: Single-column and global results[J]. *Journal of Climate*, **21**(15): 3660-3679.

Ghan S J, Chuang C C, Easter R C, et al., 1995. A parameterization of cloud droplet nucleation. Part II: Multiple aerosol types[J]. *Atmospheric research*, **36**(1): 39-54.

Ghan S J, Easter R C, Chapman E G, et al., 2001. A physically based estimate of radiative forcing by anthropogenic sulfate aerosol[J]. *Journal of Geophysical Research*: Atmospheres, **106**(D6): 5279-5293.

Giorgi F, Chameides W L, 1986. Rainout lifetimes of highly soluble aerosols and gases as inferred from simulations with a general circulation model[J]. *Journal of Geophysical Research*: Atmospheres, **91**(D13): 14367-14376.

Gong S L,Barrie L A,Blanchet J P,1997. Modeling sea-salt aerosols in the atmosphere:1. Model development [J]. *Journal of Geophysical Research*:Atmospheres,**102**(D3):3805-3818.

Gong S L,Barrie L A,Blanchet J P,*et al*.,2003. Canadian Aerosol Module:A size-segregated simulation of atmospheric aerosol processes for climate and air quality models 1. Module development[J]. *Journal of Geophysical Research*:Atmospheres,**108**(D1),doi:10. 1029/2001JD002002.

Gong S L,Barrie L A,Lazare M,2002. Canadian Aerosol Module(CAM):A size-segregated simulation of atmospheric aerosol processes for climate and air quality models 2. Global sea-salt aerosol and its budgets [J]. *Journal of Geophysical Research*:Atmospheres,**107**(D24),doi:10. 1029/2001JD002004.

Hansen A D A,Kapustin V N,Polissar A D,1991. Measurements of airborne carbonaceous aerosols in the eastern Arctic[J]. *Atmos. Ocean. Phys. Engl. Transl*,**27**:429-433.

Harrison E F,Minnis P,Barkstrom B R,*et al*.,1990. Seasonal variation of cloud radiative forcing derived from the Earth Radiation Budget Experiment[J]. *Journal of Geophysical Research*:Atmospheres,**95**(D11):18687-18703.

Hauglustaine D A,Brasseur G P,Walters S,*et al*.,1998. MOZART,a global chemical transport model for ozone and related chemical tracers:2. Model results and evaluation[J]. *Journal of Geophysical Research*:Atmospheres,**103**(D21):28291-28335.

Heintzenberg J,Leck C,1994. Seasonal variation of the atmospheric aerosol near the top of the marine boundary layer over Spitsbergen related to the Arctic sulphur cycle[J]. *Tellus* B,**46**(1):52-67.

Hess M,Koepke P,Schult I,1998. Optical properties of aerosols and clouds:The software package OPAC[J]. *Bulletin of the American meteorological society*,**79**(5):831-844.

Hoffman E J,Duce R A,1974. The organic carbon content of marine aerosols collected on Bermuda[J]. *Journal of Geophysical Research*,**79**(30):4474-4477.

Hoffman E J,Duce R A,1977. Organic carbon in marine atmospheric particulate matter:Concentration and particle size distribution[J]. *Geophysical Research Letters*,**4**(10):449-452.

Jacobson M Z,1997. Development and application of a new air pollution modeling system—II. Aerosol module structure and design[J]. *Atmospheric Environment*,**31**(2):131-144.

Jacobson M Z,Turco R P,Jensen E J,*et al*.,1994. Modeling coagulation among particles of different composition and size[J]. *Atmospheric Environment*,**28**(7):1327-1338.

Japar S M,Brachaczek W W,Gorse R A,*et al*.,1986. The contribution of elemental carbon to the optical properties of rural atmospheric aerosols[J]. *Atmospheric Environment*(1967),**20**(6):1281-1289.

Jones A,Roberts D L,Slingo A,1994. A climate model study of indirect radiative forcing[J]. *Nature*,**370**:450-453.

Kallberg P,Simmons A,Uppala S,*et al*.,2004. The ERA-40 archive. Technical report ERA-40 project rep. 17, European Centre for Medium-Range Weather Forecasts,Reading,UK,35.

Kaneyasu N,Murayama S,2000. High concentrations of black carbon over middle latitudes in the North Pacific Ocean[J]. *Journal of Geophysical Research*:Atmospheres,**105**(D15):19881-19890.

Kettle A J,Andreae M O,2000. Flux of dimethylsulfide from the oceans:A comparison of updated data sets and flux models[J]. *Journal of Geophysical Research*:Atmospheres,**105**(D22):26793-26808.

Kiehl J T,Trenberth K E,1997. Earth's annual global mean energy budget[J]. *Bulletin of the American Meteorological Society*,**78**(2):197-208.

Kim Y P,Moon K C,Lee J H,2000. Organic and elemental carbon in fine particles at Kosan,Korea[J]. *Atmospheric Environment*,**34**(20):3309-3317.

King M D,Menzel W P,Kaufman Y J,*et al*.,2003. Cloud and aerosol properties,precipitable water,and profiles of temperature and water vapor from MODIS[J]. *IEEE Transactions on Geoscience and Remote Sensing*, **41**(2):442-458.

Kinne S, Schulz M, Textor C, et al., 2005. An AeroCom initial assessment-optical properties in aerosol component modules of global models[J]. *Atmospheric Chemistry and Physics Discussions*, **5**(5):8285-8330.

Kistler R, Collins W, Saha S, et al., 2001. The NCEP-NCAR 50-year reanalysis: Monthly means CD-ROM and documentation[J]. *Bulletin of the American Meteorological society*, **82**(2):247-267.

Kristiansen N I, Stohl A, Olivié D J L, et al., 2015. Evaluation of observed and modelled aerosol lifetimes using radioactive tracers of opportunity and an ensemble of 19 global models[J]. *Atmospheric Chemistry & Physics Discussions*, **15**(17):24513-24585, doi:10.5194/acpd-15-24513-2015.

Kristiansen N I, Stohl A, Wotawa G, 2012. Atmospheric removal times of the aerosol-bound radionuclides 137 Cs and 131 I measured after the Fukushima Dai-ichi nuclear accident-a constraint for air quality and climate models[J]. *Atmospheric Chemistry and Physics*, **12**(22):10759-10769.

Kulmala M, Laaksonen A, Pirjola L, 1998. Parameterizations for sulfuric acid/water nucleation rates[J]. *Journal of Geophysical Research*: Atmospheres, **103**(D7):8301-8307.

Lohmann U, Roeckner E, 1996. Design and performance of a new cloud microphysics scheme developed for the ECHAM general circulation model[J]. *Climate Dynamics*, **12**(8):557-572.

Marticorena B, Bergametti G, 1995. Modeling the atmospheric dust cycle:1. Design of a soil-derived dust emission scheme[J]. *Journal of Geophysical Research*: Atmospheres, **100**(D8):16415-16430.

Martin G M, Johnson D W, Spice A, 1994. The measurement and parameterization of effective radius of droplets in warm stratocumulus clouds[J]. *Journal of the Atmospheric Sciences*, **51**(13):1823-1842.

Meng Z, Dabdub D, Seinfeld J H, 1998. Size-resolved and chemically resolved model of atmospheric aerosol dynamics[J]. *Journal of Geophysical Research*: Atmospheres, **103**(D3):3419-3435.

Menon S, Hansen J, Nazarenko L, et al., 2002. Climate effects of black carbon aerosols in China and India[J]. *Science*, **297**(5590):2250-2253.

Molnár A, Mészáros E, Hansson H C, et al., 1999. The importance of organic and elemental carbon in the fine atmospheric aerosol particles[J]. *Atmospheric Environment*, **33**(17):2745-2750.

Morrison H, Gettelman A, 2008. A new two-moment bulk stratiform cloud microphysics scheme in the Community Atmosphere Model, version 3(CAM3). Part I: Description and numerical tests[J]. *Journal of Climate*, **21**(15):3642-3659.

Myhre G, Samset B H, Schulz M, et al., 2013. Radiative forcing of the direct aerosol effect from AeroCom Phase II simulations[J]. *Atmospheric Chemistry and Physics*, **13**(4):1853.

Nightingale P D, Malin G, Law C S, et al., 2000. In situ evaluation of air-sea gas exchange parameterizations using novel conservative and volatile tracers[J]. *Global Biogeochemical Cycles*, **14**(1):373-387.

Noone K J, Clarke A D, 1988. Soot scavenging measurements in Arctic snowfall[J]. *Atmospheric Environment* (1967), **22**(12):2773-2778.

Novakov T, Bates T S, Quinn P K, 2000. Shipboard measurements of concentrations and properties of carbonaceous aerosols during ACE-2[J]. *Tellus* B, **52**(2):228-238.

Nunes T V, Pio C A, 1993. Carbonaceous aerosols in industrial and coastal atmospheres[J]. Atmospheric Environment. Part A. General Topics, **27**(8):1339-1346.

O'Dowd C D, Smith M H, Jennings S G, 1993. Submicron particle, radon, and soot carbon characteristics over the northeast Atlantic[J]. *Journal of Geophysical Research*: Atmospheres, **98**(D1):1123-1135.

Ohta S, Okita T, 1984. Measurements of particulate carbon in urban and marine air in Japanese areas[J]. *Atmospheric Environment* (1967), **18**(11):2439-2445.

Olivier J,Berdowski J,Peters J,et al.,2002. Applications of EDGAR including a description of EDGAR V3.0: reference database with trend data for 1970-1995,NRP Report,410200 051,RIVM,Bilthoven,The Netherlands.

Padro J,Den Hartog G,Neumann H H,1991. An investigation of the ADOM dry deposition module using summertime O_3 measurements above a deciduous forest[J]. *Atmospheric Environment*. Part A. General Topics,**25**(8):1689-1704.

Parungo F,Nagamoto C,Zhou M Y,et al.,1994. Aeolian transport of aerosol black carbon from China to the ocean[J]. *Atmospheric Environment*,**28**(20):3251-3260.

Pham M,Müller J F,Brasseur G P,et al.,1995. A three-dimensional study of the tropospheric sulfur cycle[J]. *Journal of Geophysical Research*:Atmospheres,**100**(D12):26061-26092.

Pinnick R G,Fernandez G,Martinez-Andazola E,et al.,1993. Aerosol in the arid southwestern United States: Measurements of mass loading, volatility, size distribution, absorption characteristics, black carbon content,and vertical structure to 7 km above sea level[J]. *Journal of Geophysical Research*:Atmospheres,**98**(D2):2651-2666.

Pio C A,Castro L M,Cerqueira M A,et al.,1996. Source assessment of particulate air pollutants measured at the southwest European coast[J]. *Atmospheric Environment*,**30**(19):3309-3320.

Polissar A V,1992. Surface-level carbon-containing aerosol concentration in the North Atlantic[J]. Izv. Acad. Sci. USSR,Atmos. Ocean. Phys. Engl. Transl. ,**28**:520-525.

Pruppacher H R, Klett J D, 1997. Microphysics of clouds and precipitation. Kluwer Acad. , Norwell, Mass. ,714.

Puxbaum H,Rendl J,Allabashi R,et al.,2000. Mass balance of the atmospheric aerosol in a South African subtropical savanna(Nylsvley, May 1997)[J]. *Journal of Geophysical Research*:Atmospheres,**105**(D16):20697-20706.

Randel D L,Greenwald T J,Vonder Haar T H,et al.,1996. A new global water vapor dataset[J]. *Bulletin of the American Meteorological Society*,,**77**(6):1233-1246.

Rasch P J,Kristjánsson J E,1998. A comparison of the CCM3 model climate using diagnosed and predicted condensate parameterizations[J]. *Journal of Climate*,**11**(7):1587-1614.

Raunemaa T,Kikas U,Bernotas T,1994. Observation of submicron aerosol,black carbon and visibility degradation in remote area at temperature range from −24 to 20℃ [J]. *Atmospheric Environment*,**28**(5):865-871.

Räisänen P,Barker H W,Khairoutdinov M F,et al.,2004. Stochastic generation of subgrid-scale cloudy columns for large-scale models[J]. *Quarterly Journal of the Royal Meteorological Society*,**130**(601):2047-2067.

Rossow W B,Schiffer R A,1999. Advances in understanding clouds from ISCCP[J]. *Bulletin of the American Meteorological Society*,**80**(11):2261-2287.

Rossow W B,Zhang Y C,1995. Calculation of surface and top of atmosphere radiative fluxes from physical quantities based on ISCCP data sets:2. Validation and first results[J]. *Journal of Geophysical Research*:Atmospheres,**100**(D1):1167-1197.

Ruellan S,Cachier H,Gaudichet A,et al.,1999. Airborne aerosols over central Africa during the Experiment for Regional Sources and Sinks of Oxidants(EXPRESSO)[J]. *Journal of Geophysical Research*:Atmospheres,**104**(D23):30673-30690.

Seinfeld J H,Pandis S N,1998. Atmospheric Chemistry and Physics:From Air Pollution to Climate Change. John Wiley,New York,1326pp.

Slinn W G N,1984. Precipitation scavenging,in Atmospheric Science and Power Production,edited by Rander-son D,Doc. DOE/TIC-27601,Tech. Inf. Cent. ,Off. of Sci. and Tech. Inf. ,U. S. Dep. Of Energy,Washing-ton,D. C. ,466-532.

Smith D J T,Harrison R M,Luhana L,*et al.* ,1996. Concentrations of particulate airborne polycyclic aromatic hydrocarbons and metals collected in Lahore,Pakistan[J]. *Atmospheric Environment* ,**30**(23):4031-4040.

Tsigaridis K,Daskalakis N,Kanakidou M,*et al.* ,2014. The AeroCom evaluation and intercomparison of organic aerosol in global models[J]. *Atmospheric Chemistry and Physics* ,**14**(19):10845-10895.

Van Der Werf G R,Randerson J T,Collatz G J,*et al.* ,2004. Continental-scale partitioning of fire emissions during the 1997 to 2001 El Nino/La Nina period[J]. *Science* ,**303**(5654):73-76.

Van Donkelaar A,Martin R V,Brauer M,*et al.* ,2010. Global estimates of ambient fine particulate matter con-centrations from satellite-based aerosol optical depth: development and application[J]. *Environmental health perspectives* ,**118**(6):847-855.

Von Salzen K,Leighton H G,Ariya P A,*et al.* ,2000. Sensitivity of sulphate aerosol size distributions and CCN concentrations over North America to SO_x emissions and H_2O_2 concentrations[J]. *Journal of Geophysical Research*:Atmospheres,**105**(D8):9741-9765.

Wang Z,Zhang H,Jing X,*et al.* ,2013b. Effect of non-spherical dust aerosol on its direct radiative forcing[J]. *Atmospheric Research* ,**120**(0):112-126.

Wang Z,Zhang H,Li J,*et al.* ,2013a. Radiative forcing and climate response due to the presence of black carbon in cloud droplets[J]. *Journal of Geophysical Research*:Atmospheres,**118**(9):3662-3675.

Wang Z,Zhang H,Lu P,2014. Improvement of cloud microphysics in the aerosol-climate model BCC_AGCM2.0. 1_CUACE/Aero,evaluation against observations,and updated aerosol indirect effect[J]. *Journal of Geophysical Research*:Atmospheres,**119**(13):8400-8417,doi:10. 1002/2014JD021886.

Wang Z,Zhang H,Shen X,*et al.* ,2010. Modeling study of aerosol indirect effects on global climate with an AGCM[J]. *Advances in Atmospheric Sciences* ,**27**(5):1064-1077.

Warren S G,Hahn C J,London J,*et al.* ,1988. Global distribution of total cloud cover and cloud type amounts over the ocean. NCAR technical note NCAR/TN-317+STR,107.

Wei X D,Zhang H,2011. Analysis of optical properties of nonspherical dust aerosols[J]. *Acta Opt. Sin* ,**31**(5):0501002-1.

Wentz F J,1997. A well-calibrated ocean algorithm for special sensor microwave/imager[J]. *Journal of Geophysical Research*:Oceans,**102**(C4):8703-8718,doi:10. 1029/96JC01751.

Wolff E W,Cachier H,1998. Concentrations and seasonal cycle of black carbon in aerosol at a coastal Antarctic station[J]. *Journal of Geophysical Research*:Atmospheres,**103**(D9):11033-11041.

Wolff G T,Ruthkosky M S,Stroup D P,*et al.* ,1986. Measurements of SO_x ,NO_x and aerosol species on Bermu-da[J]. *Atmospheric Environment*(1967),**20**(6):1229-1239.

Wu T,Wu G,2004. An empirical formula to compute snow cover fraction in GCMs[J]. *Advances in Atmospheric Sciences* ,**21**(4):529-535.

Wu T,Yu R,Zhang F,*et al.* ,2010. The Beijing Climate Center atmospheric general circulation model:descrip-tion and its performance for the present-day climate[J]. *Climate dynamics* ,**34**(1):123-147,doi:10. 1007/s00382-008-0487-2.

Wyser K,1998. The Effective Radius in Ice Clouds[J]. *Journal of Climate* ,**11**(7):1793-1802.

Xie P,Arkin P A,1996. Analyses of global monthly precipitation using gauge observations,satellite estimates,and numerical model predictions[J]. *Journal of climate* ,**9**(4):840-858.

Yaaqub R R,Davies T D,Jickells T D,*et al.* ,1991. Trace elements in daily collected aerosols at a site in southeast England[J]. *Atmospheric Environment*. Part A. General Topics,**25**(5-6):985-996.

Yang P,Wei H,Huang H L,*et al*. ,2005. Scattering and absorption property database for nonspherical ice particles in the near-through far-infrared spectral region[J]. *Applied optics* ,**44**(26):5512-5523.

Zappoli S,Andracchio A,Fuzzi S,*et al*. ,1999. Inorganic,organic and macromolecular components of fine aerosol in different areas of Europe in relation to their water solubility[J]. *Atmospheric Environment* ,**33**(17): 2733-2743.

Zhang G J,Mu M,2005. Effects of modifications to the Zhang-McFarlane convection parameterization on the simulation of the tropical precipitation in the National Center for Atmospheric Research Community Climate Model, version 3 [J]. *Journal of Geophysical Research*:Atmospheres, **110** (D9), doi: 10. 1029/2004JD005617.

Zhang H,Chen Q,Xie B,2015. A new parameterization for ice cloud optical properties used in BCC-RAD and its radiative impact[J]. *Journal of Quantitative Spectroscopy and Radiative Transfer* ,**150**:76-86.

Zhang H,Jing X,Li J,2014. Application and evaluation of a new radiation code under McICA scheme in BCC_AGCM2. 0. 1[J]. *Geosci. Model Dev* ,**7**(3):737-754.

Zhang H,Shi G,Nakajima T,*et al*. ,2006a. The effects of the choice of the k-interval number on radiative calculations[J]. *Journal of Quantitative Spectroscopy and Radiative Transfer* ,**98**(1):31-43.

Zhang H,Suzuki T,Nakajima T,*et al*. ,2006b. Effects of band division on radiative calculations[J]. *Optical Engineering* ,**45**(1):016002-016002-10.

Zhang H,Wang Z,Wang Z,*et al*. ,2012. Simulation of direct radiative forcing of aerosols and their effects on East Asian climate using an interactive AGCM-aerosol coupled system[J]. *Climate dynamics* ,**38**(7-8): 1675-1693.

Zhang L,Gong S,Padro J,*et al*. ,2001. A size-segregated particle dry deposition scheme for an atmospheric aerosol module[J]. *Atmospheric Environment* ,**35**(3):549-560.

Zhang Y,Rossow W B,Lacis A A,*et al*. ,2004. Calculation of radiative fluxes from the surface to top of atmosphere based on ISCCP and other global data sets:Refinements of the radiative transfer model and the input data[J]. *Journal of Geophysical Research*:Atmospheres,**109**(D19),doi:10. 1029/2003JD004457.

Zhao S,Zhang H,Feng S,*et al*. ,2015. Simulating direct effects of dust aerosol on arid and semi-arid regions using an aerosol-climate coupled system[J]. *International Journal of Climatology* ,**35**(8):1858-1866.

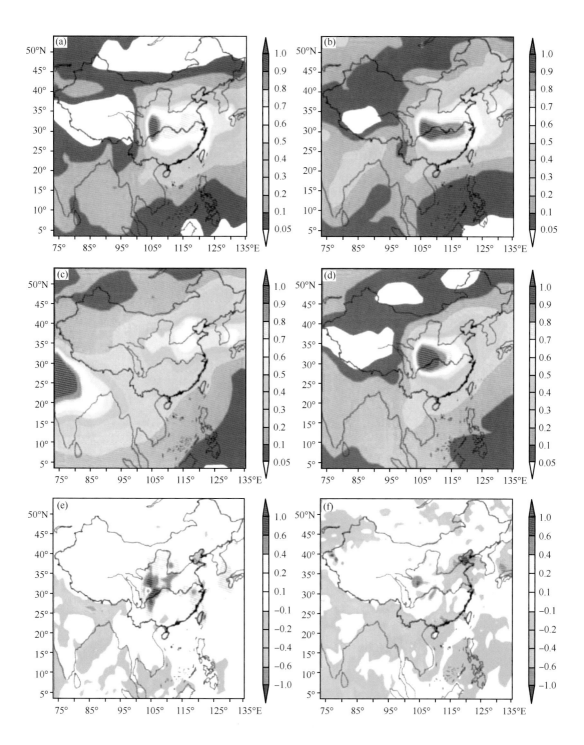

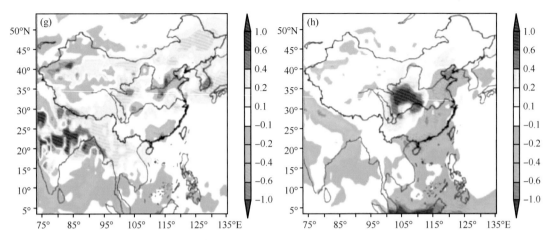

图 2.4 MATCH 模式与 MOD08_M3 产品在中国地区 AOD 的比较。其中，a、b、c、d 分别代表模式 2006 年 1、4、7、10 月结果（波长 λ＝630 nm）；e、f、g、h 分别代表 1、4、7、10 月 MODIS 数据（波长 λ＝550 nm）

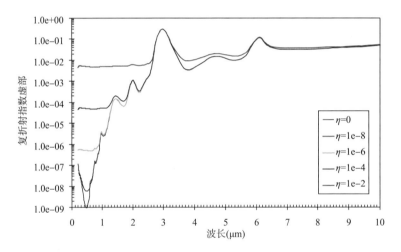

图 3.23 不同 η 值下污染云滴复折射指数虚部随波长的变化

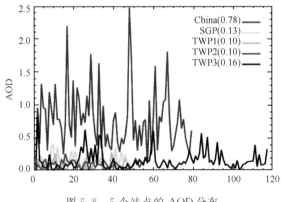

图 5.8 5 个站点的 AOD 分布

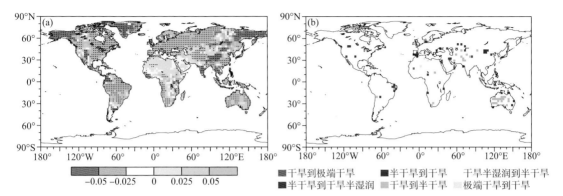

图 6.9　1850—2010 年总人为气溶胶排放增加引起的 AI 变化（a），极端干旱、干旱、半干旱和干旱半湿润
气候类型之间的转化（b）。（a）中"·"标示的地区代表结果通过了显著性水平为 0.05 的 t 检验

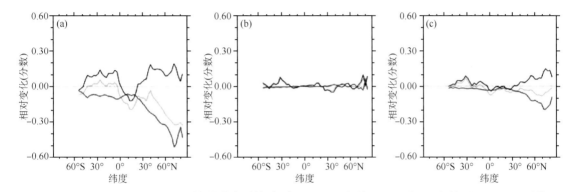

图 6.11　SF（a）、BC（b）和 OA（c）引起的纬向平均（仅陆地）$\Delta P/P$（绿线）、$\Delta ET_0/ET_0$（红线）和 $\Delta AI/AI$（黑线）

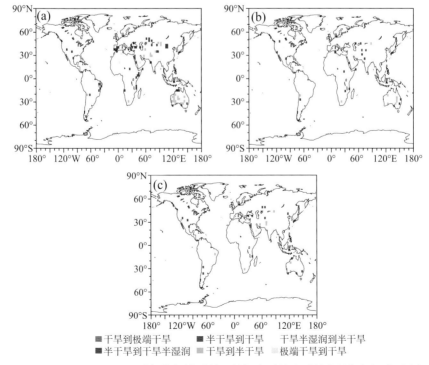

图 6.12　SF（a）、BC（b）和 OA（c）引起的极端干旱、干旱、半干旱和干旱半湿润气候类型之间的转化

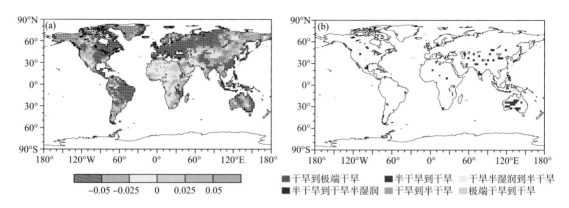

图 6.14　同图 6.9,对应 2010—2100 年总人为气溶胶排放减少时的情况

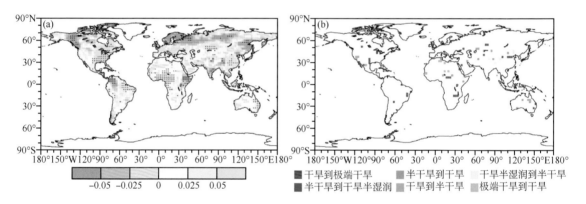

图 6.18　沙尘气溶胶造成的 AI 的变化(a),其中黑点表示结果通过了显著性水平为 0.05 的统计检验;干旱、半干旱地区的范围变化(b)

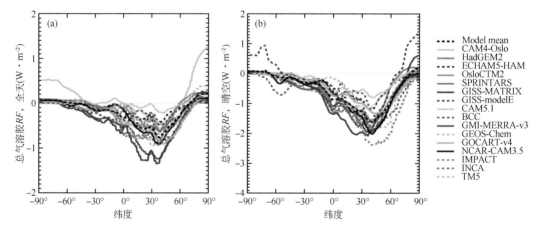

图 7.22　纬向平均的气溶胶直接辐射强迫(Myhre et al.,2013)

(a)全天,(b)晴空

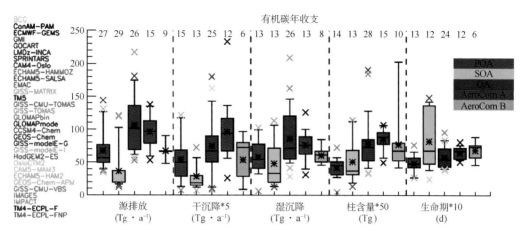

图 7.23　AeroCom 多模式关于有机气溶胶的收支(Tsigaridis et al.，2014)

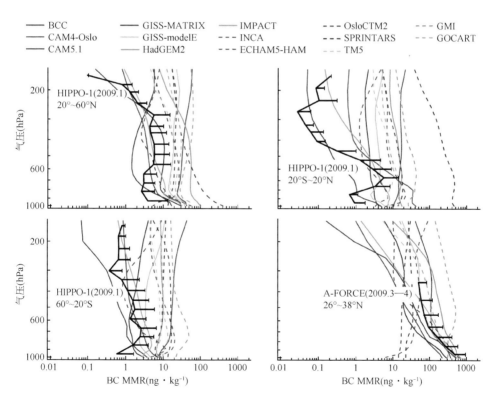

图 7.24　多模式模拟的黑碳气溶胶浓度的垂直廓线
与观测值的比较(引自 IPCC AR5 第七章图 7.15)

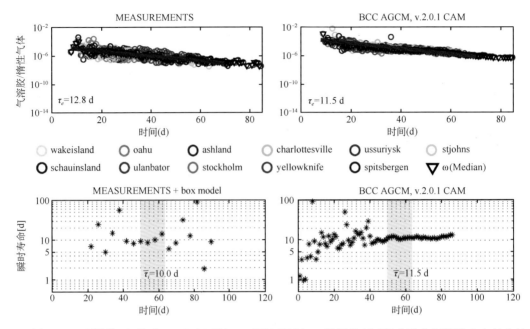

图 7.25　观测的(左列)与 BCC_AGCM2.0_CUACE/Aero 模拟的(右列)硫酸盐气溶胶在大气中的停留时间的对比。其中上排是与 11 个全面禁止核试验条约组织(CTBTO)站点观测的对比,下排是与全球总量的对比,横坐标是时间,0 代表 2011 年 3 月 11 日。来自 Kristiansen 等(2015)图 3 与图 5